高等职业院校技能应用型教材·网络技术系列

Web 前端开发实战

盛昀瑶　王继水　主　编

陆玉亭　廖定安

许　浒　王　宁　副主编

胡中夏

电子工业出版社

Publishing House of Electronics Industry

北京·BEIJING

内 容 简 介

本书紧密围绕 Web 前端工程师在制作网页过程中的实际需要和应该掌握的技术，全面介绍如何使用 HTML5、CSS3、JavaScript 进行网页设计和美化。

本书着眼于实战，讲解的都是在开发时经常遇到的典型问题和案例，主要内容分为 Web 前端开发先备知识、构建 HTML 页面、使用 CSS 美化页面、使用 JavaScript 制作网页特效、综合实战 5 个单元。本书优选了 20 个任务，大部分任务从提出实际问题开始，通过【任务描述】和【知识预览】，详细讲述解决问题所需的知识点，并在【任务实现】过程中详细讲解实现步骤，同时展示代码实例和相关截图，最后通过【任务实训】强化读者对技能的掌握，使读者循序渐进地体验网页制作过程。

本书既可以作为高等院校、高等职业院校相关专业的"网页设计与制作"课程的配套教材，也可以作为"1+X 证书"中有关 Web 前端开发（初级）的技术参考用书。

图书在版编目（CIP）数据

Web 前端开发实战 / 盛昀瑶，王继水主编. —北京：电子工业出版社，2019.10

ISBN 978-7-121-35776-3

Ⅰ. ①W… Ⅱ. ①盛… ②王… Ⅲ. ①网页制作工具－教材 Ⅳ. ①TP393.092.2

中国版本图书馆 CIP 数据核字（2018）第 273487 号

策划编辑：薛华强（xuehq@phei.com.cn）

责任编辑：张　彬

印　　刷：三河市华成印务有限公司

装　　订：三河市华成印务有限公司

出版发行：电子工业出版社

　　　　　北京市海淀区万寿路 173 信箱　　邮编：100036

开　　本：787×1 092　1/16　印张：16.75　字数：428.8 千字

版　　次：2019 年 10 月第 1 版

印　　次：2023 年 5 月第 10 次印刷

定　　价：49.80 元

凡所购买电子工业出版社图书有缺损问题，请向购买书店调换。若书店售缺，请与本社发行部联系，联系及邮购电话：（010）88254888，88258888。

质量投诉请发邮件至 zlts@phei.com.cn，盗版侵权举报请发邮件至 dbqq@phei.com.cn。

本书咨询联系方式：（010）88254569，xuehq@phei.com.cn，QQ 1140210769。

前　言

随着互联网行业的迅速发展，各种新技术、新标准不断涌现，促使各大互联网公司越来越重视 Web 产品的前端重构与开发，但海量的平台开发工作导致了巨大的人才缺口，尤其是优秀的 Web 前端开发人才紧缺。一个优秀的 Web 前端工程师需要具备较强的综合素质才能胜任岗位要求。这些素质包括熟知页面布局、熟悉样式美化、掌握 JavaScript、了解 SEO、能够使用 HTML5+CSS3+JavaScript 开发出符合搜索引擎优化规则的美观页面。

◇ 为什么要使用本书

（1）介绍主流技术和常用工具。本书使用业界已广泛使用的主流技术 HTML5 和 CSS3 进行网页制作与美化，同时使用全面支持 HTML5 和 CSS3 的常见网页开发工具 Dreamweaver CC，以保证教与学的实用性和高效性。

（2）精心优选案例。本书开发前期，编者对 HTML5、CSS3 实际应用情况做了大量细致的调研工作，经过反复比较，最终选择了源于企业的、作为 Web 前端工程师最可能遇到的网页类型，即以门户网页、企业网页、电商网页的制作为本书案例，并根据读者的认知对优选出来的网页进行了分解，通过 20 个任务，循序渐进地介绍前端页面制作的知识和技巧。

（3）把 SEO 思想融入网页制作中。本书在介绍 HTML 标签的使用时强调了 SEO 知识，全面介绍了使用网页标签时需要注意的细节，使网页在上线之前就具备了"天生"的排名优势。

（4）以故事为情境设置任务。本书每个任务都通过师徒对话的形式引出，并对任务进行分析，引出完成任务的计划；接下来根据任务介绍相应的知识；然后实现任务，在此过程中，师傅帮助徒弟完成任务，并给出经验和建议；任务中涉及不到但需读者掌握的知识点以知识拓展的形式呈现；最后完成实训任务。大部分任务以【任务描述】、【知识预览】、【任务实现】、【任务总结】、【知识拓展】和【任务实训】6 个模块科学设置学习单元；设计课堂案例→初级任务实训→中级任务实训→高级任务实训 3 个递进的训练层次，兼顾知识应用和技能训练的需要。

（5）单元编排贴近实际情况。本书以菜鸟 Martin 的 Web 前端开发成长路线为线索，介绍为什么学习 Web 前端知识，怎么学习 Web 前端知识，如何构建页面、如何美化页面、如何制作特效，以及如何使用前端知识制作出符合企业要求的网页，既介绍了实战经验，又形象有趣。

◇ 如何使用本书

（1）单元 1 和单元 2 的内容比较简单，可先根据【任务描述】和【任务实现】完成任务，对【任务描述】中遇到的新知识，可查看【知识预览】，然后完成【任务实训】（如有），学习【知识拓展】，如果在学习的过程中有困惑，可以观看课程配套视频。

（2）因为单元 3 和单元 4 的知识比较复杂，有很多细节问题，所以建议先看课程配套视频，然后根据视频的讲解完成【任务实现】和【任务实训】。

（3）学完前 4 个单元后，可以尝试独立完成单元 5 中的任务，但一定要和书中所给代码进行对比，因为单元 5 中的任务是前面知识的补充和升华。

（4）要特别注意书中的"师傅经验"和【任务总结】，这是编者在多年的实战和教学中总结的制作网页时容易出错的地方。

（5）书后配套了 Dreamweaver CC 的使用技巧，在学完单元 2 后，读者可认真学习此内容，有助于代码编写事半功倍。

本书由常州机电职业技术学院的盛昀瑶、王继水担任主编；常州纺织职业技术学院的陆玉亭、廖定安，无锡商业职业技术学院的许浒，黄河水利职业技术学院的王宁，清远职业技术学院的胡中夏担任副主编。其中，胡中夏编写单元 1 中的任务 1.1 和任务 1.2；许浒编写单元 1 中的任务 1.3 和单元测试 1，以及单元 5 中的任务 5.1；陆玉亭编写单元 2 中的任务 2.1～任务 2.4，以及附录 A 和附录 B；廖定安编写单元 2 中的任务 2.5～任务 2.7，以及单元测试 2；盛昀瑶编写单元 3 和单元 4；王宁编写单元 5 中的任务 5.2。此外，常州机电职业技术学院的吴红亚、董永健参与了教学案例的设计、优化，以及部分章节的编写、校对和整理工作。全书由盛昀瑶、王继水统稿。

为方便教师教学，本书还配有相关教辅资料，请登录华信教育资源网（www.hxedu.com.cn）免费注册后再进行下载。为方便读者学习，本书在"中国大学 MOOC 网"上配有在线开放课程，欢迎读者加入该课程并体验在线答疑服务。如有问题请在网站留言板留言或与电子工业出版社联系（E-mail：hxedu@phei.com.cn）。

由于编者水平有限，书中难免存在疏漏之处，敬请各位专家和读者批评指正。编者的联系方式为 dearsyy@yeah.net。感谢您使用本书，愿您能成为优秀的 Web 前端工程师。

编　者

目 录

CONTENTS

Web 前端开发先备知识

➡️ 【任务 1.1】揭秘 Web 前端开发

微课视频

【任务描述】

Martin（马丁）是计算机专业的学生，学了一段时间的专业课之后，他觉得术业有专攻，应该在大学有限的时间里学精、学深一个方向，以便自己以后可以找到合适的工作。那学什么呢？有哪些方向的技能企业需求量大，又不是很枯燥难学呢？老师告诉了他答案：Web 前端开发。于是，Martin 进入廿美信息科技有限公司拜师学艺，在师傅的帮助下，Martin 制订了以下计划。

第一步，了解什么是 Web 前端开发。

第二步，了解为什么学 Web 前端开发。

第三步，确定学习 Web 前端开发技术的路线。

【知识预览】

1.1.1 Web 前端开发概述

1. 什么是 Web 前端开发

Web 前端开发从网页制作演变而来，名称上有很明显的时代特征。在互联网的演化进程中，早期网站主要是供用户浏览的，使用的主要技术是 Dreamweaver+Fireworks+Flash，俗称"网页三剑客"。随着互联网技术及硬件技术的发展，Web 前端发生了翻天覆地的变化，网页不再只承载单一的文字和图片，各种富媒体让网页更生动、交互效果更显著、功能更强大。这时的网页，如果还用"网页三剑客"制作，是远远不能满足需求的。所以现在不再叫"网页制作"，而是叫"Web 前端开发"。

Web 前端开发是创建 Web 页面并呈现给用户的过程。前端开发，就是通过 HTML、CSS 和 JavaScript，以及衍生出来的各种技术、框架、解决方案，来实现互联网产品的用户界面交互。

2. 为什么学 Web 前端开发

（1）前端开发正在迅速发展。虽然前端开发起步比较晚，一些规范和最佳实践的研究都还处于探索阶段。但是前端开发发展势头迅猛，新的技术不断涌现，如 CSS Sprite、悬浮定位、负边距布局、栅格布局等；各种 JavaScript 框架层出不穷，为整个前端开发领域注入了巨大的活力；浏览器大战也越来越白热化，跨浏览器兼容方案依然五花八门。为了满足"高可维护性"的需要，需要更深入、更系统地去掌握前端知识，这样才可能创建一个好的前端架构，保证代码的质量。

（2）优秀的前端开发工程师紧缺。前端开发入门的门槛比较低，对于从事 IT 工作的人来说，前端开发是个不错的切入点，也正因为如此，前端开发领域有很多人自学成"才"。与服务器端语言先慢后快的学习曲线相比，前端开发的学习曲线是先快后慢。所以大多数人都停留在会用的阶段，能开发出具有良好兼容性和可读性页面的前端工程师紧缺。

（3）旧网站需二次开发。除了以上这些 Web 前端开发的外在环境之外，Web 前端在技术方面也存在着大量的挑战，大量旧的网站需要重构来提高网站用户体验和性能等。如淘宝、腾讯、新浪、百度、搜狐等都对自己的网站进行了重构并同时使用了 HTML 5 中的新特性。

可见，前端技术发展迅速，但起步较晚，基础薄弱；前端工程师热情高涨，但对代码规范重视不足，对一些基础原理的理解不够深刻，缺乏足够的技能培训。因此，现在社会急需经过专业训练、掌握前端系统知识、能写出规范代码的 Web 前端工程师。

3．Web 前端开发学习路线

（1）Web 前端开发核心技术。网页主要由 3 个部分组成：结构、表现和行为。目前最流行的技术是 HTML、CSS 和 JavaScript。

① HTML。HTML 全称为 Hyper Text Markup Language（超文本标记语言）。"超文本"是指页面内可以包含图片、链接，甚至音乐、程序等非文字元素。HTML 是一种规范、一种标准，它通过标记符号来标记要显示的网页中的各个部分，从而使网页以丰富多彩的形式展示出来。

② CSS。CSS 全称为 Cascading Style Sheets（层叠样式表），是一种用来表现 HTML 文件样式的计算机语言。丰富的 CSS 样式能让平淡的 HTML 展现出绚丽的效果，使页面更为友好。

③ JavaScript。JavaScript 是应用于客户端的脚本语言，已经被广泛用于 Web 应用开发，常用来为网页添加各式各样的动态功能，为用户提供更流畅、更美观的浏览效果。

④ HTML、CSS、JavaScript 三者之间的关系。HTML 是制作网页结构的语言，CSS 是表现网页外观的语言，JavaScript 是制作页面行为的语言。可以把前端开发的过程比喻成建房子，制作一个网页就像盖一栋房子，先把房子结构建好（HTML），之后进行装修（CSS），如装上窗帘，用户住进去后使用遥控器实现窗帘的开、关（JavaScript）。

（2）Web 前端开发其他技术。作为一名前端开发工程师，不仅要掌握 HTML、CSS、JavaScript 这些基本的 Web 前端开发技术，还必须了解 SEO，以及服务器端技术。

① SEO。SEO 即 Search Engine Optimization（搜索引擎优化），是专门利用搜索引擎的搜索规则来提高网站在有关搜索引擎内的自然排名的方式（国内常见的搜索引擎有百度、360、搜狗等）。简言之，建好了网站并不代表网站就能被搜索引擎搜索到，当用户使用搜索引擎搜索资料时，搜索出来的网页有很多，但用户一般看了搜索结果的第一、第二页就不再往下看了。而 SEO 可以使网站排在搜索结果的前面，以便吸引更多用户浏览，从而发挥网站的价值。

② 服务器端技术。如果只掌握前端技术，开发出来的网站只是一个静态的网站，唯一的功能是供用户浏览，缺乏与用户的交互。因此，如果要开发一个用户体验更好、功能更强大的网站，就要学习服务器端技术。

什么是服务器端技术呢？比如，当使用手机号码在某个网站注册时，如果输入的手机号码已经被注册过，网站会提示该手机号码已经被使用，这个功能就是借助服务器端技术实现的；淘宝网有很多商家，这些商家有各种各样的商品，这些庞大的数据的存储、检索也是使用服务器端技术实现的。常见的服务器端技术有 PHP、ASP.NET、JSP、Node.js 等。

① PHP。PHP 全称为 Hypertext Preprocessor（超文本预处理器），是一种通用开源脚本语言，

吸收了 C 语言、Java 和 Perl 的特点，易于学习，使用广泛，主要适用于 Web 开发领域。

② ASP.NET。ASP.NET 的前身是 ASP 技术，是微软公司推出的新一代脚本语言，基于微软平台，在服务器后端为用户提供建立 Web 应用服务的编程框架。

③ JSP。JSP 全称为 Java Server Pages（Java 服务器页面）。JSP 技术有点类似于 ASP 技术，它在传统的网页 HTML 文件中插入 Java 程序段（Scriptlet）和 JSP 标记（tag），从而形成 JSP 文件。用 JSP 开发的 Web 应用是跨平台的，既可以在 Windows 系统下运行，也能在其他操作系统（如 Linux）下运行。

④ Node.js。Node.js 是一个 JavaScript 运行环境，是一个让 JavaScript 运行在服务器端的开发平台。它让 JavaScript 成为与 PHP、Python、Perl、Ruby 等服务器端语言平起平坐的脚本语言，是目前正在不断发展的产品，可能在不久的将来会得到普遍的应用。

（3）Web 前端开发技术的学习路线。Web 技术实在太多了，该从哪儿开始学呢？本书推荐如下学习路线。

前端技术：HTML5 基础→CSS3→JavaScript→jQuery→Bootstrap→HTML5 高级编程。

服务器端技术：PHP、ASP.NET、JSP、Node.js。

这一条路线是比较理想的从前端开发到后端开发的学习路线，先从 HTML5 基础+CSS3 开始学习，然后学 JavaScript，接着学目前流行的 JavaScript 框架 jQuery，基础打好后，可以学习前端框架 Bootstrap，Bootstrap 内置的框架会使页面开发更高效，最后再学习利用 JavaScript 进行 HTML5 的高级编程，掌握常用的 API，使前端页面功能更丰富。

师傅经验：

① 精通一个服务器端技术即可。各技术都有优缺点，推荐学习 JSP 或 PHP。

② JavaScript 基础一定要打扎实，这样会使 HTML 5 高级编程、jQuery 甚至 Node.js 的学习变得简单。

【任务实现】

Martin 明白了前端开发工程师是一个较新的职业，在国内乃至国际上真正开始受重视的时间不太长。随着 Web 技术的发展以及 W3C 的推广，Web 前端开发在产品开发环节中的作用变得越来越重要，只有专业的前端开发工程师才能把 Web 界面更好地呈现给用户。

与服务器端语言的复杂性相比，前端开发入门门槛比较低，所以，对于想从事 IT 工作的 Martin 来说，前端开发是个很好的切入点。但前端开发的一些规范和最佳实践研究都处于探索阶段，所以，要想成为一名优秀的前端开发工程师，Martin 需要深入、系统地学习前端开发的基础知识。只有把基础打扎实了，才能以不变应万变。

于是，Martin 决定先好好学习 Web 前端技术基础。他为自己制定了一个目标：一定要把 Web 前端核心技术（HTML5+CSS3+JavaScript）学懂、学精。

【知识拓展】

1.1.2　Web 标准

1. 什么是 Web 标准

Web 标准是 W3C 与其他标准组织在网络发展方向上制定的一系列网页技术标准的统称，其中包括 HTML、XHTML、XML、CSS、ECMAScript 等若干标准或规范。

W3C 全称为 World Wide Web Consortium（万维网联盟，又称 W3C 理事会），1994 年 10 月在麻省理工学院计算机科学实验室成立，建立者是万维网的发明者蒂姆·伯纳斯·李。W3C 致力于在万维网发展方向上制定能达成共识的网络标准。重要的 W3C 标准有 HTML、CSS、XML、XSL、DOM。

ECMA 全称为 European Computer Manufacturers Association（欧洲计算机制造联合会），是 1961 年成立的旨在建立统一的计算机操作格式标准（包括程序语言和输入输出）的组织。

XML 全称为 Extensible Markup Language（可扩展标记语言）。和 HTML 一样，XML 同样来源于标准通用标记语言。可扩展标记语言和标准通用标记语言都是能定义其他语言的语言。设计 XML 的最初目的是弥补 HTML 的不足，以强大的扩展性满足网络信息发布的需要，后来逐渐用于网络数据的转换和描述。

XHTML（可扩展超文本标记语言）是以 XML 格式编写的 HTML。XML1.0 于 2000 年 1 月 26 日成为 W3C 的推荐标准。XML 虽然数据转换能力强大，完全可以替代 HTML，但面对成千上万个已有的站点，直接采用 XML 还为时过早，因此在 HTML4.0 的基础上，用 XML 的规则对其进行扩展，得到了 XHTML。简而言之，建立 XHTML 的目的就是实现 HTML 向 XML 的过渡。

2．为什么要遵循 Web 标准

（1）浏览器开发商和 Web 程序开发人员在开发新的应用程序时遵循 Web 标准有利于 Web 更好地发展。

（2）统一的标准方便开发人员了解彼此的编码。

（3）使用 Web 标准，将确保所有浏览器正确显示前端内容。

（4）遵循 Web 标准的 Web 页面可以更容易地被搜索引擎访问到，更容易被收录，也更容易被转换为其他格式。

➡ 【任务 1.2】使用前端工具开发第一个网页

【任务描述】

确定好学习路线后，Martin 要开始前端技术的学习了。工欲善其事，必先利其器。首先，Martin 要挑选一个合适的前端开发工具。Martin 借助百度查询了一下前端开发的工具，发现有 Dreamweaver、Sublime Text、HBuilder 等。Martin 茫然了，赶紧询问师傅。师傅告诉 Martin，各个开发工具都有自己的特点，选择一个适合自己的就可以了。到底使用哪一种开发工具来开发网页呢？Martin 制订了以下计划。

第一步，了解常用的前端开发工具。

第二步，学习并比较各个开发工具的优缺点。

第三步，选择适合自己的开发工具。

【知识预览】

1.2.1　前端开发工具介绍

在了解开发工具前，先来了解一下 IDE：IDE 全称为 Integrated Development Environment（集成开发环境），是用于提供程序开发环境的应用程序，一般包括代码编辑器、编译器、调试器和图形用户界面等工具，集成了代码编写功能、分析功能、编译功能、调试功能等。具备这一特性的软件或软件套（组）都可以叫集成开发环境。下面所介绍的前端开发工具 WebStorm、Dreamweaver、HBuilder 都是 IDE，Sublime Text 只是代码（文本）编辑器。

1．4 种前端开发工具

（1）WebStorm。WebStorm 是 JetBrains 公司旗下的一款 JavaScript 开发工具，被广大中国 JavaScript 开发者誉为"Web 前端开发神器""最强大的 HTML5 编辑器""最智能的 JavaScript IDE"等。

（2）Dreamweaver。Dreamweaver 是 Adobe 公司推出的一套拥有可视化编辑界面，用于制作并编辑网站和移动应用程序的网页设计软件，支持通过代码、拆分、设计、实时视图等多种方式来创建和修改网页，对于初级人员，无须编写任何代码就能快速创建 Web 页面。

（3）Sublime Text。Sublime Text 是一款用于编辑代码、标记和散文的精制文本编辑器，有强大的插件支持，可用于方便、快速地输入代码。

（4）HBuilder。HBuilder 顾名思义是为 HTML 设计的，是 DCloud（数字天堂）推出的一款支持 HTML5 的 Web 开发 IDE，是一款深度集成 Eclipse 的 IDE 编辑器，但其主要用于 Web 端的开发，不能进行 Java 等后台开发，也不需要集成 Android SDK。HBuilder 集成了对通用 JavaScript、jQuery、HTML5+、MUI 等语法的提示功能，还有很多快捷键，在编码过程中可以实现飞一般的感觉，追求无鼠标的极速操作。

2．前端开发工具的优缺点

各个前端开发工具的优缺点见表 1-2-1。

表 1-2-1　各个前端开发工具的优缺点

工　　具	优　　点	缺　　点
WebStorm	比较适合编写 JavaScript	付费，至少需要 8GB 内存
Dreamweaver	有代码、拆分、设计、实时视图功能，使用简单	付费
Sublime Text	有强大的插件支持，可快速输入代码	付费，需要安装各种插件，只是文本编辑器，功能不如 IDE 强大
HBuilder	可快速输入代码	开源，生命力有待市场检验

Martin 觉得 Dreamweaver 和 Sublime Text 可能会比较适合像他这样的开发新手，于是决定试一下。

1.2.2　使用 Dreamweaver CS6

1．安装 Dreamweaver CS6

Dreamweaver 是收费的软件，可以在中国官网下载试用版。

2．开发第一个网页

（1）打开 Dreamweaver CS6，弹出启动界面。

（2）如图 1-2-1 所示，单击"新建"菜单中的"更多"，弹出如图 1-2-2 所示的界面，在"页面类型："中选择 HTML，在"文档类型"中选择 HTML5，单击"创建"按钮。

图 1-2-1　Dreamweaver 启动界面

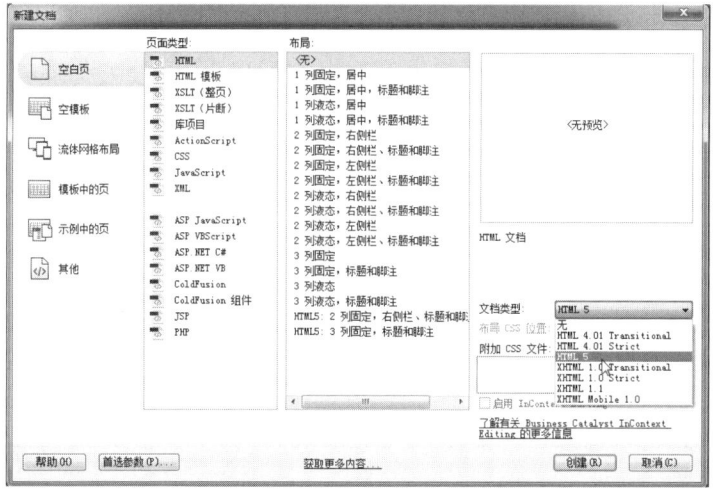

图 1-2-2　新建文档界面

（3）在弹出的界面中选择"代码"窗口，在 title 标签中输入"第一个网页"，在 body 标签中输入"使用 Dreamweaver 开发第一个网页"，如图 1-2-3 所示。然后单击"文件"菜单中的"保存"，选择合适的位置加以保存，输入文件名 first.html。

（4）打开 first.html，即可看到建立好的页面，如图 1-2-4 所示。

技巧：若以后新建的所有网页都是 HTML5 类型的，可单击"编辑"菜单中的"首选参数"。在打开的"首选参数"对话框中选择"新建文档"，在右侧的"默认文档类型"中进行设置，如图 1-2-5 所示。

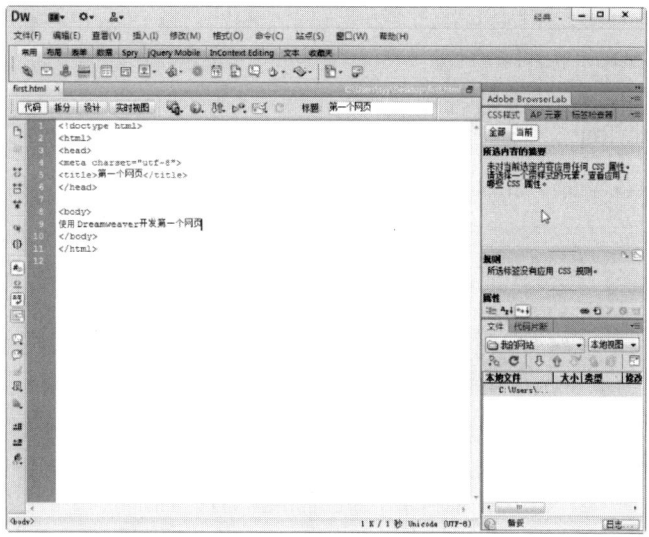

图 1-2-3　"代码"窗口界面

图 1-2-4　第一个网页界面

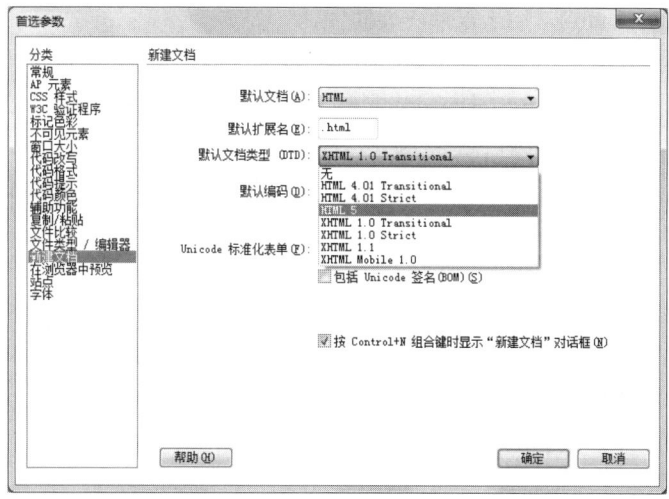

图 1-2-5　设置默认文档类型界面

1.2.3　使用 Sublime Text

1．安装 Sublime Text

（1）进入官网下载界面：http://www.sublimetext.com/3，如图 1-2-6 所示。

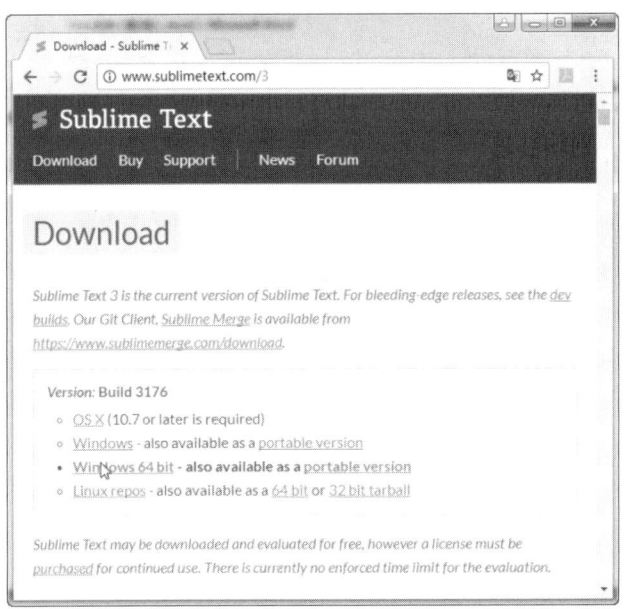

图 1-2-6　Sublime Text 3 下载界面

（2）选择最适合自己系统的版本，下载并安装。安装过程中按提示单击"下一步"按钮即可，大约需要 7MB 的硬盘空间。

2．安装 Package Control

安装好 Sublime Text 后，若要使用得更称手，要安装一个基础的也是 Sublime Text 必备的包管理工具——Package Control，用于以后安装插件。

（1）打开 Sublime Text，单击 View 菜单中的 Show Console，会在底部出现一个命令输入框（Sublime 控制台），然后将 https://packagecontrol.io/installation 页面（如图 1-2-7 所示）中的命令复制到命令输入框中，按回车键后等待一会儿，即可安装成功。

（2）按 Ctrl+Shift+P 组合键打开命令面板，然后输入 pack 就会出现 Package Control 操作选择界面，如图 1-2-8 所示，单击插图中用框标识的选项，稍等待后即可在 Sublime Text 中成功安装 Package Control。

3．安装插件

（1）成功安装 Package Control 之后，按 Ctrl+Shift+P 组合键打开命令面板，输入想要安装的插件，如这里先安装 Emmet 插件（Emmet 插件可以实现快速编写 HTML 和 CSS 代码），等待一会儿即可安装成功。

（2）新建一个文件，输入"！"，然后按 Ctrl+E 组合键，查看效果。

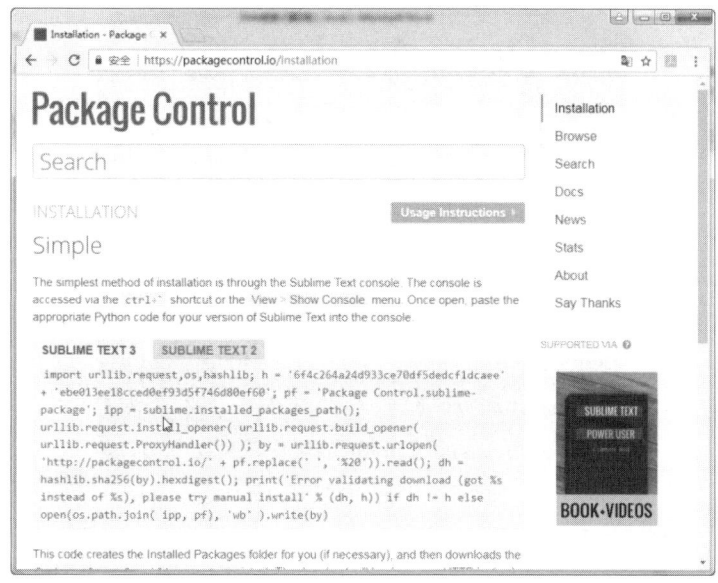

图 1-2-7　安装 Package Control 界面

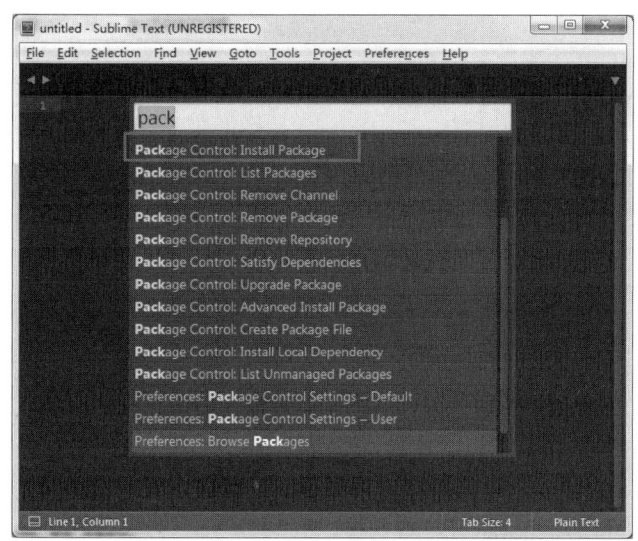

图 1-2-8　Package Control 操作选择界面

说明：默认情况下，Sublime Text 的界面是黑色的背景，若需要修改背景可单击 Preferences 菜单中的 Color Scheme|Color Scheme Default|Mac Classic，选择想要的样式，如白底经典色，如图 1-2-9 所示。

（3）按 Ctrl+Shift+P 组合键，安装 JavaScript、CSS 插件。

（4）在步骤（3）的基础上，在 body 标签中输入"使用 Sublime Text 开发我的第一个网页"，如图 1-2-10 所示。

（5）在 File 菜单中选择 Save，保存类型选择 HTML，如图 1-2-11 所示。输入文件名 firstpage，单击"保存"按钮。

（6）浏览网页，效果和用 Dreamweaver 开发出的网页效果是一样的。

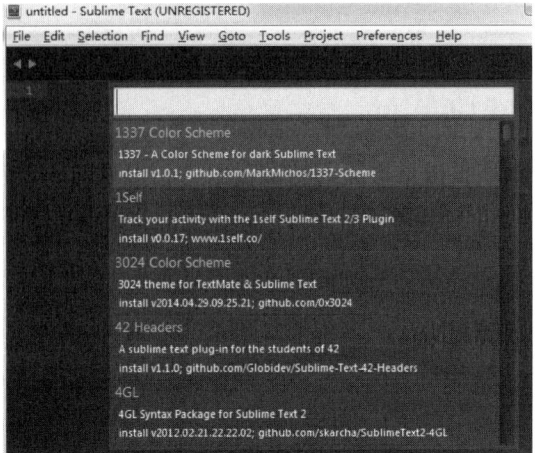

图 1-2-9   设置背景颜色界面

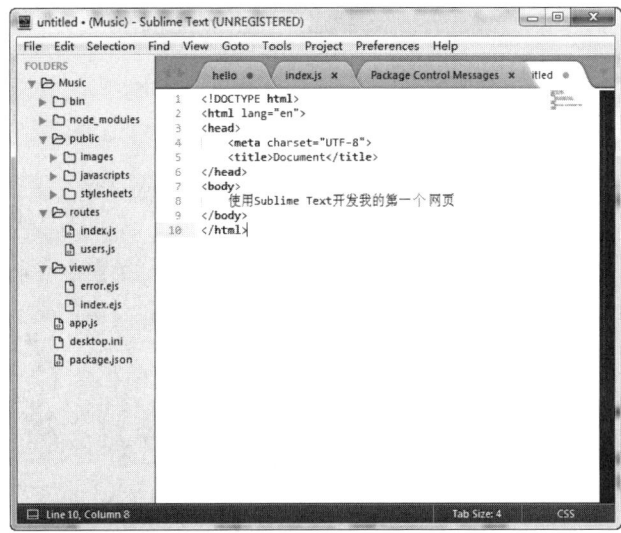

图 1-2-10   快速创建 HTML5 文档界面

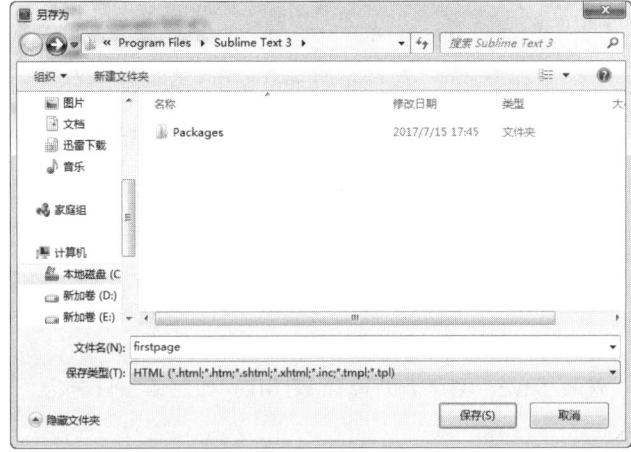

图 1-2-11   保存界面

【任务实现】

仔细比较分析了这些前端开发工具后，Martin 还是不知所措，觉得各有优缺点，到底选择哪个呢？他只能再次请教师傅。师傅告诉 Martin，在 Dreamweaver CS6 版本时代，可能各个开发工具的优缺点比较明显，开发人员会纠结到底选哪个开发工具。但随着 Dreamweaver CC 的出现及不断完善，目前，Dreamweaver CC 是比较适合刚入门的前端开发者的。Dreamweaver CC 相比 Dreamweaver CS6 可以说有了颠覆性的改变，不仅使用简单，而且具有了可以与 Sublime Text、HBuilder 相媲美的代码书写能力。

在师傅的建议下，Martin 决定使用 Dreamweaver CC 作为前端开发工具。

1.2.4　使用 Dreamweaver CC

（1）打开 Dreamweaver CC，选择开发人员界面，如图 1-2-12 所示。

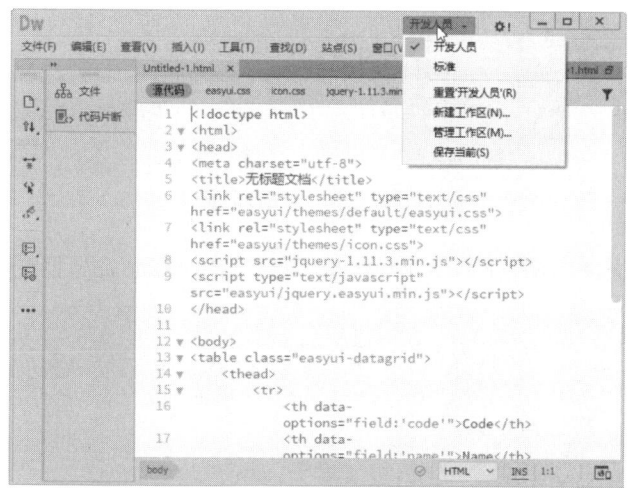

图 1-2-12　Dreamweaver CC 开发人员界面

（2）单击"文件"菜单中的"新建"，出现如图 1-2-13 所示的"新建文档"界面，可以看出 Dreamweaver CC 默认创建的是 HTML5 文档。

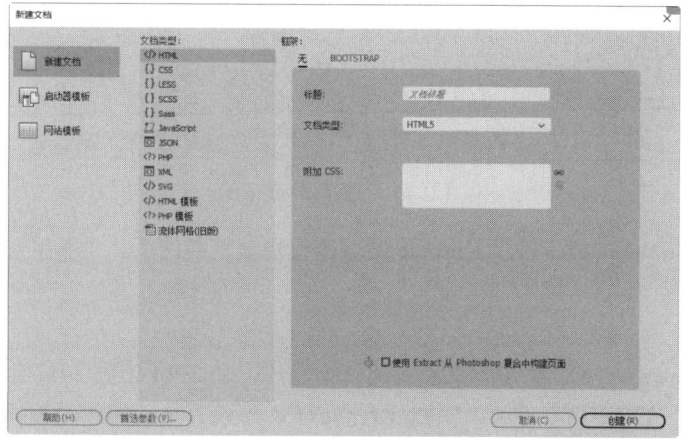

图 1-2-13　"新建文档"界面

（3）在新文档的 body 标签中输入"使用 Dreamweaver 开发第三个网页"，然后单击"文件"菜单中的"保存"，选择合适的位置保存，输入文件名 third.html。

（4）单击 Dreamweaver CC 源代码窗口中右下角的"实时预览"按钮，如图 1-2-14 所示。

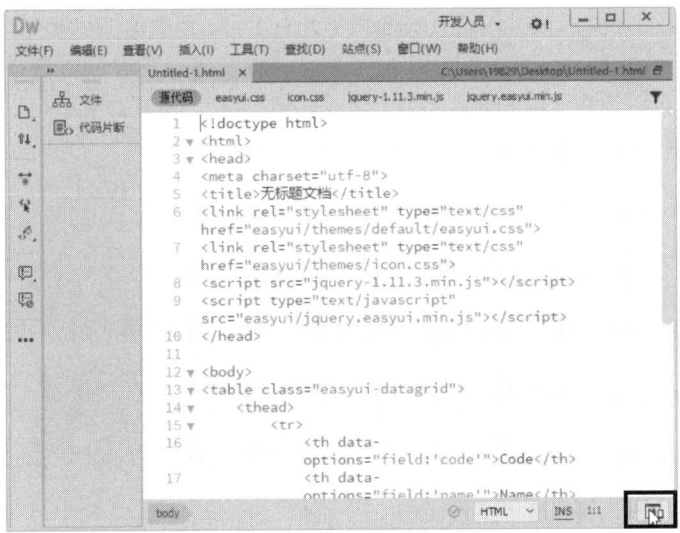

图 1-2-14 "实时预览"按钮

（5）选择 chrome.exe，如图 1-2-15 所示，就可以打开 Chrome 浏览器进行浏览。

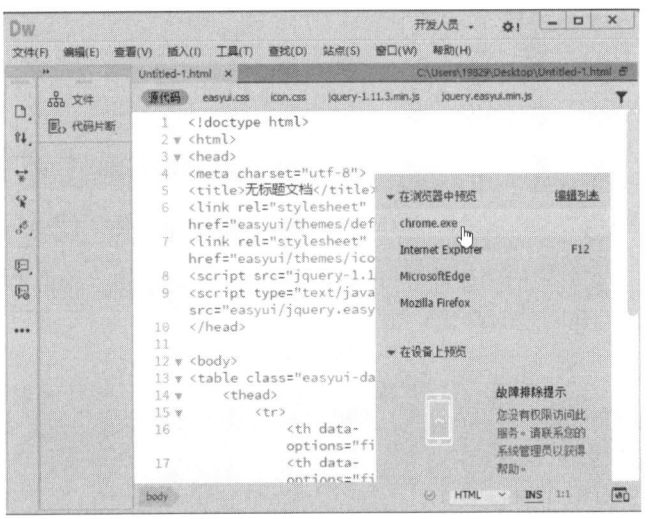

图 1-2-15 选择 chrome.exe

技巧：在代码窗口修改代码时，Chrome 浏览器会自动更新网页，并不需要开发者保存和刷新页面。

说明：

① 使用 Dreamweaver CC 只是本书编者的一个建议，从 2014 年到 2017 年，Adobe 公司不断对 Dreamweaver CC 进行更新。目前，Dreamweaver CC 不仅有全新的代码编辑器，支持一次编写多行代码，而且支持简写输入（Dreamweaver CC 的使用方法可参考本书附录）、PHP7，所以使用

Dreamweaver CC 可能会令代码编写事半功倍。当然大家也可以选择自己喜欢的开发工具，但若使用 Dreamweaver，则必须使用 CS6 及以上的版本，因为低版本的 Dreamweaver 对 CSS3 和 JavaScript 的代码提示很不友好。

②　随着 HBuilder 功能的完善，越来越多的开发人员开始青睐这款 IDE。此软件是国产的、免费的、高效的，所以，大家也可以尝试使用 HBuilder。

③　开发工具只是一个工具而已，大家用得熟悉、觉得方便就行，没必要一直去追寻最好、最新的，事实上也没有一个工具是完美的。使用什么工具不能代表开发人员的前端开发水平，把代码写规范才是王道。

【知识拓展】

1.2.5　浏览器简介

进行前端开发的程序员除了要选择一种合适的开发工具外，还要熟悉各种浏览器的内核，以了解各种浏览器的兼容性、浏览器自带的特性，这样才能做出更好的兼容性设计，撰写出更好的代码。

浏览器的种类，如果按生产商品牌分类，会有很多；如果按浏览器内核分类，种类就会少得多。当今值得一提的浏览器内核主要有 Trident、Gecko、Presto 和 WebKit。乍一看，似乎都很陌生，其实并不然，只要上过网，就至少用过其中一种浏览器内核的浏览器软件，如图 1-2-16 所示，因为它们的市场占有率非常高。

图 1-2-16　常用浏览器软件

1. 以 Trident 为内核的代表产品 Internet Explorer

Trident 是微软公司开发的一种排版引擎，很多人都会对这个名称感到陌生，但提起 IE（Internet Explorer）则几乎无人不知、无人不晓。由于其被包含在全世界使用率非常高的 Windows 操作系统中，因此有极高的市场占有率。Trident 又被称为 IE 内核。除 IE 外，许多产品都在使用 Trident 内核，如 Windows 的 Help 程序、RealPlayer、Windows Media Player、Windows Live Messenger、Outlook Express 等。使用 Trident 内核的浏览器也有很多，如 IE、傲游（maxthon）、世界之窗、腾讯 TT、NetCapter、Avant 等，但 Trident 只能应用于 Windows 平台，且是不开源的。

微软公司还有另一个浏览器内核，叫做 Tasman，它是使用在 Internet Explorer for Mac 中的内核，即苹果版的 IE 内核。

2. 以 Gecko 为内核的代表产品 Mozilla Firefox

Gecko 也是一个陌生的词，但 Firefox 的名声不小。Gecko 是一套开放源代码的、以 C++编写的内核，目前为 Mozilla 家族网页浏览器以及 Netscape 6 及以上版本的浏览器所使用。这个软件原本是由网景通讯公司开发的，现在则由 Mozilla 基金会维护。它的最大优势是跨平台，能在 Microsoft Windows、Linux 和 macOS X 等操作系统上运行，而且它提供了一个丰富的程序界面以供相关应用程序使用，如网页浏览器、HTML 编辑器、客户端/服务器等。使用 Gecko 的著名浏览器有 Firefox、Netscape 6～9。

3. 以 Presto 为内核的代表产品 Opera

Presto 是由 Opera Software 开发的浏览器内核，供 Opera 7 及以上版本的浏览器使用。它取代了旧版 Opera 4～6 版本使用的 Elektra 内核，加入了动态功能，例如网页或其中的一部分可随着 DOM 及 Script 语法的事件而重新排版。Presto 在推出后不断有更新版本推出，使不少错误得以修正，以及阅读 JavaScript 的效能得以最佳化，并成为运行速度很快的内核，这也是 Opera 被公认为运行速度快的基础。

4. 以 WebKit 为内核的代表产品 Safari、Chrome

WebKit 是一个开源项目，包含了来自 KDE（Kool Desktop Environment，K 桌面环境）项目和苹果公司的一些组件，主要用于 macOS 系统，源代码结构清晰、渲染速度极快。以 WebKit 为内核的主要代表作品有 Safari 和 Chrome。

5. 壳子浏览器

现在还有很多壳子浏览器，自己本身不带内核，而是直接调用本机其他浏览器的内核来实现浏览的功能。由于 IE 浏览器在国内的普及率非常高，所以导致很多网上银行和支付系统只支持 IE 的 Trident 内核，用其他浏览器访问根本无法进行正常支付和转账等。很多浏览器开发商就运用了壳子浏览器的特性推出了"双核"浏览器——带有两种浏览模式，其原理就是本身带一个内核，开启兼容模式后，调用本机上的 IE 内核，来实现双内核功能。其中代表产品有搜狗浏览器、傲游 3、QQ 浏览器等。这种浏览器的好处是一个浏览器有多个内核，满足同一用户的不同需求。

内核只是一个通俗的说法，其英文名称为 Layout Engine，翻译成中文就是"排版引擎"，也被称为"页面渲染引擎"。它负责取得网页的内容（HTML、XML、图像等）、整理信息（如加入 CSS 等），以及计算网页的显示方式，然后输出至显示器或打印机。所有网页浏览器、电子邮件客户端及其他需要编辑、显示网络内容的应用程序都需要内核。

不同的浏览器内核对网页编写语法的解释有所不同，因此同一网页在不同内核的浏览器里的渲染（显示）效果可能不同，这也是网页开发者需要在不同内核的浏览器中测试网页显示效果的原因。

6. 总结

（1）使用 Trident 内核的浏览器：IE、傲游、腾讯 TT、世界之窗等。

（2）使用 Gecko 内核的浏览器：Netscape 6 及以上版本、Firefox、Mozilla Suite/SeaMonkey。

（3）使用 Presto 内核的浏览器：Opera 7 及以上版本。

（4）使用 WebKit 内核的浏览器：Safari、Chrome。

（5）壳子浏览器：360 安全浏览器（使用 Trident 和 WebKit）、搜狗浏览器、傲游 3、QQ 浏览器。

师傅经验：

① 网页开发者需考虑 Trident、Gecko、Presto、WebKit 这 4 种内核的浏览器显示效果。

② 前端开发程序员一般会安装 Chrome、Firefox、IE 进行测试。

③ 对于 CSS3 的有些属性，IE 9 及以上版本才支持；Chrome 对 HTML5 的支持优于其他浏览器。

【任务实训】

实训目的：

（1）熟悉 Dreamweaver 的界面。

（2）能使用 Dreamweaver 创建一个网页。

实训内容：

（1）初级任务：① 安装 Dreamweaver；② 熟悉 Dreamweaver 的菜单；③ 利用 Dreamweaver 创建一个名为 index.html 的网页。

（2）中级任务：① 更改 Dreamweaver 的工作区配色方案；② 更改 Dreamweaver 的工作区窗口布局。

（3）高级任务：① 了解 Dreamweaver CC 的新特性；② 使用 Dreamweaver CC 的快捷输入方式。

⚡【任务 1.3】建立正确的站点结构

【任务描述】

Martin 认为自己了解了很多知识，接下来就可以开发前端页面了。师傅告诉他不必着急，在制作页面前，要先了解一些基本概念，然后再了解如何建立站点结构，因为合理的站点结构不仅能使网站结构清晰，而且有利于搜索引擎优化。师傅让 Martin 先学会根据网站内容规划合适的站点结构。Martin 制订了以下计划。

第一步，了解关于网页的一些基本概念。

第二步，学会建立站点的目录结构。

第三步，学会建立站点。

第四步，学会管理和发布站点。

【知识预览】

1.3.1　前端页面相关知识

1. 网页

网页是包含 HTML 标签的纯文本文件，可以存放在世界某个角落的某一台计算机中，是万维网中的一"页"，是超文本标记语言格式（标准通用标记语言的一个应用，文件扩展名为.html 或.htm），如新浪网的首页、淘宝的注册页面。

2. 网站

网站是用于展示载有特定内容的相关网页的集合，如新浪网、淘宝网。

3. 域名

域名是由一串用点分隔的名字组成的互联网上某一台计算机或计算机组的名称，用于在数据传输时标识计算机的电子方位，如 sina.com.cn、qq.com。

4. URL

URL（统一资源定位符）是对互联网上的资源的位置和访问方法的一种简洁表示，是互联网上标准资源的地址。互联网上的每个文件都有一个唯一的 URL，它包含的信息指出文件的位置及浏览器应该怎么处理它，如 http://www.sina.com.cn。

说明：如进入 163 的电子邮箱页面，在浏览器中输入网址：http://mail.163.com/index.html。

① http://mail.163.com/index.html 是 URL，是全球性地址，用于定位互联网上的资源。

② 163.com 是域名，是用来定位网站的独一无二的名字。

③ mail.163.com 是网站名，由服务器名+域名组成。

④ http://是协议，是超文本传输协议，也就是网页数据在网上传输的协议。

⑤ mail 是服务器名，代表邮箱服务器。

⑥ /是根目录，也就是说，先通过网站名找到服务器，然后找到在服务器中存放网页的根目录。

⑦ index.html 是根目录下的默认网页。

5. 站点

可以通过站点对网站的相关页面及各类素材进行统一管理，还可以借助站点管理实现将文件上传到网页服务器中，测试网站。简单地说，站点就是一个文件夹，在这个文件夹里包含了网站中所有用到的文件，可分为本地站点和远程站点。

（1）本地站点：要制作的网站在本地计算机上存储的位置和存储的方式。

（2）远程站点：网站制作好后要把本地站点中的内容上传到服务器中，以便用户访问。

6. 站点目录结构

本地站点和远程站点保存的位置不一样，但站点目录结构应该是一样的。站点目录结构中含有大量文件夹，根据网站的复杂程度，文件夹的分类方式又有不同。对于目录结构的好坏，浏览者并没有什么明显的感觉，但是对于站点本身的上传维护、内容在未来的扩充和移植有着重要的影响。下面是建立目录结构的一些建议。

（1）不要将所有文件都存放在根目录下，否则会造成文件管理混乱。一方面，会搞不清哪些文件需要编辑和更新，哪些文件可以删除，哪些是相关联的文件，影响工作效率；另一方面，上传速度慢。服务器一般都会为根目录建立一个文件索引，当将所有文件都存放在根目录下时，那么即使只上传、更新一个文件，服务器也需要将所有文件检索一遍，再建立新的索引文件。很明显，文件量越大，等待的时间也将越长。所以，应尽可能减少根目录的文件存放数。

（2）按栏目内容建立子目录。子目录首先按主菜单栏目建立，如企业站点可以按公司简介、产品介绍、价格、在线订单、反馈联系等建立相应目录。其他的次要栏目，若需要经常更新，可以建立独立的子目录。而一些相关性强，不需要经常更新的栏目，如关于本站、关于站长、站点经历等可以合并放在一个统一目录下。所有程序一般都存放在特定目录下,如 CGI 程序放在 cgi-bin 目录下,所有需要下载的内容也最好放在一个目录下。

（3）在每个主栏目目录下都建立独立的 images 目录。为每个主栏目建立一个独立的 images 目录是最方便管理的。而根目录下的 images 目录只用来存放首页和一些次要栏目的图片。

（4）目录的层次不要太多。目录的层次建议不要超过 3 层,3 层以内维护管理方便,也便于搜索引擎检索到。

（5）不要使用中文目录名。中文目录名可能会使用户浏览网页时出现乱码问题。

（6）不要使用过长的目录名。

【任务实现】

了解了网站的基本概念后,Martin 决定建立一个名为 **myweb** 的站点,并配置相应的目录结构。

1.3.2　站点的建立

（1）打开 Dreamweaver,单击菜单栏中的"站点",选择"新建站点",如图 1-3-1 所示。

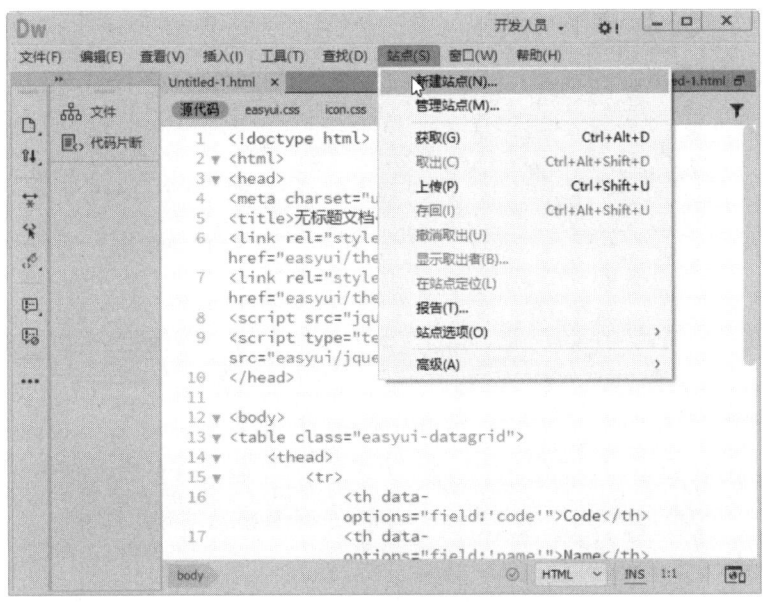

图 1-3-1　"站点"菜单

（2）弹出如图 1-3-2 所示的对话框,在"站点名称"中输入"我的站点",在"本地站点文件夹"右侧单击 ,打开浏览窗口,选择在计算机中保存网站的物理路径。为方便起见,本案例选择保存在桌面上。在桌面上新建文件夹,起名为 myweb,选择该文件夹,然后单击"选择"按钮。

（3）选择好站点目录之后,选择图片文件夹,单击左侧的"高级设置",然后单击"默认图像文件夹"右侧的小文件夹图标,如图 1-3-3 所示,选择站点的图片目录,在站点目录下创建 images 文件夹,然后选择该文件夹。"链接相对于"选择默认的"文档"。

（4）最后单击"保存"按钮,出现如图 1-3-4 所示的界面。

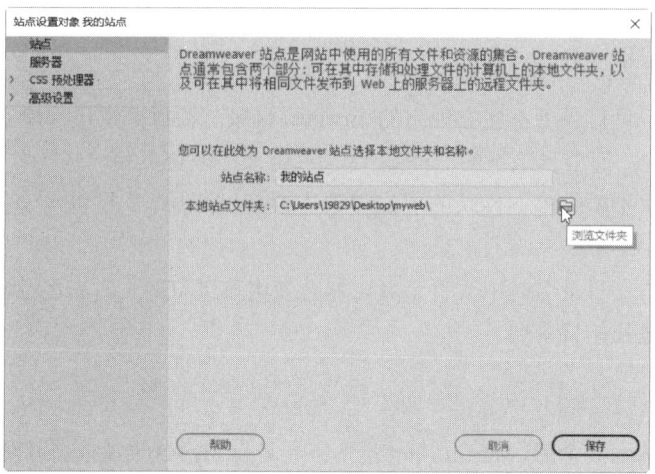

图 1-3-2　新建站点界面

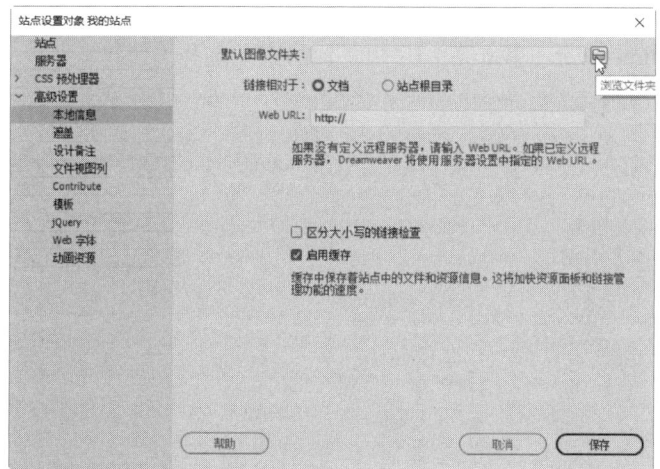

图 1-3-3　选择默认图像文件夹

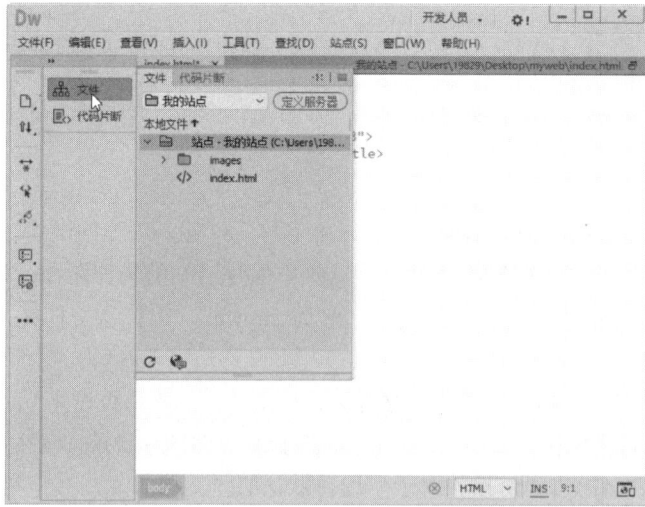

图 1-3-4　站点建立界面

（5）此时，站点并没有建立完成。一般站点除 images 文件夹外，还有 CSS 文件夹和 JS 文件夹，可以在此建立，也可以在以后需要用的时候建立，建立的方法有两种。

第一种：在桌面上找到 myweb 文件夹，在该文件夹中新建 CSS 和 JS 两个文件夹。

第二种：在图 1-3-4 所示的界面中选中"站点-我的站点"后右击，如图 1-3-5 所示，选择"新建文件夹"，新建 CSS 和 JS 两个文件夹。

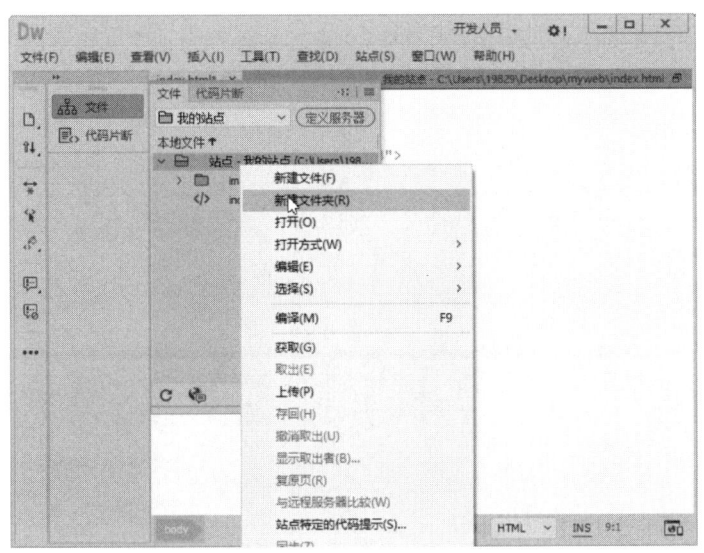

图 1-3-5　"新建文件夹"菜单

（6）至此，一个简单的网站结构建立完成。复杂的网站除这些文件夹外，另有一些文件夹，每个文件夹内部又有 images 文件夹，如图 1-3-6 所示。

图 1-3-6　某网站内部站点目录结构

说明：

① 在图 1-3-2 所示界面进行站点名称设置时，由于只是显示给开发者看的逻辑名称，所以中英文名称都可以使用。

② 站点目录结构中所有的文件夹必须起英文名，且尽可能做到"见其名，知其意"，比如 images 或 image。

③ 本案例站点比较简单，若开发复杂的网站一定要参考 1.3.1 节知识点进行站点目录结构的建立。

【 *知识拓展* 】

1.3.3　站点的管理和发布

1．站点的管理

　　若把自己建立的站点移植到另一台计算机，或者对该站点进行管理，可单击"站点"菜单中的"管理站点"，弹出如图 1-3-7 所示的对话框，"我的站点"为刚建立的站点。单击"导入站点"按钮即可把其他的站点导入。

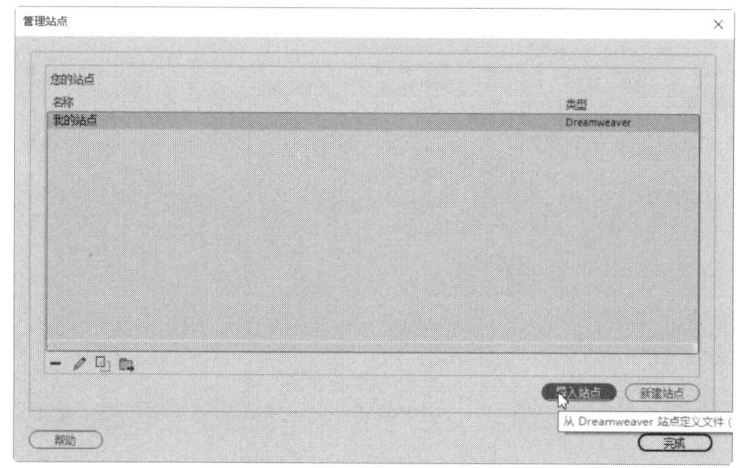

图 1-3-7　"管理站点"对话框

2．站点的发布

　　（1）在"管理站点"对话框中，双击"我的站点"，切换至"服务器"选项卡，对于已拥有远程 Web 服务器的用户，需要填写此项内容。单击"+"按钮添加远程服务器信息，如图 1-3-8 所示。

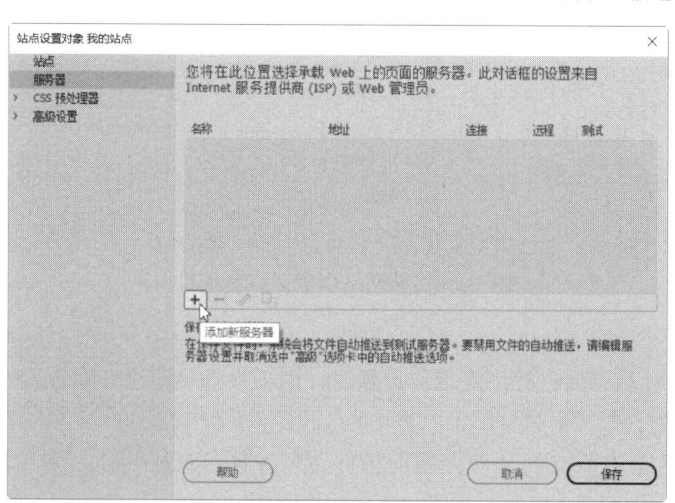

图 1-3-8　添加远程服务器信息

　　（2）在弹出的窗口中输入远程服务器相关信息及连接方式，并通过单击"测试"按钮来测试远程服务器的可用性，如图 1-3-9 所示。

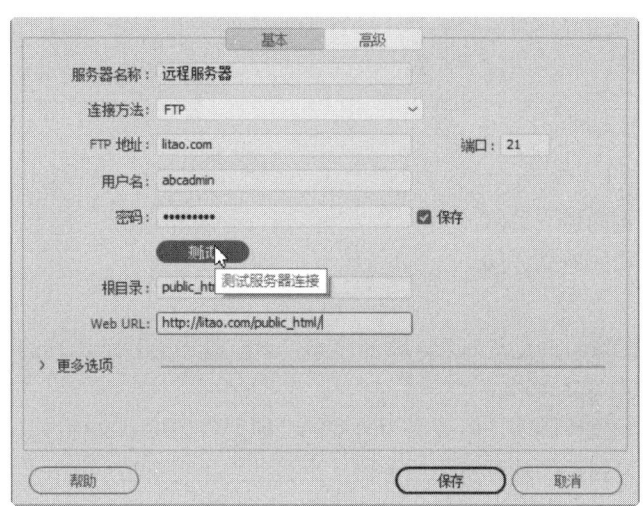

图 1-3-9　测试远程服务器的可用性

（3）若测试成功，弹出"Dreamweaver 已成功连接到您的 Web 服务器"对话框。

（4）在返回的界面中，若勾选"测试"选项，如图 1-3-10 所示，就可以在本地调试脚本。

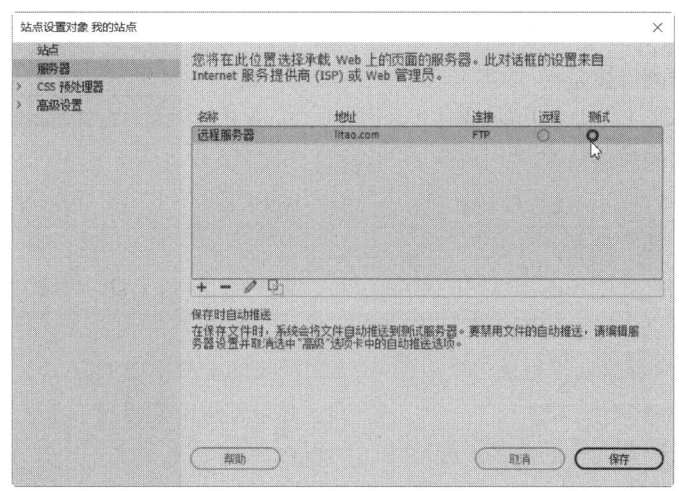

图 1-3-10　测试设置

（5）当显示测试服务器成功后，单击"确定"按钮完成设置。此时 Dreamweaver 会自动对本地站点内容进行扫描并完成添加操作，如图 1-3-11 所示，然后在"文件资源管理器"窗口中以树型结构列出本地磁盘中的网站目录。

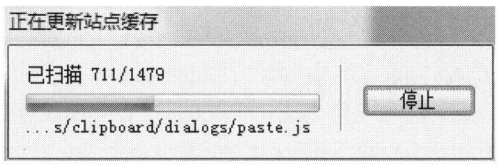

图 1-3-11　更新站点缓存界面

（6）接下来就可以通过双击对应网页文件对其进行编辑操作。

（7）待编辑完成后，右击对应的文件，在弹出的快捷菜单中选择"上传"，即可将对应文件同步更新至远程服务器。

【任务实训】

实训目的：

（1）掌握站点结构的建立思路。

（2）掌握站点结构的建立方法。

实训内容：

（1）初级任务：在桌面上建立站点，命名为 myweb，里面有存放图片的文件夹、存放 CSS 的文件夹、存放 JS 的文件夹、首页。

（2）中级任务：预览校园网，配置名为"我的校园网"的站点文件夹。

（3）高级任务：以自己的计算机为服务器，上传站点，更新站点。

单元测试 1

一、选择题

1．火狐浏览器的内核是（　　）。

  A．Trident   B．Gecko   C．WebKit   D．Presto

2．谷歌浏览器的内核是（　　）。

  A．Trident   B．Gecko   C．WebKit   D．Presto

3．站点的目录其实是（　　）。

  A．文本文件   B．HTML 文件 C．文件夹   D．EXE 文件

4．建立站点目录需考虑的因素有（多选）（　　）。

  A．按栏目内容建立子目录   B．目录的层次不要太深

  C．目录的名称不要太少   D．必须使用中文目录

5．关于站点内所有文件的命名，应该（　　）。

  A．以英文命名   B．以中文命名

  C．随便怎么命名   D．以程序员所在国家的语言命名

二、判断题

1．在做前端开发时不需要考虑搜索引擎优化。（　　）

2．开发前端界面时，需要考虑浏览器内核。（　　）

三、问答题

学习前端开发必须掌握哪些最基本的技术？

构建 HTML 页面

⇒ 【任务 2.1】基本页面构建

微课视频

【任务描述】

经过一个阶段的前端技术学习后，Martin 对前端开发越来越感兴趣了，今天他准备用 HTML5 开发一个简单的介绍浪浪网的网页。Martin 制订了以下计划。

第一步，了解 HTML5 的基本结构。

第二步，使用最基本的标签完成浪浪网介绍网页的制作。

【知识预览】

2.1.1 HTML 介绍

1. HTML 简介

HTML 全称为 Hyper Text Markup Language（超文本标记语言），是制作万维网页面的标准语言。HTML 不是一门编程语言，而是一门描述性的标记语言。HTML 最基本的语法格式如下：

```
<标签>内容</标签>
```

标签一般都是成对出现的，有一个开始符号和一个结束符号，结束符号只是在开始符号的前面加一个斜杠"/"。当浏览器收到 HTML 文本后，就会解释里面的标签，然后把标签相对应的功能表达出来。

例如，用 p 标签来定义段落，用 strong 标签来定义文字为粗体。当浏览器遇到标签对时，就会把标签对中的所有文字用粗体显示出来。例如：

```
<strong>常州机电</strong>
```

当浏览器遇到上面这行代码时，会得到如图 2-1-1 所示的粗体文字效果。

常州机电 ⟶ **常州机电**

图 2-1-1　strong 标签显示效果

2. 学习 HTML 的什么内容

学习 HTML 就是学习各种标签，学习网页的"架子"。标签有文字标签、图像标签、音频标签、表单标签等。HTML 就是由标签组成的。例如，要在浏览器中显示一段文字，就要用到段落标签 p；要在浏览器中显示一张图像，就要用到图像标签 img。针对对象不同，使用的标签就不同。假如要在浏览器中显示一段文字，使用图像标签就不可能把文字显示出来。所以，要先学习各种标签，然后根据想要显示的内容使用相应的标签。

说明：很多时候也把"标签"说成"元素"，例如把"标签 p"说成"元素 p"，这是一个意思，只是叫法不同而已。而"标签"的叫法更形象地说明了 HTML 元素是用来"标记"的，来标记这是一段文字还是一张图片，从而让浏览器将代码解析出来展示给用户看。

3．HTML5 简介

（1）什么是 HTML5。HTML5 是 HTML 最新的修订版本，2014 年 10 月由 W3C 完成标准制定，是下一代 HTML 标准，目前仍处于完善之中。各主流浏览器对 HTML5 支持的情况都不一样，如图 2-1-2 所示。其中 IE 是从版本 9 开始支持 HTML5 的部分功能的。

图 2-1-2　浏览器对 HTML5 的支持

若想知道 HTML5 的某个功能被各浏览器支持的情况，可访问 http://caniuse.com/ 进行查询。

说明：Can I Use 是一个检测浏览器对 JS、HTML5、CSS、SVG 或者其他 Web 前端相关特性支持程度的列表，可以检测的浏览器包括桌面版和移动版的主流浏览器（如 IE、Firefox、Chrome、Safari、Opera 等）。可以从列表中直接查看或者搜索与某个特性相关的浏览器支持程度。

（2）HTML5 新特性。HTML5 包含了新的元素、属性和行为，同时包含了一系列可以让 Web 站点和应用更加多样化、功能更强大的技术。

① 用于绘画的 canvas 标签。

② 用于媒介回放的 video 和 audio 标签。

③ 对本地离线存储提供更好的支持。

④ 新的特殊内容标签，如 article、footer、header、nav、section。

⑤ 新的表单控件，如 calendar、date、time、email、url、search。

2.1.2　HTML5 网页的基本结构和基本标签的作用

1．网页的基本结构

可通过一张图来说明 HTML 网页的基本结构，如图 2-1-3 所示。

一个 HTML 文档由 4 个基本部分组成。

（1）一个文档声明：<!doctype html>。

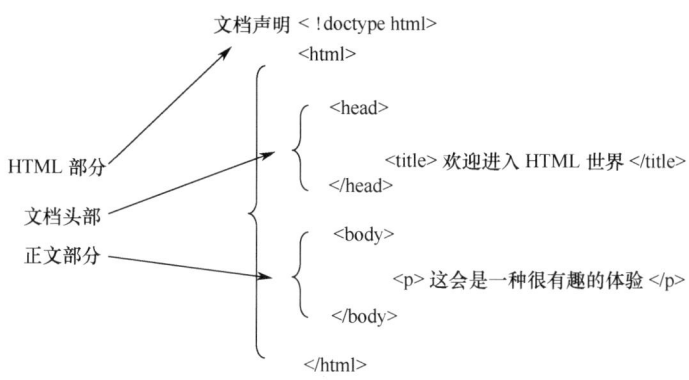

图 2-1-3　HTML 网页的基本结构

（2）一个 html 标签对：<html></html>。

（3）一个 head 标签对：<head></head>。

（4）一个 body 标签对：<body></body>。

2．基本标签的作用

（1）文档声明。<!doctype html>声明这是一个 HTML 文档，必须放在 HTML 文档的第一行。<!doctype>声明不是 HTML 标签，它告诉浏览器该使用哪个 HTML 版本进行编译，本书介绍 HTML5 版本。

（2）html 标签。html 标签的作用相当于设计者在告诉浏览器，整个网页是从<html>这里开始的，然后到</html>结束。

对于 html 这个标签，经常看到这样一句代码：<html xmlns="http://www.w3.org/1999/ xhtml">。其实上面这句代码声明了该网页使用的是 W3C 的 XHTML 标准，HTML4.01 以前是这么写的，HTML5 就省略了。

（3）head 标签。head 标签是页面的头部，只能定义一些特殊的内容，对于里面的内容，用户一般是不可见的。

（4）body 标签。body 标签是页面的"身体"，一般网页的绝大多数标签代码都在这里。

说明：

① 对于 HTML 的基本结构，必须记住。

② 记忆标签小技巧：根据标签单词的意思就很容易记忆了，比如 head 表示"页头"，body 表示"页身"。

【任务实现】

了解了 HTML5 的基本结构后，Martin 决定制作一个简单的介绍浪浪网的网页。

2.1.3　创建简单网页

（1）打开 Dreamweaver，新建一个 HTML5 类型的网页。如图 2-1-4 所示，进入代码编辑窗口。

（2）单击"文件"菜单中的"保存"，选择前面创建的站点"myweb"文件夹，在该文件夹中建立文件夹"chap02"，选择此文件夹，保存该网页，网页文件夹名为"sinaintro.html"。

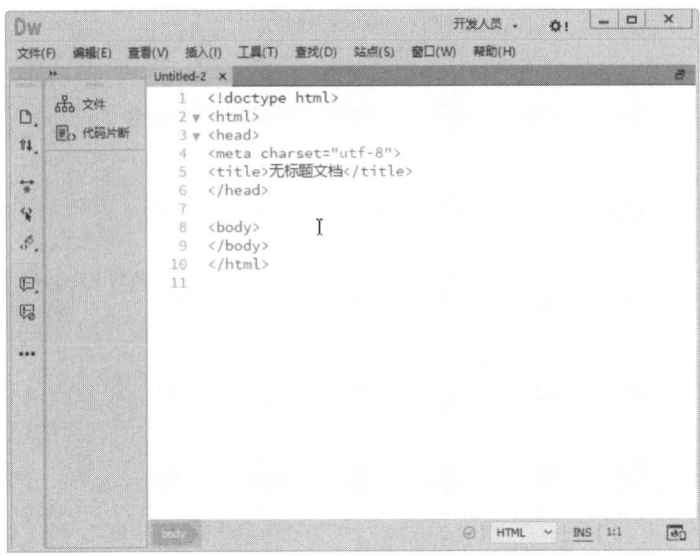

图 2-1-4　代码编辑窗口

说明：网页文档类型有 HTML 和 HTM 两种，由于现在的计算机很少使用 DOS 操作系统，所以，现在的网页一般选择 html 作为扩展名。

师傅经验：开发网页时要养成先保存再编辑的习惯。

（3）编辑头部内容。title 标签的作用就是定义网页的标题，代码如下：

```
<head>
    <meta charset= "utf-8">
    <title>浪浪网介绍</title>
</head>
```

meta 是 HTML 语言 head 区的一个辅助性标签。如果能够用好 meta 标签（【知识拓展】里介绍了 meta 标签），会带来意想不到的效果。此处表明该网页的编码方式是 UTF-8。

（4）补充正文内容（body 标签部分），代码如下：

```
<!doctype html>
<html>
    <head>
        <meta charset="utf-8">
        <title>浪浪网介绍</title>
    </head>

    <body>
        <header><h1>浪浪网介绍</h1></header>
        <section>浪浪网为全球用户 24 小时提供全面及时的中文资讯,内容覆盖国内外突发新闻事件、体坛赛事、娱乐时尚、产业资讯、实用信息等，设有新闻、体育、娱乐、财经、科技、房产、汽车等 30 多个内容频道，同时开设博客、视频、论坛等自由互动交流空间。</section>
        <footer>Martin 版权所有&copy;</footer>
    </body>
</html>
```

说明：

① 在此段代码里使用了结构标签、标题标签、特殊符号标签 3 种类型的标签。

② 结构标签没有特殊功能，只是为了使网页更语义化而在 HTML5 中新增的标签。各标签在网页中的位置可参考图 2-1-5。虽然现在的浏览器都支持这些标签，但目前还没有被普遍使用，相信在不久的将来，越来越多的网站会使用这些标签来重构自己的网站，所以大家要掌握这些标签的使用方法。

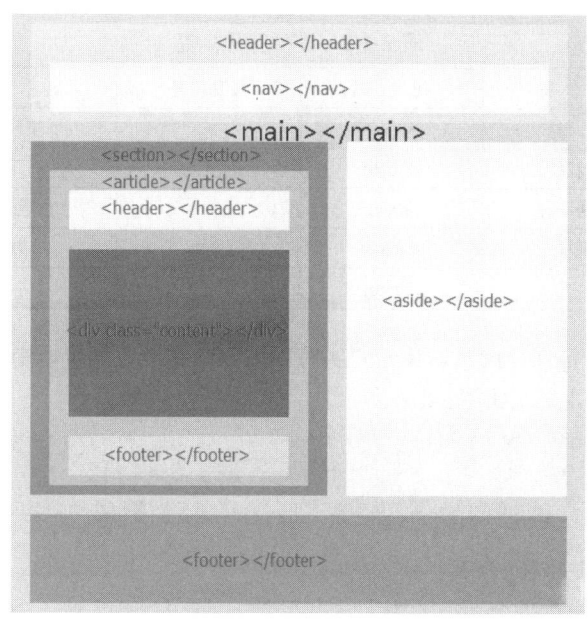

图 2-1-5   HTML5 结构标签在网页中的位置

③ 想在网页中显示特殊字符，需要在 HTML 代码中输入与该特殊字符相对应的代码。与这些特殊字符相对应的代码都是以"&"开头、以";"（注意是英文分号）结束的。

④ 对于一个 HTML 文档，往往包含各种级别的标题。在 HTML 中，共有 6 个级别的标题：<h1>～<h6>。作为标题，它们的重要性是有区别的，其中<h1>标题的重要性最高，<h6>标题的重要性最低。在此说明一下，一般一个页面只能有一个<h1>，而<h2>～<h6>可以有多个。<h1>代表的就是本页面的题目。一篇文章只有一个大标题，但却可以有多个小标题。

⑤ 各标签的构成和作用见表 2-1-1～表 2-1-3。

表 2-1-1   HTML5 新增的结构标签

标　　签	说　　明
header	页面或页面中某一个区块的页眉，通常是一些引导和导航信息
nav	可以作为页面导航的链接组
main	网页主体部分，一个网页只有一个，IE 不支持
section	页面中的一个内容区块，通常由内容及其标题组成
article	代表一个独立的、完整的相关内容块，可独立于页面其他内容使用
aside	非正文内容，与页面的主要内容是分开的，被删除后不会影响到网页的内容
footer	页面或页面中某一个区块的页脚

表 2-1-2　标题标签

代　　码	效　　果	说　　明

`<h1>这是一级标题</h1>`
`<h2>这是二级标题</h2>`
`<h3>这是三级标题</h3>`
`<h4>这是四级标题</h4>`
`<h5>这是五级标题</h5>`
`<h6>这是六级标题</h6>`
	这是一级标题
	这是二级标题
	这是三级标题
	这是四级标题
	这是五级标题
	这是六级标题
		从浏览器预览效果可以看出，标题标签的级别越高，字号越大。但其功能并非如此简单，它们对于网页搜索引擎的优化极其重要

表 2-1-3　特殊符号标签

特殊符号	名　　称	代　　码	特殊符号	名　　称	代　　码
§	分节符	`&sect;`	£	英镑	`&pound;`
©	版权符	`&copy;`	¥	日元	`&yen;`
®	注册商标	`&reg;`	°	度	`&deg;`
™	商标	`&trade;`	空格	空格	` `
€	欧元	`&euro;`			

（5）按 Ctrl+S 组合键保存网页，单击"实时视图"或者"在浏览器中预览或调试"按钮，选择合适的浏览器，查看效果，如图 2-1-6 所示。

图 2-1-6　显示效果界面

【任务总结】

HTML 代码都应该小写，属性都应该放在双引号内部。

【知识拓展】

2.1.4　HTML 头部属性设置

1. meta 标签

meta 标签位于 head 标签内部，常用来描述一个 HTML 网页文档的属性。

（1）输入代码：

```
<meta http-equiv="X-UA-Compatible" content="IE=edge">
```

说明：

① meta 标签共有两个属性，它们分别是 http-equiv 属性和 name 属性。

② meta 标签的 http-equiv 属性的语法格式是 `<meta http-equiv="参数" content="参数变量值">`。参数 X-UA-Compatible 表示设置文件兼容性，用于定义让 IE 如何编译网页；参数 IE=edge 告诉 IE 使用最新的引擎渲染网页。

（2）输入代码：

```
<meta name="keywords" content="浪浪, 浪浪网, LINA, Lina, lina.com.cn, 浪浪首页, 门户, 资讯">
```

说明：name="keywords"表示对网页关键字进行说明，主要是为了搜索引擎能很好地检索到，所以在设置关键字的 content 中尽可能地考虑了用户会输入的关键字。

（3）输入代码：

```
<meta name="description" content="浪浪网为全球用户 24 小时提供全面及时的中文资讯，内容覆盖国内外突发新闻事件、体坛赛事、娱乐时尚、产业资讯、实用信息等，设有新闻、体育、娱乐、财经、科技、房产、汽车等 30 多个内容频道，同时开设博客、视频、论坛等自由互动交流空间。">
```

说明：name="description"表示对网页内容的描述，主要是为了搜索引擎能很好地检索到，所以在设置关键字的 content 中把浪浪网包含的内容尽可能讲全面。

（4）meta 的其他设置。

meta 标签虽然对用户不可见,但它的内容设计对于搜索引擎营销来说是至关重要的一个因素。各个网站的设置都是不一样的,上面 3 个是常见的 meta 设置,其他的设置可以参考本书素材中提供的拓展阅读部分。

2．html 的编码

（1）设置方式。在网页中声明语言与编码是很重要的，如果没有在网页文件中声明正确的编码，浏览器会根据浏览者计算机的设置显示编码，例如，有时在浏览一些网页的过程中会看到一些内容变成乱码，通常都是因为没有正确声明编码。而语言的声明方式很简单，只需在 meta 标签中设置 charset 属性即可，代码如下：

```
<meta charset="编码类型">
```

（2）编码类型。以前建的中文网站，很多还是 GB2312（国标码）或 GBK（GBK 包括了 GB2312 的所有内容，同时又增加了近 20000 个新的汉字和符号）编码。但是目前，越来越多的网站采用 UTF-8 编码（在网页上可以统一显示中文简体/繁体及其他语言）。所以，新建 HTML5 标准的网页时，默认采用 UTF-8 编码方式。

【任务实训】

实训目的：

（1）掌握 HTML5 网页的创建方法。

（2）掌握网页基本标签的使用。

（3）掌握 HTML5 的结构标签。

实训内容：

（1）初级任务：合理使用标题标签、结构标签，制作如图 2-1-7 所示的搜狐介绍界面。

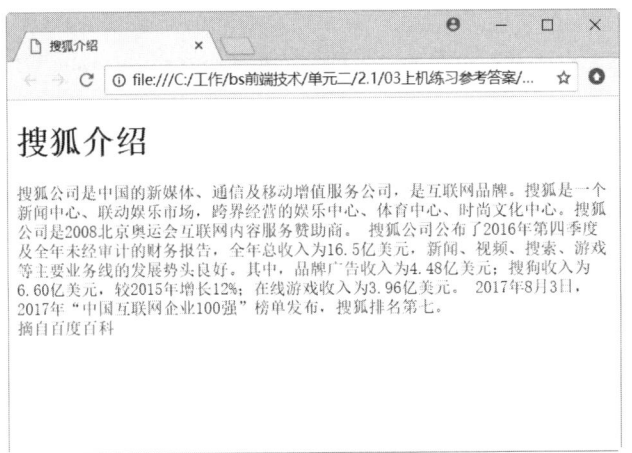

图 2-1-7　搜狐介绍界面

（2）中级任务：使用本书 2.1.4 节所讲的属性设置搜狐介绍界面的头部 meta 标签。

（3）高级任务：查看新浪网、淘宝网、腾讯 QQ 网站源代码中 meta 标签的设置，了解其他 meta 属性的作用。

⇒【任务 2.2】新闻页面构建

【任务描述】

Martin 接到了一个任务，要制作一个关于明星保护方言的新闻页面。经过和师傅进行沟通，Martin 了解到新闻页面要简洁、清晰、美观。于是，Martin 制订了以下计划。

第一步，了解 HTML 基本标签的概念。

第二步，分析新闻页面使用的标签。

第三步，学习新闻页面标签的使用。

第四步，确定工作计划。

【知识预览】

2.2.1　HTML 基本标签

静态页面主要由 4 类元素组成：文本、图形、多媒体文件（视频、音频）和超链接。所以要制作一个网页，必须先掌握这些标签。

说明：不是具有"会动"的元素（如视频、Flash 等）的页面就叫动态页面。判断页面是否是动态页面的标准在于客户端是否与服务器进行交互。

1. 新闻页面分析

先看新闻页面效果图，如图 2-2-1 所示。分析一下这张网页，看看新闻页面的基本构成，如图 2-2-2 所示。

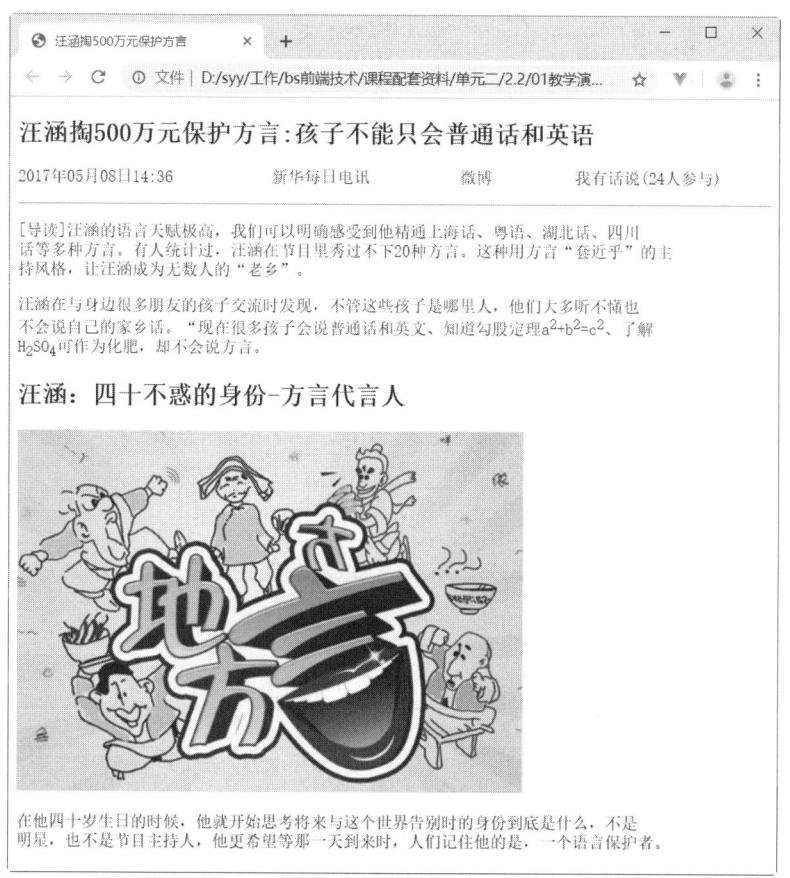

图 2-2-1 新闻页面效果图

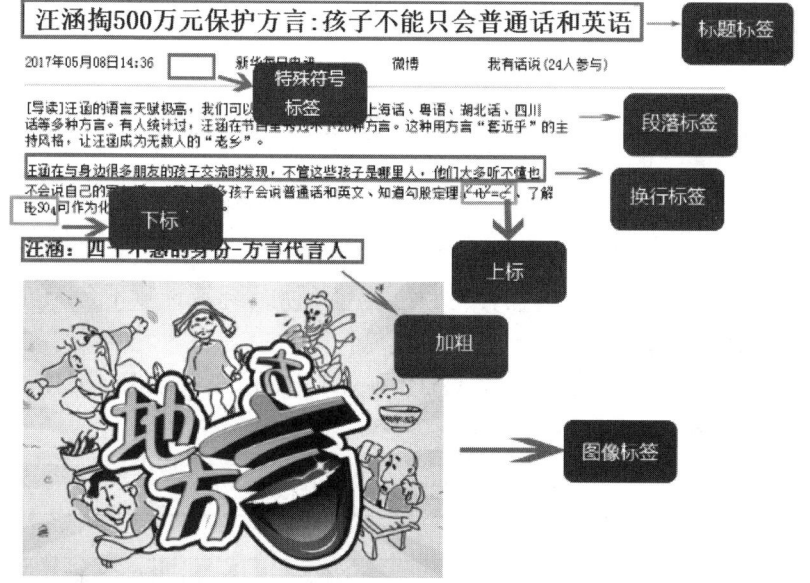

图 2-2-2 新闻页面效果图（分析）

通过分析可以发现，要制作新闻页面，Martin 至少要掌握以下内容。

（1）标题标签。

（2）段落标签。

（3）换行标签。

（4）文本标签。

（5）水平线标签。

（6）图像标签。

（7）特殊符号标签。

（8）注释标签。

标题标签和特殊符号标签，Martin 已经学过，所以在这个任务中 Martin 得学段落、换行、文本、水平线、图像、注释标签。

2．基本标签

（1）段落标签。在 HTML 中，使用 p 标签来标记一段文字。语法格式如下：

`<p>段落内容</p>`

段落标签举例与效果见表 2-2-1。

表 2-2-1　段落标签举例与效果

举　　例	效　　果
<p>渭城朝雨浥轻尘，客舍青青柳色新。</p> <p>劝君更尽一杯酒，西出阳关无故人。</p>	渭城朝雨浥轻尘，客舍青青柳色新。 劝君更尽一杯酒，西出阳关无故人。

说明：段落标签会自动换行，并且段落与段落之间有一定的空隙，看图 2-2-2 就很清楚了。

（2）换行标签。br 标签用于换行，它是一个自闭合标签，没有结束标签。语法格式如下：

`文本内容<br>`

举例与效果见表 2-2-2。

表 2-2-2　换行标签举例与效果

举　　例	效　　果
渭城朝雨浥轻尘，客舍青青柳色新。 劝君更尽一杯酒，西出阳关无故人。 	渭城朝雨浥轻尘，客舍青青柳色新。 劝君更尽一杯酒，西出阳关无故人。

说明：用 p 标签会使两个段落之间有一定空隙，而用换行标签 br 则不会。HTML5 中不建议写成
，建议写成
。

（3）文本标签。文本标签就是针对文本进行各种格式化的标签，如加粗、斜体、上标、下标等。

① 加粗标签 b、strong，举例与效果见表 2-2-3。

表 2-2-3　加粗标签举例与效果

举　　例	效　　果
<p>这是普通文本</p>	这是普通文本
这是粗体文本 这是粗体文本	**这是粗体文本** **这是粗体文本**

说明：b 标签和 strong 标签的加粗效果是一样的。但是在实际开发中，想要对文本加粗，应尽量用 strong 标签，不用 b 标签，这是由于 strong 标签比 b 标签更具有语义性。

② 斜体标签 i、cite、em，举例与效果见表 2-2-4。

表 2-2-4　斜体标签举例与效果

举　　例	效　　果
<i>斜体文本</i>
 <cite>斜体文本</cite>
 <em>斜体文本</em>	*斜体文本* *斜体文本* *斜体文本*

说明：如果要对文本进行斜体设置，尽量用 em 标签。

③ 上标标签 sup、下标标签 sub，举例与效果见表 2-2-5。

表 2-2-5　上下标签举例与效果

举　　例	效　　果
<p>(a+b)<sup>2</sup>=a<sup>2</sup>+b<sup>2</sup>+2ab</p>	$(a+b)^2=a^2+b^2+2ab$
<p>H<sub>2</sub>SO<sub>4</sub>指的是硫酸分子</p>	H_2SO_4指的是硫酸分子

（4）水平线标签。水平线标签是 hr，它是一个自闭合标签，举例与效果见表 2-2-6。

表 2-2-6　水平线标签举例与效果

举　　例	效　　果
<h3>静夜思</h3> <hr/> <p>床前明月光，疑是地上霜。</p> <p>举头望明月，低头思故乡。</p>	**静夜思** 床前明月光，疑是地上霜。 举头望明月，低头思故乡。

（5）图像标签。图像使用 img 标签，它有 3 个重要的属性：src、alt、title，见表 2-2-7。

表 2-2-7　图像标签属性

属　　性	说　　明
src	图像的文件地址
alt	图片显示不出来时的提示文字
title	鼠标指针移到图片上时的提示文字

说明：src 和 alt 这两个属性是 img 标签必不可少的属性；title 属性的值往往与 alt 属性的值相同。

① src 属性。src 即 source（源文件）。img 标签的 src 属性用于指定图像源文件所在的路径，它是图像必不可少的属性，举例与效果见表 2-2-8，语法格式如下：

```
<img src="图像源文件的路径">
```

表 2-2-8　src 属性举例与效果

举　　例	效　　果
<img src="pkq.PNG">	

说明：img 标签是一个自闭合标签，没有结束标签。src 属性用于设置图像文件所在的路径，这一路径可以是相对路径，也可以是绝对路径，这里用的是相对路径。【知识拓展】里详细讲解了相对路径和绝对路径。

② alt 属性。alt 属性用于设置图片的描述信息，这些信息对于搜索引擎优化很重要，必须设置。

③ title 属性。title 属性用于设置鼠标指针移到图片上时的提示文字，这些提示文字是给用户看的，举例与效果见表 2-2-9，语法格式如下：

```
<img src="图片地址" alt="图片描述（用于搜索引擎优化）" title="图片描述（给用户看）">
```

表 2-2-9   title 属性举例与效果

举　　例	效　　果
<img src="pkq.PNG" alt="皮卡丘" title="皮卡丘">	

（6）注释标签。在编写 HTML 代码时，经常要在一些关键代码旁做一下注释。这样做的好处很多，比如：方便理解、方便查找或方便项目组里的其他程序员了解该段代码，而且方便以后对自己的代码进行修改。举例与效果见表 2-2-10，语法格式如下：

```
<!--注释的内容-->
```

说明："<!--" 表示注释的开始，"-->" 表示注释的结束。

师傅经验：前端开发过程很可能是需要多人合作完成的。一般有两种情况：一种是事先商量好之后，有组织、有计划地分工合作；另一种是事先并没有考虑到的，因为种种原因而导致自己去维护他人开发的系统。所以，现在编写的代码，将来可能会由其他人来维护；或者自己写的代码，过段时间再来看它，会觉得它十分陌生。因此，一个保证代码可读性良好的方法是添加注释。大家可以随便打开一个网站，查看其源代码，会发现良好的网站有非常详细的注释，如图 2-2-3 所示。

```
244    <!--背景广告 begin-->
245    <style type="text/css">
246        #bgLeftAd, #bgRightAd {
247            overflow: hidden;
248        }
249    </style>
250    <div id="bgAdWrap"></div>
251    <ins id="2495FC81338A" class="sinaads" data-ad-pdps="2495FC81338A"></ins>
252    <script>
253        (sinaads = window.sinaads || []).push({
254            element:document.getElementById("2495FC81338A"),
255            params: {
256                sinaads_ad_width: 1600,
257                sinaads_bg_top: 46,
258                sinaads_success_handler: function(){
259                    document.getElementById("bgAdWrap").style.top = "46px";
260                },
261                sinaads_bg_asideClick: 1//0是顶部可点击，1是全部可点击
262            }
263        });
264    </script>
265    <!--背景广告 end-->
266
```

图 2-2-3   新浪网注释

表 2-2-10　HTML 注释举例与效果

举　　例	效　　果
<body> 　　<h6>静夜思</h6><!--标题标签--> 　　<p>床前明月光，疑是地上霜。</p><!--文本标签--> 　　<p>举头望明月，低头思故乡。</p><!--文本标签--> </body>	**静夜思** 床前明月光，疑是地上霜。 举头望明月，低头思故乡。

说明：可以看到，用"<!-- -->"注释的内容不会显示在浏览器中。注释标签用于在源代码中插入注释，注释的内容不会显示在浏览器中。对关键代码进行注释，有助于以后看懂当时编写的源代码。

师傅经验：为代码添加注释是一个良好的习惯。在前端开发时，代码往往都是几百行甚至上千行的，要是不对关键的代码进行注释，自己都会觉得头晕，甚至看不懂当时写的代码。因此，一定要养成给代码加注释的习惯，如图 2-2-3 所示，在关键代码开始处和结束处都应该添加注释。

【任务实现】

通过前面的学习，Martin 学会了段落、文本、图像标签，接下来要完成新闻页面的制作。Martin 制订了以下计划。

第一步：使用 h2 标签制作一级标题。

第二步：使用文本标签控制文本输入。

第三步：使用图像标签控制图片显示。

Martin 的工作计划是否正确呢？文本标签、图像标签该如何使用呢？本次任务将为你揭晓答案。

2.2.2　新闻页面制作

（1）打开 Dreamweaver，新建一个空白的 HTML5 文档。

（2）保存该网页，保存在 chap02 文件夹中，起名为 news.html。

（3）在<head>中输入代码：<title>汪涵掏 500 万元保护方言</title>。

（4）在<body>中使用 h1 标签，输入代码：<h1>汪涵掏 500 万元保护方言:孩子不能只会普通话和英语</h1>。

（5）输入代码：<p>2017 年 05 月 08 日 14:36   新华每日电讯   微博   我有话说(24 人参与)</p>。

技巧：在 HTML 中，多个连续空格默认只显示为一个，若要输入多个空格，应该使用特殊符号" "，或者借助"编辑"菜单打开"首选项"对话框，在"常规"选项卡中的"允许多个连续的空格"前打钩，如图 2-2-4 所示。

（6）输入代码：<hr>。

（7）输入代码：<p>[导读]汪涵的语言天赋极高，我们可以明确感受到他精通上海话、粤语、湖北话、四川
话等多种方言。有人统计过，汪涵在节目里秀过不下 20 种方言。这种用方言"套近乎"的主
持风格，让汪涵成为无数人的"老乡"。</p>

（8）输入代码：<p>汪涵在与身边很多朋友的孩子交流时发现，不管这些孩子是哪里人，他们大多听不懂也\<br\>不会说自己的家乡话。"现在很多孩子会说普通话和英文、知道勾股定理 a\<sup\>2\</sup\>+b\<sup\>2\</sup\>=c\<sup\>2\</sup\>、了解\<br\>H\<sub\>2\</sub\>SO\<sub\>4\</sub\>可作为化肥，却不会说方言。\</p\>

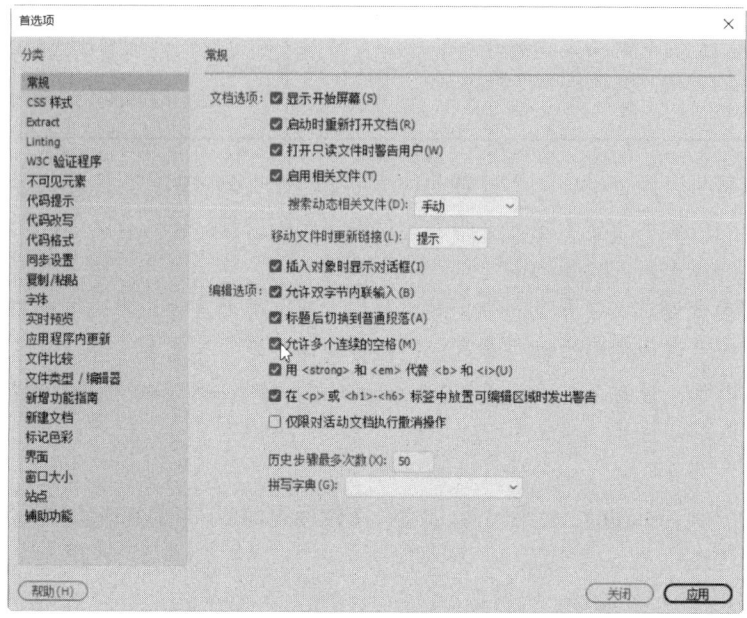

图 2-2-4　设置空格

（9）输入代码：\<h2\>汪涵：四十不惑的身份-方言代言人\</h2\>。

（10）输入代码：\<img src="images/5-1.PNG" alt="方言" title="方言"\>。

（11）输入代码：\<p\>在他四十岁生日的时候，他就开始思考将来与这个世界告别时的身份到底是什么，不是\<br\>明星，也不是节目主持人，他更希望等那一天到来时，人们记住他的是，一个语言保护者。\</p\>

（12）代码全部输入完毕，预览，按 Ctrl+S 组合键保存。

【任务总结】

Martin 的第一步工作计划是错误的，Martin 认为标题的文字大小和\<h2\>的差不多，所以使用 \<h2\>。根据文字大小选择使用 h 标签的等级，是初学者易犯的错误。在使用 h 标签时，要考虑搜索引擎优化，因为 h1 标签是最容易被检索到的，所以应该优先考虑 h1 标签（一个页面只允许使用一个 h1 标签），文字大小可以后期利用 CSS 进行调整。一般在网页中，h 标签都是按序号大小顺序使用的，先用 1，再用 2，以此类推。

【知识拓展】

2.2.3　自闭合标签

1. 自闭合标签概述

大多数标签都是成对出现的，有一个开始符号和一个结束符号，但有些标签是没有结束符号的，如刚刚学的 br、hr、img。没有结束符号的标签被称为自闭合标签。一般标签的开始符号和结束符号之间是可以插入其他标签或文字的，而自闭合标签由于没有结束符号，没办法在内部插入其他标签或文字，只能定义自身的一些属性。

2．常见的自闭合标签

（1）<meta>用于定义页面的说明信息，供搜索引擎查看。

（2）<link>用于连接外部的 CSS 文件或脚本文件。

（3）<base>用于定义页面所有链接的基础定位。

（4）
用于换行。

（5）<hr>用于生成水平线。

（6）<input>用于定义表单元素。

（7）<img>用于显示图像。

说明：HTML5 新规范不建议在自闭合标签后加 "/"，所以换行写成
和
都正确，后者更好。

2.2.4　相对路径和绝对路径

在 D 盘目录下建立一个网站，网站名称为 test，用于测试相对路径和绝对路径。这个网站的目录内容如图 2-2-5 所示。

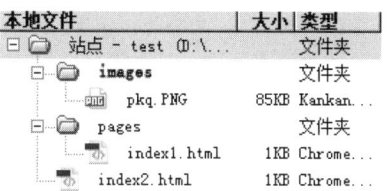

图 2-2-5　test 站点结构

先总结一下任务中 img 标签的语法：<img src="图像源文件路径" alt="图片无法显示时的提示文字" title="鼠标经过图片时的提示文字">。

要想正确地在浏览器中显示图像，必须在 img 标签中给出图像的准确路径，即 img 标签的 src 属性。接下来，用 index1 和 index2 分别去引用 images 文件夹下的 pkq.PNG，从而从多方面来认识相对路径和绝对路径的区别。

1．用 index2 引用 pkq 图片

图片路径有两种写法。

写法一：<img src="images/pkq.PNG" alt="皮卡丘">

写法二：<img src="D:/test/images/pkq.PNG" alt="皮卡丘">

以上两种方法都能实现需要的效果。这就是相对路径和绝对路径的问题。

（1）相对路径。写法一采用了相对路径方法。所谓的相对路径，就是图片相对于当前文件的路径。index2 和 images 文件夹位于网站 test 根目录下，而 pkq 图片位于 images 文件夹下，那么 pkq 图片相对于 index2 的路径为"images 文件夹下的 pkq.PNG"，所以 src 应该是 images/pkq.PNG。

（2）绝对路径。对于写法二，采用的是绝对路径方法。所谓绝对路径，就是图片在硬盘上真正的路径。

2．用 index1 引用 pkq 图片

图片路径也有两种写法。

写法一：<img src="../images/pkq.PNG" alt="皮卡丘">

写法二：<img src="D:/test/images/pkq.PNG" alt="皮卡丘">

同样，写法一是相对路径，而写法二是绝对路径。

（1）相对路径。index1 位于 pages 文件夹下，而 pkq 图片位于 images 文件夹下。因此，相对于 index1，pkq 图片位于 index1 上一级目录下的 images 文件夹下。因此，src 的写法为 "../images/pkq.PNG"，其中 "../" 表示上一级目录。

说明：采用相对路径写法时，首先要分析当前网页的位置和图像的位置之间的关系，然后用一种方式把它们之间的相对关系表达出来。

（2）绝对路径。写法二是绝对路径，与用 index2 引用 pkq 图片的写法一样。只要图片没有移动到别的地方，所有网页引用该图片的路径写法都是一样的。

说明：对于一个网站来说，外部文件或图片的引用都是使用相对路径，几乎不用绝对路径。

技巧：在 Dreamweaver 中，可以使用拖动的方法生成路径。

【任务实训】

实训目的：

（1）掌握基本标签的使用。

（2）能实现图文混排。

实训内容：

（1）初级任务：制作 2017 年温情画面页面，部分界面如图 2-2-6 所示，完整效果图见课堂上机练习素材。

（2）中级任务：制作家用电器排行榜页面，如图 2-2-7 所示。

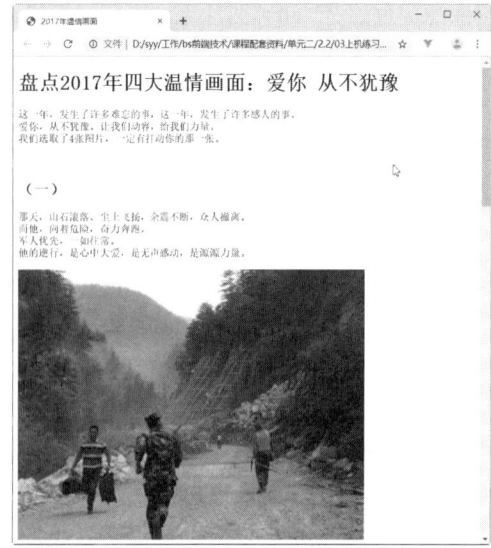

图 2-2-6　2017 年温情画面部分界面　　　图 2-2-7　家用电器排行榜页面

（3）高级任务：查阅相关资料，完成图 2-2-8 所示界面（其他标签的使用）。

图 2-2-8　其他标签的使用

➡ 【任务 2.3】读书页面构建

【任务描述】

Martin 今天的任务是制作一个关于唐代古诗欣赏的读书页面。经过和师傅沟通，Martin 了解到读书页面有四大需求。

（1）页面顶端是一张宣传图片。

（2）同一个页面内，有王维、李白、杜甫的多首著名古诗。

（3）页面底部有"联系我们"等页脚信息。

（4）由于诗歌比较多，页面应有快速跳转功能，能让用户方便地查看各诗人所对应的古诗。

Martin 制订了以下计划。

第一步，使用 h、p、br、img 标签控制文本、图片输入。

第二步，使用超链接实现页面中的页脚功能。

第三步，使用锚链接实现页面内的快速跳转。

最后的效果图如图 2-3-1 所示，使用标签情况分析如图 2-3-2 所示。

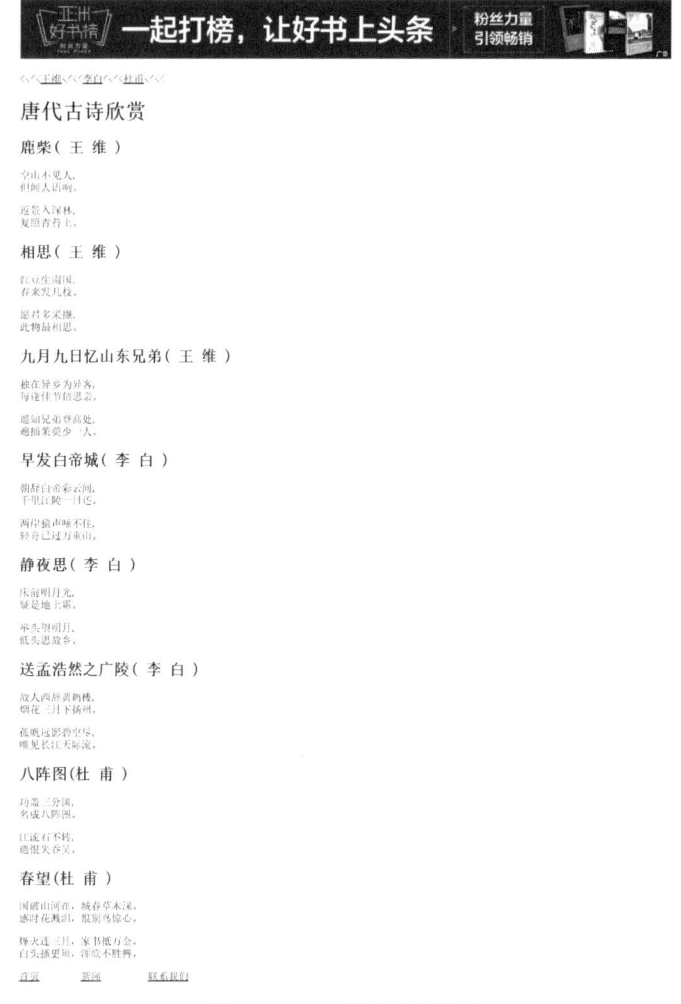

图 2-3-1　读书页面效果图

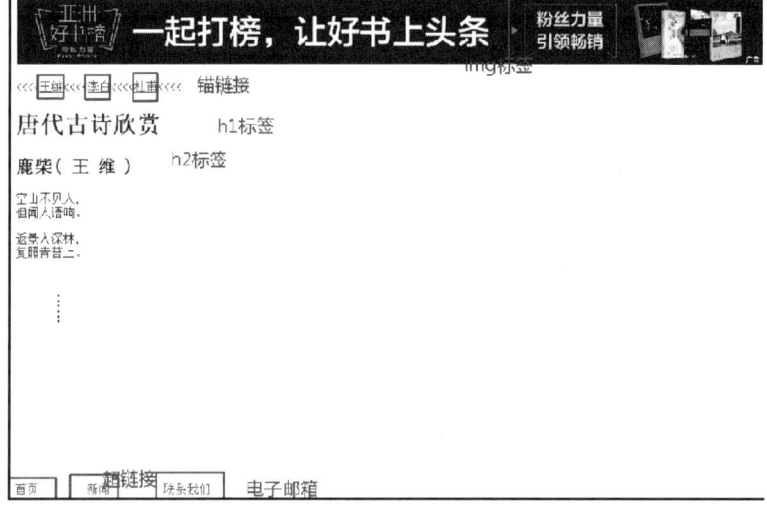

图 2-3-2　读书页面效果图（分析）

【知识预览】

2.3.1　超链接

1．超链接概述

超链接的英文名是 Hyperlink，它能够让浏览者在各个独立的页面之间灵活地跳转。每个网站都是由众多网页组成的，网页之间通常都是通过超链接方式相互关联的。超链接的范围很广，可以将文档中的任何文字及任意位置的图片设置为超链接。超链接有外部链接、内部链接、电子邮件链接、锚链接、空链接、脚本链接等。

超链接是网页中常见的元素，随处可见。例如，浪浪网头部导航是超链接形式，如图 2-3-3 所示，只要单击它们，就会跳转到其他页面。

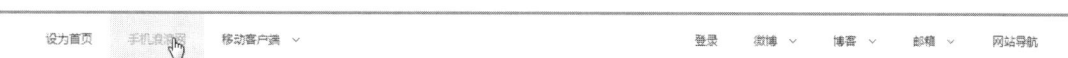

图 2-3-3　浪浪网头部导航

2．页面间的超链接

（1）a 标签。a 标签表示超链接，可连接外部的网页如新浪、百度等，也可连接网站内部的网页，如任务 2.2.2 中的 news.html。a 标签的举例与效果见表 2-3-1，语法格式如下：

<a href="超链接地址">超链接文字</a>

表 2-3-1　a 标签举例与效果

举　例	效　果
链接到外部网页： <a href="http://www.sina.com">新浪</a>	新浪
链接到内部网页： <a href="news.html">新闻</a>	新闻

说明：单击"新浪"，会跳转到新浪网的首页；单击"新闻"，会跳转到任务 2.2 创建的新闻页面。href 属性表示超链接地址，也就是单击超链接之后跳转到的地址，一般使用相对定位地址。

（2）target 属性。默认情况下，超链接在原来的浏览器窗口打开，但是可以使用 target 属性来控制目标窗口的打开方式，语法格式如下：

<a href="超链接地址" target="目标窗口的打开方式">超链接文字</a>

说明：target 属性值有 4 个，见表 2-3-2。

表 2-3-2　a 标签 target 属性值

属性值	语　义	属性值	语　义
_self	默认方式，即在当前窗口打开超链接	_top	在顶层框架中打开超链接
_blank	在一个全新的空白窗口中打开超链接	_parent	在当前框架的上一层打开超链接

一般情况下，target 只用到"_self"和"_blank"这两个属性值。

3．锚链接

（1）简介。锚链接对象是当前页面的某一部分。有些网页由于内容比较多，导致页面过长，访问者需要不停地拖动浏览器上的滚动条来查看文档中的内容，为了方便用户查看文档中的内容，需要在文档中建立锚链接。

所谓锚链接，就是单击某一个超链接，就会跳转到当前页面的某一部分。如图 2-3-2 所示，单击“王维”，页面跳转到“鹿柴”；单击“李白”，页面跳转到“早发白帝城”。

（2）操作步骤。

① 设置目标锚点的 id 名称。在要跳转到的地方添加 id，如图 2-3-4 所示。

```
<h1 >唐代古诗欣赏</h1>
<h2 id="ww">鹿柴( 王 维 )</h2>
<p>空山不见人,<br>
但闻人语响。</p>
<p>返景入深林,<br>
复照青苔上。</p>
<h2>相思( 王 维 )</h2>
<p>红豆生南国,<br>
春来发几枝。</p>
<p>愿君多采撷,<br>
此物最相思。
</p>
<h2>九月九日忆山东兄弟( 王 维 )</h2>
<p>独在异乡为异客,<br>
每逢佳节倍思亲。</p>
<p>遥知兄弟登高处,<br>
遍插茱萸少一人。
</p>
```

```
<h2 id="lb">早发白帝城( 李 白 )</h2>
<p>朝辞白帝彩云间,<br>
千里江陵一日还。</p>
<p>两岸猿声啼不住,<br>
轻舟已过万重山。
</p>
<h2>静夜思( 李 白 )</h2>
<p>床前明月光,<br>
疑是地上霜。</p>
<p>举头望明月,<br>
低头思故乡。
</p>
<h2>送孟浩然之广陵( 李 白 )</h2>
<p>故人西辞黄鹤楼,<br>
烟花三月下扬州。</p>
<p>孤帆远影碧空尽,<br>
唯见长江天际流。
</p>
```

```
<h2 id="df">八阵图(杜 甫 )</h2>
<p>功盖三分国,<br>
名成八阵图。</p>
<p>江流石不转,<br>
遗恨失吞吴。
</p>
<h2>春望(杜 甫 )</h2>
<p>国破山河在, 城春草木深。<br>
感时花溅泪, 恨别鸟惊心。</p>
<p>烽火连三月, 家书抵万金。<br>
白头搔更短, 浑欲不胜簪。
</p>
```

图 2-3-4　设置 id 属性

说明：在同一个页面中，id 是唯一的，也就是一个页面中不允许出现相同的 id。

② 设置锚链接。在 href 中设置锚链接，格式为“#”+id 名称，如图 2-3-5 所示。

```
<!--诗人-->
<p>&lt;&lt;&lt;&lt;<a href="#ww">王维</a>&lt;&lt;&lt;&lt;<a href="#lb">李白</a>&lt;&lt;&lt;&lt;<a href="#df">杜甫</a>&lt;&lt;&lt;&lt;</p>
```

图 2-3-5　设置锚链接

【任务实现】

2.3.2　读书页面制作

（1）新建 HTML5 网页，保存在 myweb 站点的 chap02 文件夹中，文件名为 book.html。

（2）在<head>中输入代码：

```
<title>读书</title>
```

（3）在<body>中插入图片：

```
<img src="images/book_adv.PNG" alt="广告" title="广告"/>
```

（4）输入诗人名字：

```
<p>&lt;&lt;&lt;&lt;王维&lt;&lt;&lt;&lt;李白&lt;&lt;&lt;&lt;杜甫&lt;&lt; &lt;&lt;</p>
```

（5）输入总标题：

```
<h1 >唐代古诗欣赏</h1>
```

（6）输入分级标题：

```
<h2>鹿柴( 王维 )</h2>
```

（7）输入诗歌内容：

```
<p>空山不见人,<br>
但闻人语响。</p>
<p>返景入深林,<br>
复照青苔上。</p>
<h2>相思（王维）</h2>
<p>红豆生南国,<br>
春来发几枝。</p>
<p>愿君多采撷,<br>
此物最相思。</p>
```

（8）参照步骤（6）、（7），输入所有的诗歌内容。

（9）输入页脚内容：

```
<footer>首页</a>    新闻     联系我们</footer>
```

（10）保存网页。

（11）建立锚点。

① 在每位诗人第一首诗的标题部分设置 id 属性，修改步骤（6）的代码。

```
<h2 id="ww">鹿柴（王维）</h2>
<h2 id="lb">早发白帝城（李白）</h2>
<h2 id="df">八阵图(杜甫）</h2>
```

② 在诗人部分设置超链接，修改步骤（4）的代码：

```
<p>&lt;&lt;&lt;&lt;<a  href="#ww">王 维 </a>&lt;&lt;&lt;&lt;<a  href="#lb">李白 </a>&lt;&lt;&lt;&lt;<a
href="#df">杜甫</a>&lt;&lt;&lt;&lt;</p>
```

（12）建立超链接，修改步骤（9）的代码：

```
<a  href="#"  target="_blank"  title=" 首页 "> 首页 </a>    <a  href="news.html"
target="_blank">新闻</a>     <a href="mailto: dearsyy@yeah.net">联系我们</a>
```

说明：

① href="#"表示空链接，在开发网页时，如果需要链接的网页还没制作完成，则可先用空链接代替。

② href="dearsyy@yeah.net"表示链接到一个电子邮箱，若计算机中安装有 Outlook 会自动打开。

（13）按 Ctrl+S 组合键保存网页。

（14）打开浏览器预览。

【任务总结】

要在页面内合适的位置设置超链接，比如每个网站的 Logo。网站名字上一般都会设置跳转到首页的超链接。

【知识拓展】

2.3.3 HTML 中的命名规则

在 HTML 中经常需要为标识符的 name 属性、id 属性起名字。有的人为了方便，会给网页起名为 1.html，将 id 属性赋值为 id=1a、id=2a 等，这样起名在网页上虽然不会显示错误，但却是极其不规范的，不能这样命名。在 HTML 中命名时，应该遵循以下规则。

（1）名字由字母、数字和下画线组成。

（2）名字的第一位必须是字母或下画线，不能是数字。

（3）HTML 不区分大小写，但应该遵循自己的编程风格，切不可一会儿大写，一会儿小写。

（4）尽量实现"见其名、知其意"，可参考一些语言标识符的命名规则，如 Java 中的驼峰原则。

2.3.4　超链接中的一些属性

为了使 SEO 效果更好，超链接一般需要加 rel 属性和 title 属性。

（1）rel 属性。a 标签的 rel 属性值见表 2-3-3，用于指定当前文档与被链接文档的关系，语法格式如下：

```
<a rel="value">
```

表 2-3-3　rel 属性值

属性值	描　述	属性值	描　述
alternate	文档的可选版本（如打印页、翻译页或镜像）	glossary	文档中所用字词的术语表或解释
stylesheet	文档的外部样式表	copyright	包含版权信息的文档
start	集合中的第一个文档	chapter	文档的章
next	集合中的下一个文档	section	文档的节
prev	集合中的前一个文档	subsection	文档的子段
contents	文档目录	appendix	文档附录
index	文档索引	help	帮助文档

说明：浏览器不会以任何方式使用该属性，不过搜索引擎可以利用该属性获得更多的有关链接的信息，一般用在使用外部链接时。

（2）title 属性。title 属性规定关于元素的额外信息。这些信息通常会在鼠标指针移到元素上时显示一段工具提示文本，语法格式如下：

```
<a title="value">
```

【任务实训】

实训目的：

（1）掌握基本标签的使用。

（2）能实现图文混排。

实训内容：

制作聚美优品新手指南页面，如图 2-3-6 所示。

（1）初级任务：为"常见问题"创建超链接，要求在新的页面打开网页 question.html，为"用户协议"创建空链接。

（2）中级任务：为"注册帮助"和"登录帮助"创建锚链接，分别链接到"新用户注册"和"登录"。

图 2-3-6　聚美优品新手指南页面效果图

（3）高级任务：为"购物流程"创建地图，要求单击不同的地方能跳转到相应的页面，比如单击"登录"或"注册"跳转到 login.html，单击"挑选商品"跳转到 product.html。

⇒【任务 2.4】教育页面构建

【任务描述】

Martin 今天的任务是制作一个关于教育的页面，经过和师傅的沟通，Martin 了解到该任务有 3 个要求。

（1）页面顶端是两张大的长方形图片。

（2）页面正文内容有"最新活动""考试月历""新闻"3 个部分。

（3）每个部分的内容排列整齐，比如"考试月历"部分能让读者很清楚地看到每月的考试内容。

Martin 制订了以下计划。

第一步，使用 img 标签插入图片。

第二步，使用 h2 标签控制标题输入。

第三步，使用 ul、ol、dl 标签控制文本输入，使内容排列整齐。

制作效果图如图 2-4-1 所示，使用标签分析如图 2-4-2 所示。

图 2-4-1　教育页面效果图

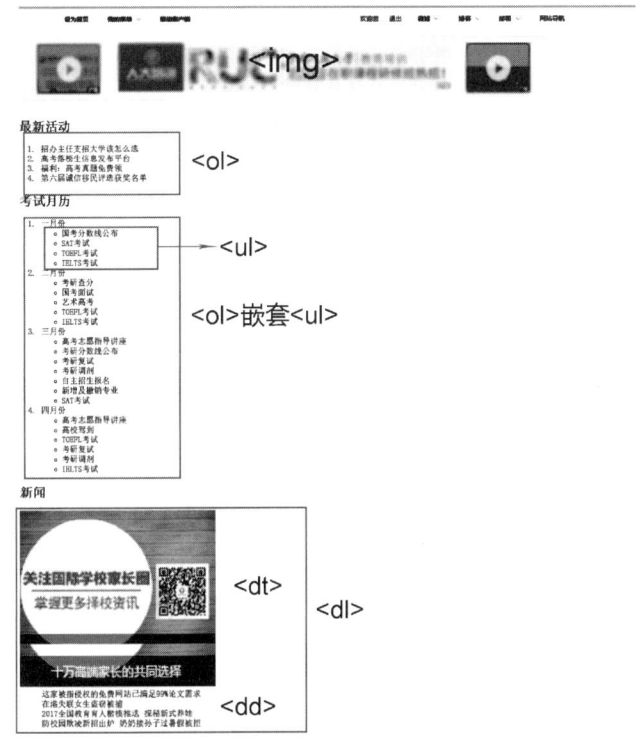

图 2-4-2　教育页面效果图（分析）

【知识预览】

2.4.1　列表

1．列表概述

列表是网页中的一种常用的数据排列方式，在网页中到处都可以看到列表的"身影"，如图 2-4-3 所示。

图 2-4-3　列表的使用举例

列表共有 3 种：有序列表、无序列表、定义列表。

2．有序列表

有序列表的各个列表项是有顺序的。有序列表从<ol>开始，到</ol>结束，中间的列表项是 li 标签内容。有序列表的列表项是有先后顺序的，一般采用数字或字母顺序，默认采用数字顺序。举例与效果见表 2-4-1，语法格式如下：

```
<ol>
    <li>有序列表项 1 </li>
    <li>有序列表项 2 </li>
    <li>有序列表项 3 </li>
</ol>
```

表 2-4-1　有序列表举例与效果

举　　　例	效　　　果
<ol> 　　<li>语文</li> 　　<li>数学</li> 　　<li>英语</li> </ol>	1．语文 2．数学 3．英语

说明：<ol>和<li>要配合使用，不能单独使用，有序列表前面的数字格式可以用 CSS 样式改变。

3．无序列表

无序列表的列表项是没有顺序的。默认情况下，无序列表的项目符号是●，举例与效果见

表 2-4-2，语法格式如下：

```
<ul>
    <li>无序列表项 1</li>
    <li>无序列表项 2</li>
    <li>无序列表项 3</li>
</ul>
```

表 2-4-2　无序列表举例与效果

举　　　例	效　　　果

`<ul>`
　　`<li>语文</li>`
　　`<li>数学</li>`
　　`<li>英语</li>`
`</ul>`
	• 语文
	• 数学
	• 英语

师傅经验：在网页制作中，无序列表比有序列表更常用，大量存在于网页中，是 HTML 少有的极其重要的标签。如图 2-4-4 所示，矩形框内都是使用了无序列表的内容，可见，新浪网的头部导航、主导航、图片切换等地方都用到了无序列表。一般来说，凡是要列表展示信息的地方都可以用无序列表。

图 2-4-4　无序列表的使用

4．定义列表

定义列表由两部分组成：声明列表项和定义列表项内容。举例与效果见表 2-4-3，语法格式如下：

```
<dl>
    <dt>定义名词</dt>
    <dd>定义描述</dd>
    ...
</dl>
```

表 2-4-3　定义列表举例与效果

举　例	效　果

`<dl>`
 	
　　`<dt>HTML</dt>`
 	
　　`<dd>控制网页的结构</dd>`
 	
　　`<dt>CSS</dt>`
 	
　　`<dd>控制网页的样式</dd>`
 	
　　`<dt>JavaScript</dt>`
 	
　　`<dd>控制网页的行为</dd>`
 	
`</dl>`
	HTML
	　　控制网页的结构
	CSS
	　　控制网页的样式
	JavaScript
	　　控制网页的行为

说明：一般，`<dl>`和`</dl>`分别定义定义列表的开始和结束，`<dt>`后面添加要解释的名词，而`<dd>`后面则添加该名词的具体解释。

【任务实现】

2.4.2　教育页面制作

（1）插入头部的两张图片，代码如下：

```
<img src="images/too_0.PNG" alt="top" title="top"/><br>
<img src="images/edu.PNG" alt="edu" title="edu"/>
```

（2）输入标题，代码如下：

```
<h2>最新活动</h2>
```

（3）使用有序列表，让"最新活动"排列整齐，代码如下：

```
<ol>
    <li>招办主任支招大学该怎么选</li>
    <li>高考落榜生信息发布平台</li>
    <li>福利：高考真题免费领</li>
    <li>第六届诚信移民评选获奖名单</li>
</ol>
```

（4）输入标题，代码如下：

```
<h2>考试月历</h2>
```

（5）使用有序列表输入月份，在每个月份下嵌套无序列表，输入考试内容，代码如下：

```
<ol>
    <li>一月份</li>
        <ul>
            <li>国考分数线公布</li>
            <li>SAT 考试</li>
            <li>TOEFL 考试</li>
            <li>IELTS 考试</li>
        </ul>
    <li>二月份</li>
        <ul>
            <li>考研查分</li>
            <li>国考面试</li>
            <li>艺术高考</li>
```

```
                    <li>TOEFL 考试</li>
                    <li>IELTS 考试</li>
                </ul>
            <li>三月份</li>
                <ul>
                    <li>高考志愿指导讲座</li>
                    <li>考研分数线公布</li>
                    <li>考研复试</li>
                    <li>考研调剂</li>
                    <li>自主招生报名</li>
                    <li>新增及撤销专业</li>
                    <li>SAT 考试</li>
                </ul>
            <li>四月份</li>
                <ul>
                    <li>高考志愿指导讲座</li>
                    <li>高校驾到</li>
                    <li>TOEFL 考试</li>
                    <li>考研复试</li>
                    <li>考研调剂</li>
                    <li>IELTS 考试</li>
                </ul>
    </ol>
```

（6）输入标题，代码如下：

```
<h2>新闻</h2>
```

（7）利用<dl>中<dt>和<dd>语义的不同插入图片和文字，代码如下：

```
<dl>
    <dt><img src="images/exam.PNG" alt="国际学校" title="国际学校"/></dt>
    <dd>这家被指侵权的免费网站已满足 99%论文需求</dd>
    <dd>在港失联女生盗窃被捕</dd>
    <dd>2017 全国教育育人楷模推选  探秘新式养娃</dd>
    <dd>防校园欺凌新招出炉  奶奶接孙子过暑假被拒</dd>
</dl>
```

【任务总结】

网页中会大量使用列表，在使用时一定要注意将所有内容写在<li> </li>或<dt> </dt>、<dd> </dd>中，而不能直接在<ul> </ul>中书写具体内容。

【任务实训】

实训目的：

（1）掌握 ul、ol、dl 标签的使用。

（2）掌握列表的嵌套。

实训内容：

（1）初级任务：制作淘宝商品列表，如图 2-4-5 所示。

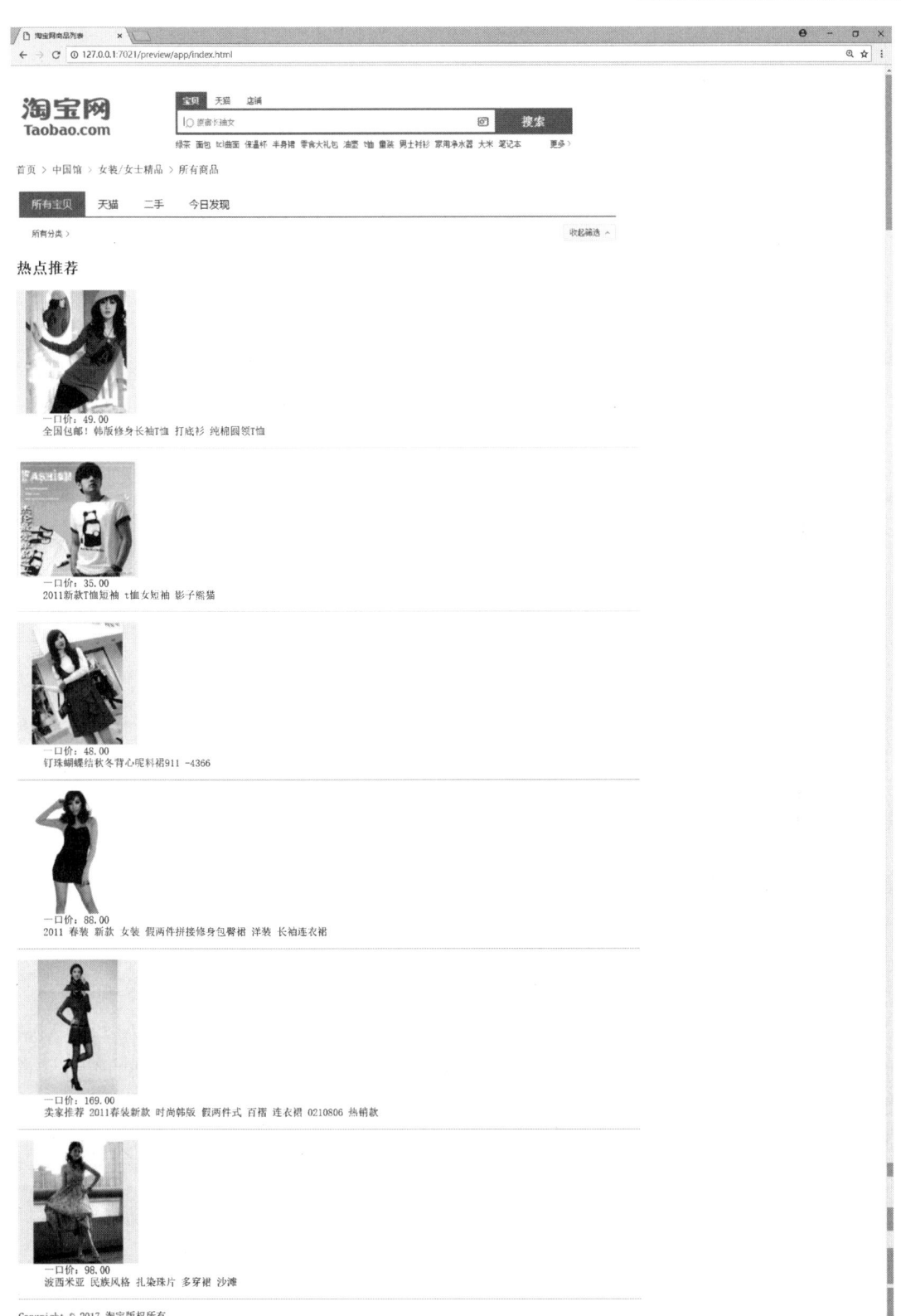

图 2-4-5　淘宝商品列表

（2）中级任务：制作树形菜单列表，如图 2-4-6 所示。

（3）高级任务：制作在线考试试卷，如图 2-4-7 所示。

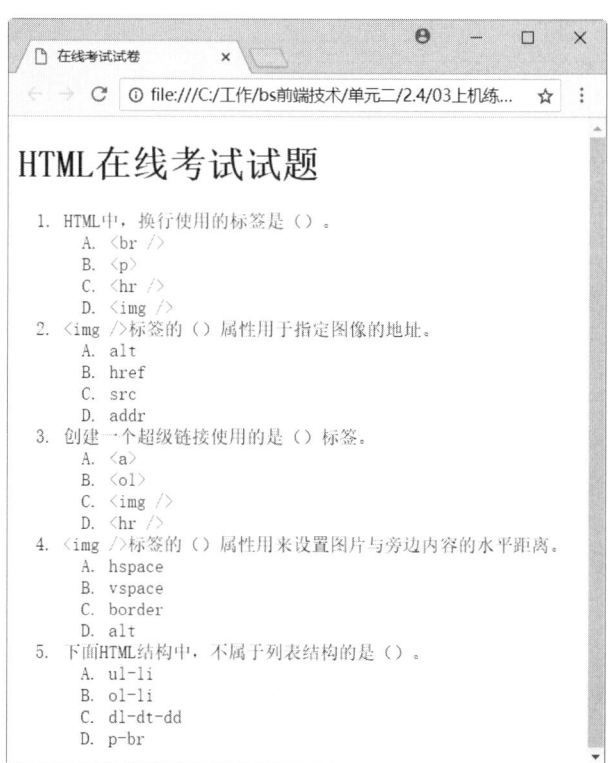

图 2-4-6　树形菜单列表　　　　　　　　图 2-4-7　在线考试试卷

⟫ 【任务 2.5】浪浪网首页构建

【任务描述】

Martin 今天的任务是制作浪浪网首页，该页面内容比较多，那么如何组织这些内容呢？Martin 想请教师傅，可是师傅出差了，Martin 只好自己借助百度查清楚：对于一个较复杂的页面，可以使用层或表格进行布局，表格布局比较简单，而且会使页面内容整齐统一。于是，Martin 决定学习表格的相关知识，然后使用表格进行布局。Martin 制订了以下计划。

第一步，整理页面素材，根据素材考虑页面如何布局。

第二步，确定使用表格进行布局。

第三步，在表格中嵌套表格，以方便把复杂的内容简洁地展示出来。

最后的制作效果如图 2-5-1 所示（图中信息为虚构，只做教学演示，下同），页面分析图如图 2-5-2 所示。

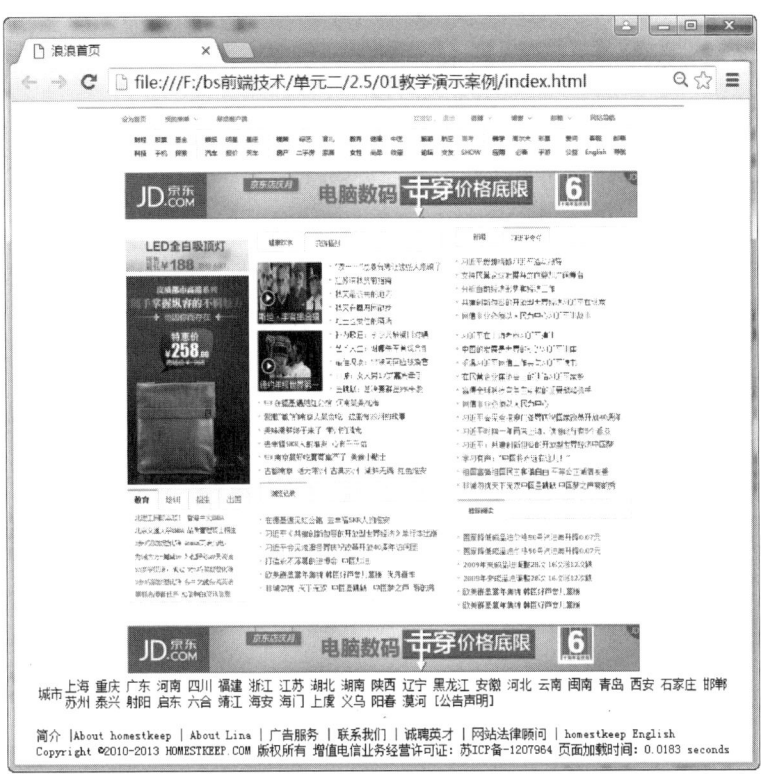

图 2-5-1 浪浪网首页效果图

图 2-5-2 浪浪网首页效果图（分析）

2.5.1　表格

在制作网页时，使用表格可以更清晰地排列数据。

1.基本标签

表格的基本标签有 table（表格）标签、tr（行）标签、td（单元格）标签。<tr>和<td>都要在表格的<table>和</table>之间才有效。举例与效果见表 2-5-1，语法格式如下：

```
<table>
    <tr>
        <td>单元格 1</td>
        <td>单元格 2</td>
    </tr>
    <tr>
        <td>单元格 3</td>
        <td>单元格 4</td>
    </tr>
</table>
```

表 2-5-1　基本标签举例与效果

举　　例	效　　果
``` <table> <tr> <td>语文</td> <td>数学</td> </tr> <tr> <td>91</td> <td>92</td> </tr> </table> ```	语文 数学 91　92

说明：默认情况下，表格是没有边框的，需要加边框可以利用 CSS 进行设置。

2.标题

一个表格一般有且只有一个标题，该标题一般位于整个表格的第 1 行。表格标题使用 caption 标签。举例与效果见表 2-5-2，语法格式如下：

```
<table>
    <caption>表格标题</caption>
    <tr>
        <td>单元格 1</td>
        <td>单元格 2</td>
    </tr>
    <tr>
        <td>单元格 3</td>
        <td>单元格 4</td>
    </tr>
</table>
```

表 2-5-2　表格标题举例与效果

举　例	效　果

`<table>`
　　`<caption>`考试成绩表`</caption>`
　　`<tr>`
　　　　`<td>`语文`</td>`
　　　　`<td>`数学`</td>`
　　　　`<td>`英语`</td>`
　　`</tr>`
　　`<tr>`
　　　　`<td>`91`</td>`
　　　　`<td>`92`</td>`
　　　　`<td>`90`</td>`
　　`</tr>`
`</table>`
	考试成绩表
	语文 数学 英语
	91　92　90

3. 表头

表格的表头 th 是 td 的一种变体，本质还是一种单元格，一般位于第 1 行，用来表明这一行或列的内容类别。表头有一种默认样式：浏览器会以粗体和居中的样式显示`<th> </th>`中的内容。举例与效果见表 2-5-3，语法格式如下：

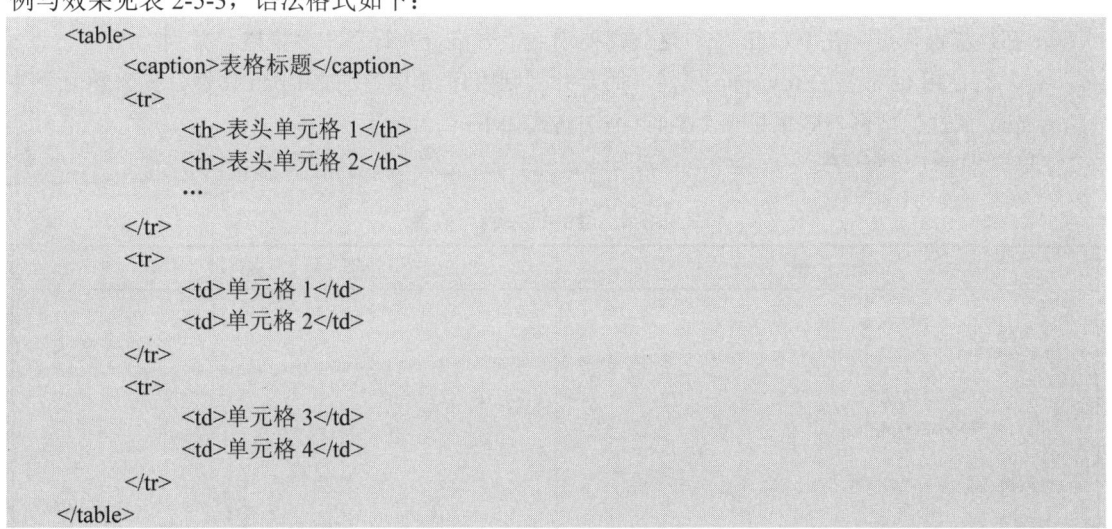

```
<table>
    <caption>表格标题</caption>
    <tr>
        <th>表头单元格 1</th>
        <th>表头单元格 2</th>
        ...
    </tr>
    <tr>
        <td>单元格 1</td>
        <td>单元格 2</td>
    </tr>
    <tr>
        <td>单元格 3</td>
        <td>单元格 4</td>
    </tr>
</table>
```

表 2-5-3　表头举例与效果

举　例	效　果

`<table>`
　　`<caption>`考试成绩表`</caption>`
　　`<tr>`
　　　　`<th>`姓名`</th>`
　　　　`<th>`语文`</th>`
　　　　`<th>`英语`</th>`
　　　　`<th>`数学`</th>`
　　`</tr>`
　　`<tr>`
	考试成绩表
	姓名 语文 英语 数学
	小明 80　80　80
	小红 90　90　90

（续表）

举　　例	效　　果
<td>小明</td> <td>80</td> <td>80</td> <td>80</td> 　　</tr> 　　<tr> <td>小红</td> <td>90</td> <td>90</td> <td>90</td> 　　</tr> </table>	考试成绩表 **姓名 语文 英语 数学** 小明 80　80　80 小红 90　90　90

说明：th 和 td 标签在本质上都表示单元格，但不要互换使用，在设计网页时要尽可能使用合适的标签。

4．合并行

在设计表格时，有时需要将两个或更多个相邻单元格组合成一个单元格，经常使用 Word 的人基本都这样操作过。在 HTML 中，这就需要用到"表格合并行"和"表格合并列"。

合并行使用 td 标签的 rowspan 属性，而合并列则用到 td 标签的 colspan 属性。先来学习合并行 rowspan 属性。举例与效果见表 2-5-4，语法格式如下：

```
<td rowspan="所跨行数">
```

表 2-5-4　合并行举例与效果

举　　例	效　　果
<table> <!--第 1 行--> 　　<tr> 　　　　<td>姓名:</td> 　　　　<td>小红</td> 　　</tr> <!--第 2 行--> 　　<tr> 　　　　<td rowspan="2">兴趣爱好:</td> 　　　　<td>足球</td> 　　</tr> <!--第 3 行--> 　　<tr> 　　　　<td>篮球</td> 　　</tr> </table>	姓名:　　小红 兴趣爱好:　足球 　　　　　篮球

说明：从表格第 1 行第 1 个单元格开始写代码，到第 2 行第 1 个单元格时，发现跨行了，就用 rowspan 属性，第 2 行第 2 个单元格正常书写，到第 3 行第 1 个单元格，由于在第 2 行跨行了，所以不写，直接写第 3 行第 2 个单元格。

5.合并列

举例与效果见表 2-5-5,语法格式如下:

```
<td colspan="所跨列数">
```

表 2-5-5　合并列举例与效果

举　　例	效　　果

```<table>```
```<!--第 1 行-->```
　　```<tr>```
　　　　```<td colspan="2">前端课程</td>```
　　```</tr>```
```<!--第 2 行-->```
　　```<tr>```
　　　　```<td>HTML 教程</td>```
　　　　```<td>CSS 教程</td>```
　　```</tr>```
```<!--第 3 行-->```
　　```<tr>```
　　　　```<td>jQuery 教程</td>```
　　　　```<td>SEO 教程</td>```
　　```</tr>```
```</table>```
	前端课程
	HTML教程　CSS教程
	jQuery教程　SEO教程

说明:第 1 行第 1 个单元格,跨两列,所以用 colspan,第 1 行第 2 个单元格已被合并,所以不写代码,第 2 行、第 3 行代码正常写。

2.5.2　表格语义化

为了更深一层对表格进行语义化,HTML 引入了 thead、tbody 和 tfoot 这 3 个标签,把表格分为 3 个部分:表头、表身、表脚。有了这 3 个标签,表格的 HTML 代码语义更加良好,结构更加清晰。举例与效果见表 2-5-6,语法格式如下:

```
<table>
    <caption>表格标题</caption>
    <!--表头-->
    <thead>
        <tr>
            <th>表头单元格 1</th>
            <th>表头单元格 2</th>
        </tr>
    </thead>
    <!--表身-->
    <tbody>
        <tr>
            <td>标准单元格 1</td>
            <td>标准单元格 2</td>
        </tr>
```

```
        <tr>
            <td>标准单元格 3</td>
            <td>标准单元格 4</td>
        </tr>
    </tbody>
    <!--表脚-->
    <tfoot>
        <tr>
            <td>标准单元格 5</td>
            <td>标准单元格 6</td>
        </tr>
    </tfoot>
</table>
```

表 2-5-6　表格语义化举例与效果

举　　例	效　　果

`<table>`
　　`<caption>考试成绩表</caption>`
　　`<thead>`
　　　　`<tr>`
　　　　　　`<th>姓名</th>`
　　　　　　`<th>语文</th>`
　　　　　　`<th>英语</th>`
　　　　　　`<th>数学</th>`
　　　　`</tr>`
　　`</thead>`
　　`<tbody>`
　　　　`<tr>`
　　　　　　`<td>小明</td>`
　　　　　　`<td>80</td>`
　　　　　　`<td>80</td>`
　　　　　　`<td>80</td>`
　　　　`</tr>`
　　　　`<tr>`
　　　　　　`<td>小红</td>`
　　　　　　`<td>90</td>`
　　　　　　`<td>90</td>`
　　　　　　`<td>90</td>`
　　　　`</tr>`
　　`</tbody>`
　　`<tfoot>`
　　　　`<tr>`
　　　　　　`<td>平均</td>`
　　　　　　`<td>85</td>`
　　　　　　`<td>85</td>`
	考试成绩表
	姓名 语文 英语 数学
	小明 80　　80　　80
	小红 90　　90　　90
	平均 85　　85　　85

（续表）

举　　例	效　　果

`<td>85</td>`
`</tr>`
`</tfoot>`
`</table>`
	考试成绩表
	
	姓名 语文 英语 数学
	
	小明 80　　80　　80
	
	小红 90　　90　　90
	
	平均 85　　85　　85

说明：表脚往往用于存放统计数据。虽然加了 thead、tbody、tfoot 这 3 个标签之后看起来和没加时的显示效果一样，但加了之后很明显使代码更具有逻辑性，而 HTML 语义结构对 SEO 极其重要。

【任务实现】

2.5.3　浪浪网首页制作

该任务使用表格进行布局和设计，由于浏览器在加载`<table>`时，要遇到`</table>`才会把内容全部渲染给用户浏览。为具有良好的体验，在使用表格布局时，应根据布局需要尽可能把页面细化成小的表格，所以该任务可以分成如图 2-5-2 所示的 7 个表格。

表格 1、表格 2、表格 3、表格 5 为 1 行 1 列的表格，每列内容为图片（为简便起见，事先将表格 1 和表格 2 的内容存储为图片格式）。

表格 4 为 1 行 3 列的表格，如图 2-5-3 所示。第 1 列嵌套 3 行 1 列的表格 4-1，第 2 列嵌套 2 行 1 列的表格 4-2，第 3 列嵌套 2 行 1 列的表格 4-3（事先将表格内容存储为图片格式），如图 2-5-4～图 2-5-6 所示。

图 2-5-3　表格 4 布局示意图

图 2-5-4　表格 4-1 布局示意图　　　　图 2-5-5　表格 4-2 布局示意图　　　　图 2-5-6　表格 4-3 布局示意图

表格 6 为 2 行 2 列的表格，第 1 行第 1 列跨 2 行，如图 2-5-7 所示。

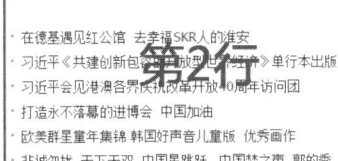

图 2-5-7　表格 6 布局示意图

表格 7 为 2 行 1 列的表格，内容为页脚信息。

（1）先制作前 3 个表格，代码如下：

```
<!--第 1 个表格-->
<table>
    <tr><td><img src="img/p1.jpg"/></td></tr>
</table>
<!--第 2 个表格-->
<table align="center">
    <tr><td><img src="img/p2.jpg"/></td></tr>
</table>
<!--第 3 个表格-->
<table align="center">
    <tr><td><img src="img/ad1.jpg"/></td></tr>
</table>
```

说明：为保证制作效果，此处用了 <table> 的对齐属性，但不建议这样使用。这些属性以后在

CSS 中可以控制，现在只需简单了解即可。

（2）表格 4 的制作代码如下：

```
<!--第 4 个表格-->
<table align="center">
    <tr>
        <!--第 1 列，嵌套表格 3 行 1 列-->
        <td>
            <table>
                <tr><td><img src="img/a1.jpg"/></td></tr>
                <tr><td><img src="img/ad3.jpg"/></td></tr>
                <tr><td><img src="img/p6-1.jpg"/></td></tr>
            </table>
        </td>
        <!--第 1 列，嵌套表格 3 行 1 列结束-->
        <!--第 2 列，嵌套表格 2 行 1 列-->
        <td>
            <table>
                <tr><td><img src="img/p6-2-1.jpg"/></td></tr>
                <tr><td><img src="img/p6-2-2.jpg"/></td></tr>
            </table>
        </td>
        <!--第 2 列，嵌套表格 2 行 1 列结束-->
        <!--第 3 列，嵌套表格 2 行 1 列-->
        <td>
            <table>
                <tr><td><img src="img/p6-3-1.jpg"/></td></tr>
                <tr><td><img src="img/p6-3-2.jpg"/></td></tr>
            </table>
        </td>
        <!--第 3 列，嵌套表格 2 行 1 列结束-->
    </tr>
</table>
```

（3）表格 5 的制作代码如下：

```
<!--第 5 个表格-->
<table align="center">
    <tr><td><img src="img/ad1.jpg"/></td></tr>
</table>
```

（4）表格 6 的制作代码如下：

```
<!--第 6 个表格-->
<table align="center">
    <tr><td rowspan="2">城市</td><td>上海 重庆 广东 河南 四川 福建 浙江 江苏 湖北 湖南 陕西 辽宁 黑龙江 安徽 河北 云南 闽南 青岛 西安 石家庄 邯郸</td></tr>
    <tr><td>苏州 泰兴 射阳 启东 六合 靖江 海安 海门 上虞 义乌 阳春 漠河 [公告声明]</td></tr>
</table>
```

（5）表格 7 的制作代码如下：

```
<!--第 7 个表格-->
<table align="center">
        <tr><td>简介 |About homestkeep | About Lina | 广告服务 | 联系我们 | 诚聘英才 | 网站法律顾问
| homestkeep English</td></tr>
        <tr><td>Copyright &copy;2010-2013 HOMESTKEEP.COM 版权所有  增值电信业务经营许可证：苏
ICP 备-1207964 页面加载时间：0.0183 seconds</td></tr>
    </table>
```

【任务总结】

Martin 完成了任务，很开心。可师傅回来看了他的作品后却告诉他，在过去的 Web1.0 时代，表格确实更多地用在网页布局上，但是在 Web2.0 时代，表格布局已经被摒弃了，现在使用的是 DIV+CSS 模式，现在表格主要用于显示大量数据的排版。虽然 Martin 并没有很好地完成任务，可师傅还是表扬了 Martin，原因有两点：第一，Martin 具有使用互联网学习的意识；第二，Martin 通过浪浪网首页的制作学会了表格的使用，以后使用语义化的表格来展示大量数据对他来说就措置裕如了。

目前很少有人使用表格进行页面布局，使用表格进行布局时也不需要考虑表格的语义化，但用表格展示具体内容时，一定要用语义化的表格来制作，即表格标题用<caption> </caption>，表头用<thead> </thead>，主体部分用<tbody> </tbody>，尾部用<tfoot> </tfoot>，表头和一般单元格要区分开，表头用<th> </th>，一般单元格用<td> </td>，这样有利于进行 SEO。

【任务实训】

实训目的：

（1）掌握表格标签的使用。

（2）能使用表格进行简单的布局。

（3）掌握语义化的表格标签。

实训内容：

（1）初级任务：制作工作任务表格，效果如图 2-5-8 所示。

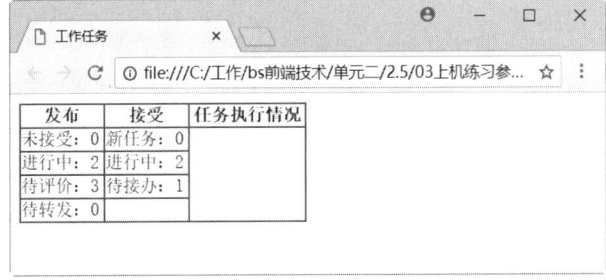

图 2-5-8　工作任务表格效果图

（2）中级任务：利用表格布局制作凡客诚品页面，效果如图 2-5-9 所示。

（3）高级任务：制作我的订阅页面，效果如图 2-5-10 所示。

图 2-5-9　凡客诚品页面效果图

图 2-5-10　我的订阅页面效果图

⇒【任务 2.6】浪浪网注册页面构建

【任务描述】

Martin 今天的任务是制作浪浪网注册页面，要求用户输入手机号码、密码、电子邮箱等内容进行注册。Martin 制订了以下计划。

第一步，学习表单知识。

第二步，使用表单元素构建页面。

第三步，完善页面，使其更符合 W3C 规范和有利于进行 SEO。

最终，完成的效果图如图 2-6-1 所示，页面效果分析如图 2-6-2 所示。

图 2-6-1　注册页面效果图

图 2-6-2　注册页面效果图（分析）

【知识预览】

2.6.1　表单标签

在学习表单之前已经学习了各种标签。但是用这些标签制作的网页都是静态网页。简单地说，对于一个网页，只限用户浏览的，那就是静态网页；如果用户能在网页中与服务器交互（如进行登录、注册、评论交流、问卷调查等），就是动态页面。表单最重要的作用就是在客户端收集用户的信息，然后将数据递交给服务器来处理。图 2-6-3～图 2-6-5 都是常见的表单，而那些文本框、按钮、文本区域等是常见的表单元素，用户在这些页面里输入数据后，服务器即可进行处理。当然，在 HTML 中，只需要把页面效果制作出来，服务器的处理是 PHP、JSP 等课程的内容。

图 2-6-3　京东登录界面

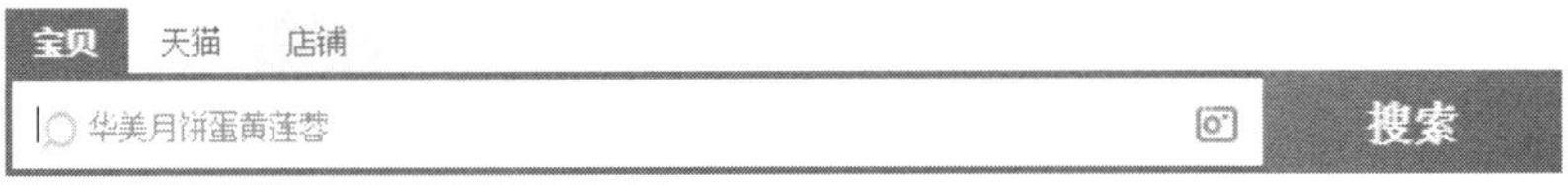

图 2-6-4　淘宝搜索框

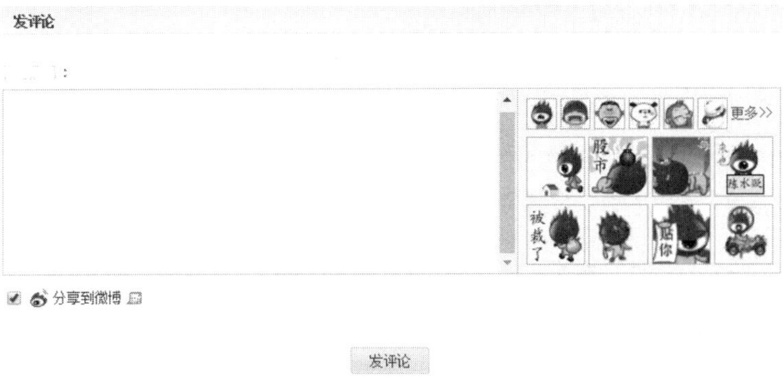

图 2-6-5　新浪微博评论编写区域

创建一个表单看上去就像创建一个表格，表格的行、列和单元格都放在 table 标签中，而创建表单的方式和创建表格的方式一样。如果要创建一个表单，那就要把表单的各种标签放在表单标签 form 内部。语法格式如下：

```
<form>表单的各种标签</form>
```

1．name

一个页面中，表单可能不止一个，为了区分这些表单，可使用 name 属性对表单进行命名。这样也是为了防止提交表单之后，后台程序分不清。语法格式如下：

```
<form name="表单名称">
…
</form>
```

2．action

action 属性用于指定将表单数据提交到哪个地址进行处理。语法格式如下：

```
<form action="表单的处理程序">
...
</form>
```

说明：表单的处理程序是表单要提交的地址，这个地址用来处理从表单中收集来的信息。这个地址可以是相对地址，也可以是绝对地址，还可以是一些其他形式的地址。

3. method

method 属性的作用是告诉浏览器，表单中的数据使用哪一种 HTTP 提交方式，取值为 get 或 post。这两种方式的区别在于，get 在安全性上较差，所有表单域的值直接显示出来；而 post 除了可见的处理脚本程序之外，其他的信息都可以隐藏。所以实际的开发当中通常都选择 post 这种处理方式。语法格式如下：

```
<form method="传送方法">
...
</form>
```

4. target

与 a 标签的 target 属性一样，form 标签的 target 属性用来指定目标窗口的打开方式。具体用法参考 2.3.1 节，语法格式如下：

```
<form target="目标显示方式">
...
</form>
```

5. enctype

enctype 属性用于设置表单信息提交的编码方式，见表 2-6-1。

表 2-6-1　form 标签的 enctype 属性值

属性值	说　明
application/x-www-form-urlencoded	默认的编码方式
multipart/form-data	MIME 编码，对于"上传文件"这种表单必须选择该值

说明：一般情况下，采用默认值就行了（enctype 属性不需要设置）。

综合以上知识，action 属性值为电子邮箱的举例与效果见表 2-6-2。

表 2-6-2　action 属性值为电子邮箱的举例与效果

举　例	效　果

`<form name="myform" action="mailto:19829000@qq.com" method="post" target="_blank">`
`    <!--表单元素-->`
`</form>`
	无

说明：该表单中没有元素，所以界面上没有任何效果，但该段代码表示表单中的数据以 post 方式且以打开新窗口的形式提交到 19829000@qq.com 这个电子邮箱中。

action 属性值为网页的举例与效果见表 2-6-3。

表 2-6-3　action 属性值为网页的举例与效果

举　　　例	效　果

`<form name="myform" action="a.html" method="post" target="_blank">`
　　`<!--表单元素-->`
`</form>`
	无

说明：该表单中没有元素，所以界面上没有任何效果，但该段代码表示表单中的数据以 post 方式且以打开新窗口的形式提交到 a.html 这个网页中。

2.6.2　表单元素

简单来说，表单元素就是放在 form 标签内部的各种标签。常见的文本框、下拉列表都是表单元素。表单元素有 3 种：①input；②textarea；③select 和 option。

1．input

input 语法格式如下：

`<input type="表单类型">`

说明：input 标签是自闭合标签，因为它没有结束标签。input 的 type 属性值不同表示效果不一样，见表 2-6-4。

表 2-6-4　各种类型的 input 显示效果

属　　性	说　　明	效　　果
text	单行文本框	admin
password	密码文本框	•••••
radio	单选按钮	性别：◉男 ○女
checkbox	复选框	兴趣：☑旅游 ☑摄影 ☑运动
button	普通按钮	普通按钮
submit	提交按钮	提交
reset	重置按钮	重置
image	图像域	CLICK HERE ➡
hidden	隐藏域	无
file	文件域	上传个人照片： 选择文件 未选择文件

（1）text。单行文本框 text 比较常见，经常在用户登录模块用到。语法格式如下：

`<input type="text">`

单行文本框 text 属性见表 2-6-5。

表 2-6-5　单行文本框 text 属性

属　　性	说　　明
value	定义单行文本框的默认值，也就是单行文本框内的文字
size	定义单行文本框的长度，以字符为单位
maxlength	设置单行文本框中最多可以输入的字符数

加入单行文本框 text 后的举例与效果见表 2-6-6，语法格式如下：

```
<input type="text" value="默认文字" size="文本框长度" maxlength="最多输入的字符数">
```

表 2-6-6　单行文本框 text 举例与效果

举　　例	效　　果
<form name="form1" method="post" action="index.html"> 　　姓名：<input type="text" value="" size="15" maxlength=""> 　　年龄：<input type="text" value="18" size="3" maxlength="3"> </form>	姓名： 年龄：18

说明："姓名"文本框大小为 15 个字符；"年龄"文本框设置默认值为 18，文本框大小为 3，最多可输入 3 个字符。

（2）password。密码文本框 password 可以说是一种特殊的文本框，它和普通文本框的属性都相同，不同的是，在普通文本框中输入的字符可见，而在密码文本框中输入的字符不可见，这个设置主要是为了防止周围的人看到用户的密码。语法格式如下：

```
<input type="password">
```

与普通文本框属性类型一样，密码文本框同样有几个属性可以设置，见表 2-6-7，举例与效果见表 2-6-8。

表 2-6-7　密码文本框 password 属性

属　　性	说　　明
value	定义密码文本框的默认值，也就是密码文本框内的文字
size	定义密码文本框的长度，以字符为单位
maxlength	设置密码文本框中最多可以输入的字符数

表 2-6-8　密码文本框 password 举例与效果

举　　例	效　　果
<form name="form1" method="post" action="index.html"> 　　账号：<input type="text" size="15" maxlength="10"value="syy"> 　　密码：<input type="password" size="15" maxlength="10"value="123456"> </form>	账号：syy 密码：••••••

说明：密码文本框长度为 15，最大字符数为 10。密码文本框仅仅使周围的人看不见输入的文本，但是它并不能真正使得数据安全。为了使数据安全，需要在浏览器和服务器之间建立一个安全链接。这个就不是前端能够解决得了的事情了。

（3）radio。单选按钮 radio 使用户只能从选项列表中选择一项，选项与选项之间是互斥的。举例与效果见表 2-6-9，语法格式如下：

```
<input type="radio" name="单选按钮所在的组名" value="单选按钮的取值" checked= "checked">
```

说明：name 和 value 是 radio 的必要属性，必须对这两个属性进行设置。name 属性能保证单选按钮的互斥；value 属性能保证方便向服务器端传递数据。checked 表示默认选中的单选按钮，不写表示没有被选中。

表 2-6-9　单选按钮 radio 举例与效果

举　　例	效　　果
<form name="form1" method="post" action="index.html"> 　　性别： 　　<input type="radio" name="sex" value="boy" checked="checked">男 　　<input type="radio" name="sex" value="girl">女 　　你是： 　　<input type="radio" name="job1" value="teacher">教师 　　<input type="radio" name="job2" value="lawyer">律师 　　<input type="radio" name="job3" value="else">其他 </form>	性别：⊙男 ○女 你是：⊙教师 ⊙律师 ⊙其他

说明：

① "性别"组默认选择"男"。

② 由于"性别"组单选按钮的 name 属性都为 sex，所以能够实现单选的效果；而"职位"组每个单选按钮的名字不一样，因此无法实现互斥。

（4）checkbox。单选按钮 radio 只能让用户从选项列表中选择一项，而复选框 checkbox 可以让用户从选项列表中选择一项或多项。举例与效果见表 2-6-10，语法格式如下：

`<input type="checkbox" value="复选框取值" checked="checked" id="复选框 Id">`

说明：

① checked 属性表示该选项在默认情况下已经被选中。不像单选按钮，复选框的一个选项列表中可以有多个选项同时被选中。

② 虽然复选框 checkbox 不像单选按钮 radio 那样需要设置选项列表的 name（因为复选框可以多选），但为了后端编程，一组复选框的 name 属性还是要设置为一样的。

③ HTML 中的复选框是没有文本的，需要加入 label 标签，并且用 label 标签的 for 属性指向复选框的 id。label 标签一般在表单中使用，用于绑定表单元素。

表 2-6-10　复选框 checkbox 举例与效果

举　　例	效　　果
<form name="form1" method="post" action="index.html"> 　　你喜欢的运动： 　　<input name="sport" id="checkbox1" type="checkbox" checked=checked><label for="checkbox1">足球</label> 　　<input name="sport" id="checkbox2" type="checkbox" ><label for="checkbox2">篮球</label> 　　<input name="sport" id="checkbox3" type="checkbox" ><label for="checkbox3">羽毛球</label> 　　<input name="sport" id="checkbox4" type="checkbox" ><label for="checkbox4">排球</label> </form>	你喜欢的运动： ☑足球 ☐篮球 ☐羽毛球 ☐排球

说明：

① 为"足球"选项设置了 checked 属性，所以"足球"选项默认被选中。

② "<label for="checkbox1">足球</label>"表示 label 指向 id 为 checkbox1 的复选框，以此类推。

③ 由于设置了 label 标签的 for 属性，因此用户单击文字、不单击复选框时，对应的复选框也能被选中。

④ 复选框 checkbox 必须和 label 标签配合使用，否则虽然页面效果类似，但方法却是不可取

的，具体原因等学完 JavaScript 后就能知晓。

（5）button。普通按钮 button 一般情况下要配合 JavaScript 脚本来进行表单的实现。举例与效果见表 2-6-11，语法格式如下：

```
<input type="button" value="普通按钮的取值" onclick="JavaScript 脚本程序"/>
```

说明：value 的取值就是显示在普通按钮上的文字，onclick 是普通按钮的事件，需配合 JavaScript 使用。

表 2-6-11　普通按钮 button 举例与效果

举　例	效　果

`<form name="form1" method="post" action="index.html">`
　　　`<input type="button" value="按钮" >`
`</form>`
	按钮

（6）submit。可以将提交按钮 submit 看成一种具有特殊功能的普通按钮，单击提交按钮可以实现将表单内容提交给服务器处理。举例与效果见表 2-6-12，语法格式如下：

```
<input type="submit" value="提交按钮的取值">
```

说明：

① value 的取值就是显示在提交按钮上的文字。

② 提交按钮 submit 和<form>中的 action 属性结合，可以使表单跳转到 action 指定的页面。

表 2-6-12　提交按钮 submit 举例与效果

举　例	效　果

`<form name="form1" method="post" action="we.html">`
　　　`<input type="submit" value="提交按钮" >`
`</form>`
	提交按钮

说明：单击"提交按钮"按钮则打开已创建的 we.html 页面。

（7）reset。也可以将重置按钮看成一种具有特殊功能的普通按钮，单击重置按钮可以清除用户在页面表单中输入的信息。举例与效果见表 2-6-13，语法格式如下：

```
<input type="reset" value="重置按钮的取值">
```

表 2-6-13　重置按钮 reset 举例与效果

举　例	效　果
`<form name="form1" method="post" action="we.html">` 　　账号：`<input type="text"> ` 　　密码：`<input type="password"> ` 　　　`<input type="reset" value="重置">` `</form>`	账号：　　　　 密码：　　　　 重置

说明：单击"重置"按钮，"账号"和"密码"框中的内容全部被清空。

注意：重置按钮 reset 只能清除当前所在 form 标签内部的表单元素的输入信息，对当前所在 form 标签外部的表单元素无效。

（8）image。举例与效果见表 2-6-14，语法格式如下：

`<input type="image" src="图像的路径">`

说明：图片域 image 既拥有按钮的特点，又拥有图像的特点。因此，需要为它设置图片引用路径，方法与为 img 标签设置图片引用路径的方法一样。

表 2-6-14　图片域 image 举例与效果

举　　例	效　　果
`<form name="form1" method="post" action="index.html">` 　　账号：`<input type="text"> ` 　　密码：`<input type="text"> ` 　　`<input type="image" src="bt.PNG">` `</form>`	账号： 密码： 登录

说明：完全可以用图片域 image 来实现各种漂亮的按钮，但是在前端开发中更多地使用 CSS3 来实现。因为前端有一个不成文的规定：图片的数据传输量往往较大，为保证页面效果，能不用图片就尽量不用，可尽量使用 CSS 来实现。

（9）hidden。有时候想向页面传送一些数据，但是又不想让用户看见，这个时候可以通过一个隐藏域来传送这样的数据。隐藏域中包含那些要提交到后台处理的数据，但这些数据并不显示在浏览器中。语法格式如下：

`<input type="hidden">`

说明：在 HTML 中，隐藏域几乎用不到，不需要深究。在动态页面中会看到它真正的用处。

（10）file。文件上传是网站中常见的功能，如向网盘上传文件和在电子邮箱中进行文件上传。在 HTML 中上传文件同样也使用 input 标签。当使用文件域 file 时，必须在 form 标签中说明编码方式：enctype="multipart/form-data"。举例与效果见表 2-6-15，语法格式如下：

`<input type="file">`

表 2-6-15　文件域 file 举例与效果

举　　例	效　　果

`<form name="form1" method="post" action="index.html">`
　　`<input type="file">`
`</form>`
	选择文件 未选择文件

说明：单击"选择文件"按钮，会发现不能上传文件，这需要学习了后端技术之后才能解决。

2．textarea

在单行文本框中只能输入一行信息，而在多行文本框中可以输入多行信息。多行文本框使用的是 textarea 标签，而不是 input 标签。举例与效果见表 2-6-16，语法格式如下：

`<textarea rows="行数" cols="列数">多行文本框内容</textarea>`

说明：

① 在该语法中，不能使用 value 属性来建立一个在文本域中显示的初始值，这一点与单行文本框不一样。

② 对于多行文本框中的默认文字内容，可以设置，也可以不设置。

③ rows 和 cols 分别规定了多行文本框的行数和列数，即多行文本框的大小，若多行文本框里内容太多，会自动出现滚动条。

表 2-6-16　textarea 举例与效果

举　　例	效　　果
`<form name="form1" method="post" action="index.html">` 　　个人简历：` ` 　　`<textarea rows="8" cols="40">`请介绍一下你的学习和工作经历`</textarea>` `</form>`	个人简历： 请介绍一下你的学习和工作经历

3．select 和 option

下拉列表由 select 和 option 这两个标签配合使用。这个特点与列表是一样的，如无序列表由 ul 标签和 li 标签配合使用。

下拉列表是一种最节省页面空间的选择方式，因为在正常状态下只显示一个选项，单击下拉列表后才会看到全部选项。语法格式如下：

```
<select>
    <option>选项显示的内容 1</option>
    …
    <option>选项显示的内容 2</option>
</select>
```

（1）multiple 属性。语法格式如下：

```
<select multiple="multiple">
    <option>选项显示的内容 1</option>
    …
    <option>选项显示的内容 2</option>
</select>
```

说明：multiple 为可选属性，且只有一个属性值 multiple。默认情况下，只能选择下拉列表中的一项，当设置为 multiple="multiple"时，可以选择多项。

（2）size 属性。下拉列表 size 属性用来定义下拉列表展开之后可见选项的数目。举例与效果见表 2-6-17，语法格式如下：

```
<select multiple="multiple" size="可见列表项的数目">
    <option>选项显示的内容 1</option>
    …
    <option>选项显示的内容 2</option>
</select>
```

表 2-6-17　size 属性举例与效果

举　　例	效　　果

`<h2>`第一种下拉列表框：`</h2>`
`<select>`
　　`<option>`HTML`</option>`
　　`<option>`CSS`</option>`
`</select>`
`<h2>`第二种下拉列表框：`</h2>`
	第一种下拉列表框：
	HTML / CSS
	第二种下拉列表框：
	jQuery / JavaScript / ASP.NET / Ajax

（续表）

举　　例	效　　果

`<select multiple="multiple" size="4">`
`<option>HTML</option>`
`<option>CSS</option>`
`<option>jQuery</option>`
`<option>JavaScript</option>`
`<option>ASP.NET</option>`
`<option>Ajax</option>`
`</select>`
	第一种下拉列表框：
	第二种下拉列表框：

说明：

① 第 1 个下拉列表框，没设置属性，因此只显示一条记录，单击下拉按钮，才会把其他选项显示出来。

② 第 2 个下拉列表框，设置了 multiple="multiple" size="4"，所以默认显示了 4 条记录。

（3）option 标签。其属性见表 2-6-18。

表 2-6-18　option 标签属性

属　　性	说　　明
value	选项值
selected	是否选中

说明：value 属性表示选项的值；selected 属性表示这个列表项是否选中，与单选按钮 radio 的 checked 是一样的意思。

option 标签举例与效果见表 2-6-19。

表 2-6-19　option 标签举例与效果

举　　例	效　　果

`<select >`
`    <option>HTML</option>`
`    <option selected="selected">CSS</option>`
`    <option>jQuery</option>`
`    <option>JavaScript</option>`
`</select>`
	CSS ▼

说明：默认选中 CSS 选项。

2.6.3　表单分组

fieldset 标签可将表单内的相关元素分组。举例与效果见表 2-6-20，语法格式如下：

```
<form>
    <fieldset>
        <legend>元素标题</legend>
        Name: <input type="text"><br>
```

```
        Email: <input type="text"><br>
        Date of birth: <input type="text">
    </fieldset>
</form>
```

说明：

① legend 标签表示每组表单的标题。

② 当将一组表单元素放到 fieldset 标签内时，浏览器会把这些内容分组。

③ fieldset 标签没有必需的或唯一的属性。

表 2-6-20　fieldset 标签举例与效果

举　　例	效　　果
```<form action="index.html" method="post" > <fieldset> <legend>用户名与密码:</legend> 用户名：<input type="text" id=" username" > 密码：<input type="password" id="pass" > </fieldset> <fieldset> <legend>性别:</legend> 男：<input type="radio" value="1" id="sex" > 女：<input type="radio" value="2" id="sex" > </fieldset></form>```	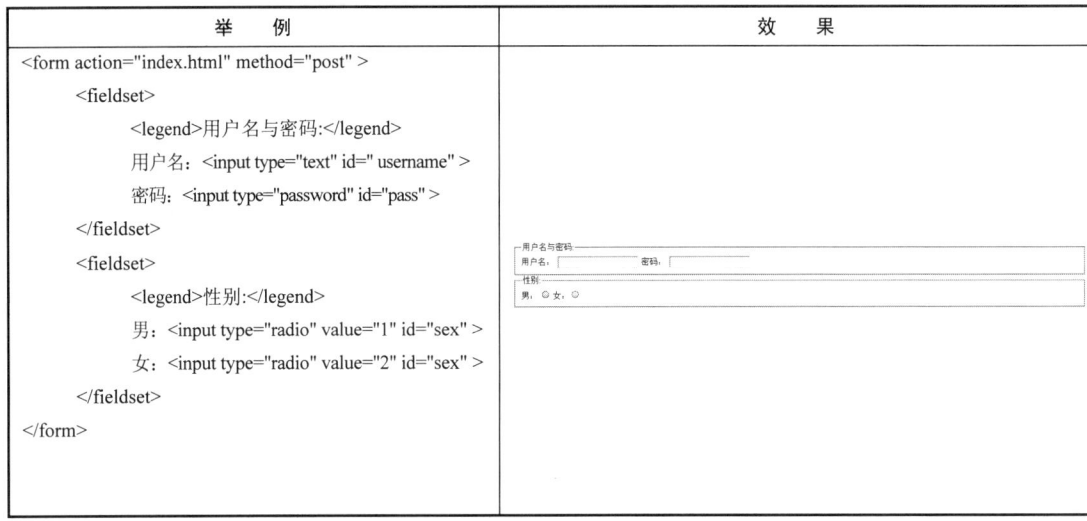

说明：可在一个表单中使用多个 fieldset 实现数据的分组。表单分组使表单更具有语义。

【任务实现】

2.6.4　注册页面制作

（1）为了使界面整齐，Martin 在完成任务时还是使用了表格布局。他使用了两个表格进行布局，如图 2-6-6 所示。

图 2-6-6　注册页面布局方式

（2）插入第 1 个 1 行 1 列的表格，代码如下：

```html
<table width="100%" border="0" cellspacing="0" cellpadding="0">
    <tr>
        <td><img src="images/top.PNG" alt="top" title="top"></td>
    </tr>
</table>
```

（3）放入 form 标签和 fieldset 标签，代码如下：

```html
<form action="success.html" method="post">
    <fieldset>
        <legend>用户注册</legend>
        <!--插入 10 行 2 列的表格-->
    </fieldset>
</form>
```

（4）插入 10 行 2 列的表格，表头代码如下：

```html
<table width="50%" border="0" cellspacing="0" cellpadding="0">
```

说明：将宽度设置为 50%是为了使排版整齐，表格内部的代码见下面的步骤。

（5）表格第 1 行代码如下：

```html
<tr>
    <td><label>*手机号码：</label></td>
    <td><input name="tel"type="text" ></td>
</tr>
```

说明：label 标签一般在表单中使用，用于绑定表单元素，在复选框部分已介绍了该标签的主要作用。

（6）表格第 2 行代码如下：

```html
<tr>
    <td><label>*设置密码：</label></td>
    <td><input name="psw1" type="text"></td>
</tr>
```

（7）表格第 3 行代码如下：

```html
<tr>
    <td><label>*确认密码：</label></td>
    <td><input name="psw2" type="text"></td>
</tr>
```

（8）表格第 4 行代码如下：

```html
<tr>
    <td><label>密码提示问题：</label></td>
    <td>
        <select>
            <option>[--请选择--]</option>
            <option>我是谁？</option>
            <option>我的妈妈是谁？</option>
            <option>我的毕业学校是什么？</option>
        </select>
    </td>
</tr>
```

（9）表格第 5 行代码如下：

```
<tr>
    <td><label>设置答案：</label></td>
    <td><input name="answer" type="text"></td>
</tr>
```

（10）表格第 6 行代码如下：

```
<tr>
    <td><label>电子邮箱：</label></td>
    <td><input name="email" type="text"></td>
</tr>
```

（11）表格第 7 行代码如下：

```
<tr>
    <td><label>兴趣标签：</label></td>
    <td><input name="inst" type="checkbox" value="" id="inst1"><label for="inst1">新闻</label>
    <input name="inst" type="checkbox" value="" id="inst2"><label for="inst2">娱乐</label>
    <input name="inst" type="checkbox" value="" id="inst3"><label for="inst3">文化</label>
    <input name="inst" type="checkbox" value="" id="inst4"><label for="inst4">教育</label><br>
    <input name="inst" type="checkbox" value="" id="inst5"><label for="inst5">体育</label>
    <input name="inst" type="checkbox" value="" id="inst6"><label for="inst6">汽车</label>
    <input name="inst" type="checkbox" value="" id="inst7"><label for="inst7">财经</label>
    <input name="inst" type="checkbox" value="" id="inst8"><label for="inst8">房产</label></td>
</tr>
```

（12）表格第 8 行代码如下：

```
<tr>
    <td><label>浪浪网网络服务使用协议：</label></td>
    <td><textarea name="" cols="50" rows="10">（此处文字省略）</textarea></td>
</tr>
```

（13）表格第 9 行代码如下：

```
<tr>
    <td><label>是否同意：</label></td>
    <td><input type="radio" name="service" value="1">同意<input type="radio" name="service" value="0">不同意</td>
</tr>
```

（14）表格第 10 行代码如下：

```
<tr>
    <td><label>*上发短信手机</label></td>
    <td><input type="button" value="我要使用注册手机发送短信"></td>
</tr>
```

【任务总结】

为了使页面语义清晰，一般，表单域要用 fieldset 标签包起来，并用 legend 标签说明表单的用途。每个 input 标签对应的说明文本都需要使用 label 标签，并通过为 input 设置 id 属性，在 label 标签中设置 for=someId 来让说明文本和相应的 input 关联起来。

【知识拓展】

2.6.5 HTML5 新增的表单标签

HTML5 新增了很多表单标签，但只对 Chrome 浏览器支持得较好，在其他浏览器下可能不能正常显示。

（1）email。email 表单标签用于提交表单的时候验证输入值是否满足 email 的格式，举例与效果见表 2-6-21。

表 2-6-21　email 举例与效果

举　　例	效　　果
<input type="email" name="email"/>	a 请在电子邮件地址中包括"@"。"a"中缺少"@"。

（2）url。url 表单标签用于提交表单的时候验证输入值是否满足 url 的格式，举例与效果见表 2-6-22。

表 2-6-22　url 举例与效果

举　　例	效　　果
<input type="url" name="url"/>	r 请输入网址。

（3）number。number 表单标签根据已有设置提供选择数字的功能，其中 min 为最小值，max 为最大值，step 为单击箭头时数字的变化量，value 为默认值，min、max、step、value 均可不写，举例与效果见表 2-6-23。

表 2-6-23　number 举例与效果

举　　例	效　　果
<input type="number" name="number" min=2 max=100 step=5 value="15"/>	15　提交

（4）range。range 表单标签会以一个滑块的形式表现数字值的输入域，min 为最小值，max 为最大值，value 为默认值，如果没有设置 min 和 max，默认值是 1～100，举例与效果见表 2-6-24。

表 2-6-24　range 举例与效果

举　　例	效　　果
<input type="range" name="range" min=20 max=200 value="60"/>	提交

（5）日期和时间类型。

① date：选取日、月、年。举例与效果见表 2-6-25。

表 2-6-25   date 举例与效果

举　　例	效　　果
<input type="date" name="date"/>	2014/03/09　×⇕▼　提交

② month：选取月、年，举例与效果见表 2-6-26。

表 2-6-26   month 举例与效果

举　　例	效　　果
<input type="month" name="month"/>	2016年03月　×⇕▼　提交

③ week：选取周、年。语法格式如下：

<input type="week" name="week"/>

④ time：选取小时、分钟。语法格式如下：

<input type="time" name="time"/>

⑤ datetime：选取时间、日、月、年（UTC 时间）。语法格式如下：

<input type="datetime" name="datetime"/>

⑥ datetime-local：选取时间、日、月、年（本地时间）。语法格式如下：

<input type="datetime-local" name="datetime-local"/>

⑦ color：提供颜色拾取器供用户选择颜色，并将用户选择的颜色填充到此元素中。举例与效果见表 2-6-27。

表 2-6-27   color 举例与效果

举　　例	效　　果
<input type="color" name="color"/>	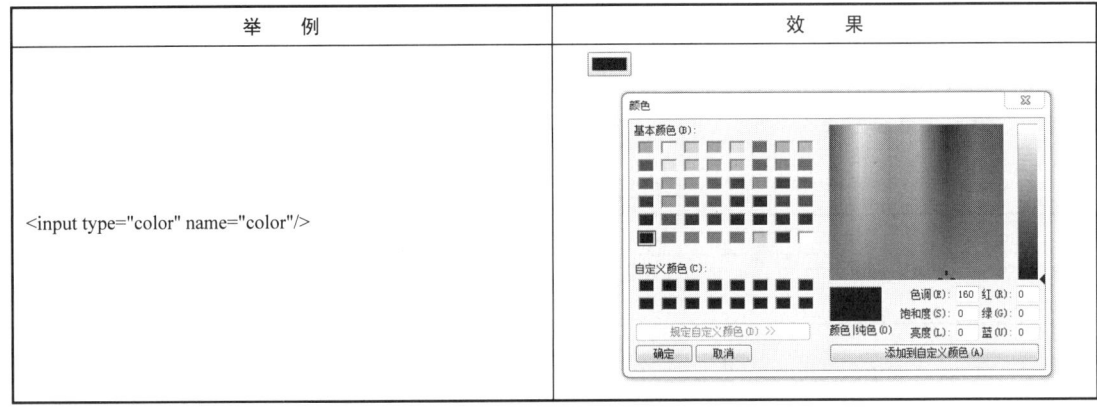

【任务实训】

实训目的：

（1）掌握表单标签的使用。

（2）掌握表单的分组。

实训内容：

（1）初级任务：制作分组表单，要求单击"爱好"后面的文字，相应的复选框能被选中，如图 2-6-7 所示。

（2）中级任务：制作 QQ 号申请页面，如图 2-6-8 所示。

图 2-6-7　用户信息表

图 2-6-8　QQ 号申请页面

（3）高级任务：利用 HTML5 新增表单标签制作如图 2-6-9 所示表单。

图 2-6-9　HTML5 新增表单标签

⫸【任务 2.7】浪浪网多媒体页面构建

【任务描述】

Martin 今天的任务是制作浪浪网的视频播放页面，该页面具有背景音乐并可以播放视频。
Martin 制订了以下计划。

第一步，学习用于播放音乐的 audio 标签。

第二步，学习用于播放视频的 video 标签。

第三步，为使内容整齐，使用表格进行布局，完成页面设计。

最终，完成的效果图如图 2-7-1 所示，页面效果分析图如图 2-7-2 所示。

图 2-7-1　多媒体页面效果图

图 2-7-2　多媒体页面效果图（分析）

【知识预览】

2.7.1　多媒体的使用

1. 插入视频

网页中常见的多媒体文件包括音频文件和视频文件，对于在线视频，使用 video 标签来插入。video 是 HTML5 新增的标签。代码如下：

```
<video src="视频路径" controls="controls">
```

您的浏览器不支持 video 标签。
</video>

说明：

① src 属性用于指定播放视频的路径，controls 是指页面加载时有"播放"按钮。video 标签其他属性见表 2-7-1。

表 2-7-1　video 标签属性

属　性	值	描　述
autoplay	autoplay	视频在就绪后马上播放
controls	controls	向用户显示控件，如"播放"按钮
height	pixels	设置视频播放器的高度
loop	loop	每当视频文件完成播放后再次开始播放
muted	muted	规定视频的音频输出应该被静音
poster	URL	规定视频下载时显示的图像，或者在用户单击"播放"按钮前显示的图像
preload	auto meta none	设置视频是否在页面加载时进行加载，并预备播放。 如果使用 autoplay，则忽略该属性
src	url	要播放的视频的 URL
width	pixels	设置视频播放器的宽度

② IE 9+、Firefox、Opera、Chrome 和 Safari 都支持 video 标签。

③ IE 8 或更早版本的 IE 浏览器不支持 video 标签。

④ 可以在开始标签和结束标签之间放置文本内容，这样不支持该标签的浏览器就可以显示出提示信息。

2．插入音频

HTML5 提供了播放音频文件的标准，即使用 audio 标签。代码如下：

<audio src="音频路径">
　　您的浏览器不支持 audio 标签。
</audio>

说明：

① src 属性用于指定播放音频的路径，autoplay 是指页面加载时自动播放音频。audio 标签其他属性见表 2-7-2。

表 2-7-2　audio 标签属性

属　性	属　性　值	描　述
autoplay	autoplay	音频在就绪后马上播放
controls	controls	向用户显示控件，如"播放"按钮
loop	loop	每当音频文件完成播放后再次开始播放
muted	muted	规定音频输出应该被静音
preload	auto meta none	设置音频是否在页面加载时进行加载，并预备播放。 如果使用 autoplay，则忽略该属性
src	url	要播放的音频的 URL

② IE 9+、Firefox、Opera、Chrome 和 Safari 都支持 audio 标签。

③ IE 8 或更早版本的 IE 浏览器不支持 audio 标签。

④ 可以在开始标签和结束标签之间放置文本内容，这样不支持该标签的浏览器就可以显示出提示信息。

3．插入 Flash

在网页中插入 Flash 应使用 embed 标签。代码如下：

```
<embed src="Flash 文件地址" width="多媒体的宽度" height="多媒体的高度"></embed>
```

4．各浏览器对多媒体格式的支持情况

（1）多媒体格式。使用 img 标签时会涉及图片格式的问题，如 jpg、gif 等，视频、音频也有不同的格式。

video 标签支持 3 种视频格式，具体如下。

① MP4：带有 H.264 视频编码和 AAC 音频编码的 MPEG 4 文件。

② WebM：带有 VP8 视频编码和 Vorbis 音频编码的 WebM 文件。

③ Ogg：带有 Theora 视频编码和 Vorbis 音频编码的 Ogg 文件。

audio 标签支持 3 种格式，具体如下。

① Ogg：全称是 OggVorbis，是一种新的音频压缩格式，类似于 MP3 等音乐格式。Ogg 是完全免费、开放和没有专利限制的，文件的扩展名是.OGG。可以不断地对 Ogg 文件格式进行大小和音质的改良，而不影响旧有的编码器或播放器。

② MP3：一种音频压缩技术，其全称是动态影像专家压缩标准音频层面 3（Moving Picture Experts Group Audio Layer Ⅲ），简称为 MP3，用来大幅度地降低音频数据量。利用 MP3 技术，可将音乐以 10∶1 甚至 12∶1 的压缩率，压缩成容量较小的文件，而对于大多数用户来说，重放的音质与最初的未压缩音频的音质相比没有明显下降。

③ WAV：微软公司（Microsoft）开发的一种声音文件格式，符合 RIFF（Resource Interchange File Format），用于保存 Windows 平台的音频信息资源，被 Windows 平台及其应用程序广泛支持，该格式也支持 MSADPCM、CCITT A Law 等多种压缩运算法。

（2）各浏览器支持情况。目前，还没有一种浏览器支持所有格式的视频、音频格式，具体见表 2-7-3 和表 2-7-4。

表 2-7-3　浏览器对视频格式的支持情况

视频格式	Chrome	Firefox	IE	Opera	Safari
MP4	5.0+支持	不支持	9.0+支持	不支持	3.0+支持
WebM	6.0+支持	4.0+支持	不支持	10.6+支持	不支持
Ogg	5.0+支持	3.5+支持	不支持	10.5+支持	不支持

表 2-7-4　浏览器对音频格式的支持情况

音频格式	Chrome	Firefox	IE9	Opera	Safari
Ogg	支持	支持	支持	支持	不支持
MP3	支持	不支持	支持	不支持	支持
WAV	不支持	支持	不支持	支持	不支持

【任务实现】

2.7.2　多媒体页面制作

（1）插入音频，设置打开网页即能自动播放，代码如下：

```
<audio src="video/cm.mp3" autoplay="autoplay">
    您的浏览器不支持 audio 标签。
</audio>
```

（2）插入第 1 个表格及其内容，代码如下：

```
<table width="1019px" border="0" cellspacing="0" cellpadding="0">
    <tr>
        <td><img src="images/top.PNG" alt="search" title="search"></td>
    </tr>
    <tr>
        <td><img src="images/video_top.PNG" alt="video" title="video"></td>
    </tr>
</table>
```

（3）插入第 2 个表格及其内容，代码如下：

```
<table width="1019px" border="0" cellspacing="0" cellpadding="0">
    <tr>
        <td><video src="video/jd.mp4" >您的浏览器不支持 video 标签。</video></td>
        <td><img src="images/video_left.PNG" alt="其他视频" title="otherViedo"></td>
    </tr>
</table>
<table width="1019px" border="0" cellspacing="0" cellpadding="0">
    <tr>
        <td><img src="images/footer.PNG" alt="foot" title="foot"></td>
    </tr>
</table>
```

【任务总结】

　　由于目前没有一种浏览器支持所有的多媒体格式，所以可以把多媒体文件转换成多种格式，然后利用多媒体标签全部引入，浏览器会选择合适的格式进行播放。

【任务实训】

实训目的：
掌握多媒体标签的使用。
实训内容：
（1）初级任务：制作优酷视频播放页面，如图 2-7-3 所示。

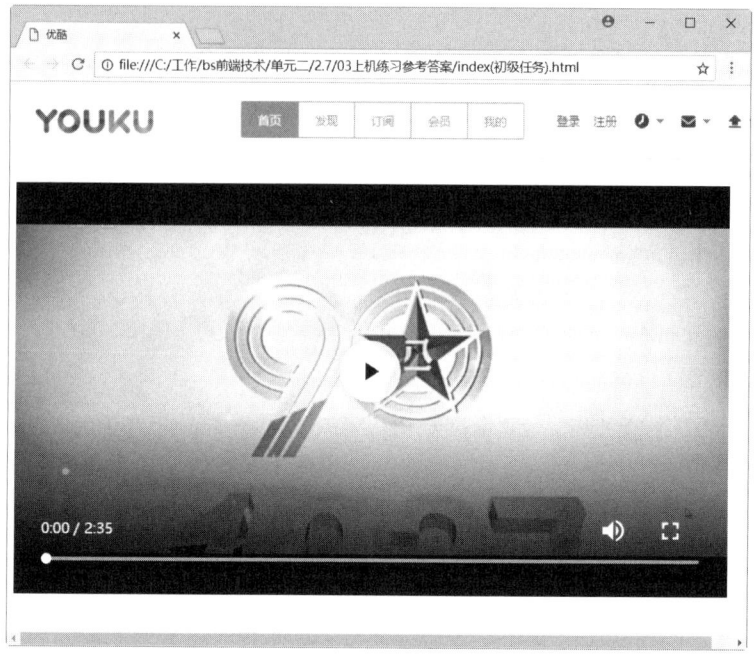

图 2-7-3 优酷视频播放页面

（2）中级任务：设置该页面打开后视频会自动播放。

（3）高级任务：为该视频设置预览图，显示浏览器的默认媒体控制栏，预加载视频的元数据，循环播放。

单元测试 2

一、选择题

1. HTML 的基本元素是（　　）。

    A. 样式表　　　　　B. 标签　　　　　　C. 特效　　　　　　D. 网页优化

2. HTML 的最新版本是（　　）。

    A. 4.01　　　　　　B. 5　　　　　　　　C. 8　　　　　　　　D. 3

3. （　　）浏览器对 HTML5 的支持是最好的。

    A. Chrome　　　　　B. Firefox　　　　　C. IE 9　　　　　　D. IE 11

4. 下面的代码中，（　　）是 HTML5 的第一行。

    A. \<html\>　　　　　B. \<title\>　　　　　C. \<!doctype html\>　　D. \<head\>

5. 下面（　　）不是 HTML5 新增的结构标签。

    A. div　　　　　　　B. main　　　　　　C. article　　　　　D. aside

6. img 标签必须设置的属性是（多选）（　　）。

    A. src　　　　　　　B. title　　　　　　C. alt　　　　　　　D. width

7. 超链接的类型有（多选）（　　）。

　　A．空链接　　　　　　B．电子邮件链接　C．链接到网页　　　　D．锚链接

8．下面代码中，正确的是（　　　）。

　　A．<ul>　　　　　　　　　　　　　B．<ul>

　　　　　　<ol>　　　　　　　　　　　　　　　　<li>

　　　　　　</ol>　　　　　　　　　　　　　　　　</ul>

　　　　</ul>

　　C．<ul>　　　　　　　　　　　　　D．<dl><dt><dd></dd></dl>

　　　　　　<li></li>

　　　　　　<li><ol><li></li></ol></li>

　　　　</ul>

9．为了进一步对表格进行语义化，HTML 引入的表格标签有（多选）（　　　）。

　　A．tr　　　　　　　B．thead　　　　　C．tbody　　　　　　　D．tfoot

10．<caption>表示（　　）。

　　A．表格头部　　　B．表格标题　　　C．表格的单元格　　　D．表格"身体"

11．下面不是 HTML5 新增的表单标签属性的是（　　　）。

　　A．type="email"　　　　　　　　　B．name="url"

　　C．name="number"　　　　　　　　D．name="clock"

12．（　　　）属性使用户单击文字时，复选框可以被选中。

　　A．id　　　　　　　B．for　　　　　　C．name　　　　　　　D．value

13．下面（　　　）属性是 video 标签必须设置的。

　　A．width　　　　　B．poster　　　　C．controls　　　　　D．src

14．下面（　　　）属性是 video 标签有而 audio 标签没有的。

　　A．width　　　　　B．poster　　　　C．controls　　　　　D．src

二、判断题

1．在使用标签时需要考虑标签的语义。（　　　）

2．一个网页可以有多个具有相同 ID 的标签。（　　　）

使用 CSS 美化页面

⫸ 【任务 3.1】初识浪浪网头部 CSS

微课视频

【任务描述】

Martin 通过前面的学习发现，仅使用 HTML 编写的网页单调，页面的布局也不够灵活。为了制作出布局合理、界面美观的网页，Martin 请教了师傅，师傅告诉 Martin 可使用 CSS 控制网页的样式及使用 DIV+CSS 进行页面布局。Martin 决定先学习如何在网页中使用 CSS，于是，Martin 制订了以下计划。

第一步，了解 CSS 的基本概念。

第二步，学习如何在页面中使用 CSS。

第三步，学习 CSS 的语法规则。

【知识预览】

3.1.1　初识 CSS

1．CSS 的概念

CSS，即 Cascading Style Sheet（层叠样式表），是用来控制网页外观的一门技术。

CSS 涵盖 CSS1.0、CSS2.0、CSS2.1 和 CSS3.0 这几个版本，其中 CSS2.1 是 CSS2.0 的修订版，目前，CSS3.0 是 CSS 的最新版本。

CSS3.0 相对于 CSS2.0 来说，新增了很多属性和方法，最典型的就是可以直接为文字设置阴影、为标签设置圆角，以及制作动画效果。

2．如何在网页中使用 CSS

在 HTML 中引入 CSS 共有 3 种方式：外部样式表、内部样式表、内联样式表。

（1）外部样式表。外部样式表是理想的 CSS 引用方式，在实际开发当中，为了提升网站的性能和可维护性，一般都使用外部样式表。所谓的外部样式表，就是把 CSS 代码和 HTML 代码单独放在不同文件中，然后在 HTML 文档中使用 link 标签来引用 CSS 样式表。

当样式需要被应用到多个页面时，外部样式表是理想的选择。使用样式表，就可以通过更改一个 CSS 文件来改变整个网站的外观。

外部样式表在单独文件中定义，并且在<head></head>中使用 link 标签来引用。语法格式如下：

```
<link href="外部 CSS 地址" rel="stylesheet" >
```

举例：

```
<head>
    <meta charset="utf-8">
    <title></title>
    <!--在 HTML 页面中引用文件名为 index 的 CSS 文件-->
    <link href="index.css" rel="stylesheet" >
</head>
```

说明：

外部样式表都是在 head 标签内使用 link 标签来引用的。

（2）内部样式表。内部样式，指的就是把 CSS 代码和 HTML 代码放在同一个文件中，其中 CSS 代码放在<style></style>内，并且<style></style>在<head></head>内。语法格式如下：

```
<style>
    CSS 属性
</style>
```

内部样式表举例与效果见表 3-1-1。

表 3-1-1　内部样式表举例与效果

举　　例	效　　果
<head> 　　<meta charset="utf-8"> 　　<title></title> 　　<!--这是内部样式表，CSS 样式在 style 标签内定义--> 　　<style> 　　　　p{color:red;} 　　</style> </head> <body> 　　<p>内部样式表</p> 　　<p>内部样式表</p> 　　<p>内部样式表</p> </body>	内部样式表 内部样式表 内部样式表

说明：对于内部样式表，CSS 样式在 style 标签内定义，而 style 标签必须放在 head 标签内，至于以前 style 中的 type="text/css"属性，HTML5 建议省略。

（3）内联样式表。内联样式表，也是把 CSS 代码和 HTML 代码放在同一个文件中，但是与内部样式表不同，CSS 样式不是在<style></style>中定义的，而是在标签的 style 属性中定义的。

内联样式表举例与效果见表 3-1-2。

表 3-1-2　内联样式表举例与效果

举　　例	效　　果
<p style="color:red; ">内联样式表</p> <p style="color:red; ">内联样式表</p> <p style="color:red; ">内联样式表</p>	内联样式表 内联样式表 内联样式表

说明：

① 仔细对比一下这个例子和内部样式表的例子，其实这两段代码实现的是同一个效果。3 个 p 标签都定义了 color 属性，那么如果采用内部样式表，样式只需要写一遍；而如果采用内联样式表，则 3 个 p 标签都要单独写一遍。

② 内联样式是在单个元素内定义的，对于网站来说，冗余代码很多，因此每次改动 CSS 样式都要在具体的标签内修改，这样使得网站的维护性也非常差。

师傅经验：在实际开发中一般使用外部样式表，但在此教程中讲授 CSS 时，为了能够清晰地展示页面使用 CSS 后的效果，方便教学和测试，很多地方使用的是内部样式表，把 HTML 代码和 CSS 代码放在同一个文件中。内联样式表在实际开发中用得不多，一般用于样式的细节微调。

3．CSS 的语法规则

在网页中使用 CSS 和在 Word 中使用格式菜单类似，都是进行美化操作，因此原理是一样的，先选择对象，然后美化。在这里，将选择对象称为选择器，将美化称为 CSS 的声明，所以语法规则是这样的：

选择器{声明；声明；}

说明：每个声明后的分号必须写。

（1）元素选择器。元素选择器用于"选中"相同的标签，然后对相同的标签设置同一个 CSS 样式，举例与效果见表 3-1-3。

表 3-1-3　元素选择器举例与效果

HTML 代码	CSS 代码	效　果
<p>静夜思</p> <p>床前明月光，</p> <p>疑是地上霜。</p> <p>举头望明月，</p> <p>低头思故乡。</p>	p{color:red;}	静夜思 床前明月光， 疑是地上霜。 举头望明月， 低头思故乡。

分析：所有段落标签的文字被设置成了红色。

说明：HTML 中所有的标签都可以设置 CSS 样式。

（2）id 选择器。为标签设置一个 id，然后针对这个 id 的元素进行 CSS 样式操作。注意，在同一个页面中，不允许出现两个相同的 id，这就像一个班级中没有两个学生的学号是相同的道理一样。举例与效果见表 3-1-4。

表 3-1-4　id 选择器举例与效果

HTML 代码	CSS 代码	效　果
<p id="poem">静夜思</p> <p>床前明月光，</p> <p>疑是地上霜。</p> <p>举头望明月，</p> <p>低头思故乡。</p>	p{color:red;} #poem{color:blue;}	静夜思 床前明月光， 疑是地上霜。 举头望明月， 低头思故乡。

分析：只有具有 id 属性的内容（"静夜思"）被设置成了蓝色。

说明：id 名前面必须加上前缀"#"，否则该选择器无法生效。

（3）类选择器。class 选择器，也就是类选择器，可以为标签设置一个 class（类名），然后针对这个 class 的元素进行 CSS 样式操作。举例与效果见表 3-1-5。

表 3-1-5　类选择器举例与效果

HTML 代码	CSS 代码	效　果
\<p id="poem"\>静夜思\</p\> \<p class="p1"\>床前明月光，\</p\> \<p\>疑是地上霜。\</p\> \<p class="p1"\>举头望明月，\</p\> \<p\>低头思故乡。\</p\>	p{color:red;} #poem{color:blue;} .p1{color:green;}	静夜思 床前明月光， 疑是地上霜。 举头望明月， 低头思故乡。

分析：class="p1"的标签文字（"床前明月光，"和"举头望明月"）被设置成了绿色。

说明：class 名前面必须加上前缀"."（英文点号），否则该选择器无法生效。一个页面可以有多个同名的 class 标签。

（4）后代元素选择器。后代元素选择器用于选中某个元素的后代元素。HTML 文档是一种树状结构，如图 3-1-1 所示，其中 head 是 html 的后代，title 也是 html 的后代，body 的后代有 h1、li、ol 等。

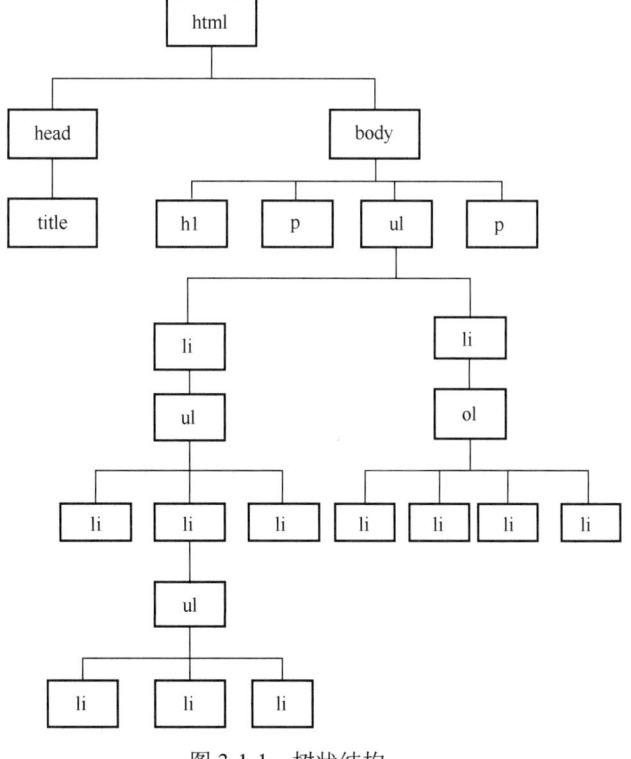

图 3-1-1　树状结构

举例与效果见表 3-1-6。

表 3-1-6　后代元素选择器举例与效果

HTML 代码	CSS 代码	效　　果
`<p id="father1">` 　　`<span>我是 father1 的大儿子</span> ` 　　`<span>我是 father1 的二儿子</span>` `</p>` `<p id="father2">` 　　`<span id="c1">我是 father2 的大儿子</span> ` 　　`<span>我是 father2 的二儿子</span>` `</p>`	`#father1 span{` 　　　`color:red;` `}` `#father2 #c1{` 　　　`color:blue;` `}`	我是father1的大儿子 我是father1的二儿子 我是father2的大儿子 我是father2的二儿子

分析：id 为 father1 的后代文字（"我是 father1 的大儿子"和"我是 father1 的二儿子"）被设置成了红色；id 为 father2 的后代中，具有 id 属性且值为 c1 的内容（"我是 father2 的大儿子"）被设置成了蓝色。

说明：父元素与后代元素必须用空格隔开，从而表示选中某个元素下的后代元素。

（5）并集选择器。当 CSS 样式中有几个地方需要使用到相同的设定时，可使用并集选择器对几个选择器进行相同的操作。举例与效果见表 3-1-7。

表 3-1-7　并集选择器举例与效果

HTML 代码	CSS 代码	效　　果

`<h1>并集选择器</h1>`
`<p id="content1">`
　　我是内容 1
`</p>`
`<p class="content2">`
　　我是内容 2
`</p>`
	`h1,#content1,.content2{`
	　　　`color:red;`
	`}`
	`/*也可写成这样`
	`h1,p{`
	　　　`color:red;`
	`}*/`
		并集选择器
		
		我是内容1
		
		我是内容2

分析：h1、id 为 content1 的元素且 class 为 content2 的文字（"并集选择器""我是内容 1"和"我是内容 2"）设置为红色。

说明：并集选择器能提高开发效率。

4．CSS 中的颜色

CSS 中经常要设置颜色，如边框颜色、文字颜色、背景颜色等，颜色可以直接用英文表示，比如前面的案例里提到的 color:red;，也可以使用其他表示方法。

（1）十六进制颜色。所有浏览器都支持十六进制颜色值。十六进制颜色值是这样规定的：#RRGGBB，其中的 RR（红色）、GG（绿色）、BB（蓝色）十六进制整数规定了颜色的成分。所有值必须介于 00 与 ff 之间。

如：#0000ff 值显示为蓝色，这是因为蓝色成分被设置为最高值（ff），而其他成分被设置为 00，也可简写成#00f。

（2）RGB 颜色。所有浏览器都支持 RGB 颜色值。RGB 颜色值是这样规定的：rgb(red, green, blue)。每个参数（red、green 及 blue）定义颜色的强度，可以是 0 与 255 之间的整数，或者是百分比值（从 0%到 100%）。

如：rgb(0,0,255) 值显示为蓝色，这是因为蓝色成分被设置为最高值（255），而其他成分被设置为 0。同样，rgb(0%,0%,100%)也表示蓝色。

（3）RGBA 颜色。RGBA 颜色值得到以下浏览器的支持：IE9+、Firefox 3+、Chrome、Safari 及 Opera 10+。

RGBA 颜色值是 RGB 颜色值的扩展，带有一个 Alpha 通道，它规定了对象的不透明度。

RGBA 颜色值是这样规定的：rgba(red, green, blue, alpha)。alpha 参数是 0（完全透明）与 1（完全不透明）之间的数字。

如：rgba(255,0,0,0.5);表示半透明的红色。

【任务实现】

3.1.2　浪浪网头部 CSS 设置

浪浪网头部 CSS 内容如图 3-1-2 所示。

```
3 ▼ <head>
4       <meta http-equiv="Content-Type" content="text/html; charset=utf-8">
5       <title>首页</title>
6       <link href="css/common.css" rel="stylesheet" type="text/css" />
7       <link href="css/index.css" rel="stylesheet" type="text/css" />
8 ▼     <style>
9           /* 标题*/
10          .tit01 { height: 47px;}
11          .tit01 span { float: left;display: inline;border: 1px solid #d9dce0;border-right:0px;height:
            25px;_width:114px;}
12           a { color:#666; text-decoration:none; }
13      </style>
14  </head>
```

图 3-1-2　浪浪网头部 CSS

（1）第 6 行、第 7 行链接外部 CSS 文件夹中的 common.css 和 index.css，一般网站都会有一个通用的 CSS 设置，这里叫 common.css，设置一些字的大小、字体、超链接样式、边距等，另外还会有一个本页面专用的 CSS，比如这里的 index.css。

（2）第 8 行到第 13 行，使用了内部 CSS，可以发现这里省略了 type="text/css"这句代码，因为在最新的 HTML5 标准中，type 不仅是可以省略的，而且是建议省略的。

（3）第 9 行是 CSS 的注释。

说明：为了使代码方便理解、方便查找或者方便以后对代码进行修改，经常要在 CSS 中的一些关键代码旁做一下注释，语法为 "/*注释内容*/"。

（4）第 10 行为 class="tit01"的元素设置行高。

（5）第 11 行为 class="tit01"的后代元素 span 设置浮动、显示方式、边框等，这些具体的 CSS 设置后面会详细介绍。

（6）第 12 行是为所有的 a 标签设置颜色和下画线样式，这里采用十六进制色的简写表示超链接的颜色，写全了的十六进制色应该是#666666，因为颜色数值两两相同，所以可以简写。

（7）网页在应用 CSS 样式时是有优先级的，内联样式优先级最高，内部样式次之，外部样式优先级最低。如此处在外部链接 common.css 中设置了 tit01，如图 3-1-3 所示，但此页面 tit01 的高度应该是 47px。

```
26              .tit01{height: 60px;}
```

图 3-1-3 外部链接 common.css 中的部分代码

说明：CSS 常见单位如下。

① px：绝对单位，页面按精确像素展示。

② em：相对单位，基准点为父标签文字的大小，如果自身定义了 font-size，则按自身来计算（浏览器默认为 16px），整个页面内 1em 不是一个固定的值。

③ rem：相对单位，可理解为 root em，相对根节点 html 的文字大小来计算，为 CSS3 新加属性，Chrome、Firefox、IE9+支持。

④ %：百分比。

⑤ in：英寸，1in=2.54cm。

⑥ cm：厘米。

⑦ mm：毫米。

⑧ pt：point，$1pt=\dfrac{1}{72}$ in。

⑨ pc：pica，$1PC=12pt=\dfrac{1}{6}$ in。

⑩ ex：取当前文字 x 的高度，在无法确定 x 的高度的情况下以 0.5em 计算。IE 11 及以前版本均不支持，Firefox、Chrome、Safari、Opera、iOS Safari、Android Browser4.4+等均需在属性前加前缀。

（8）CSS 中可体现继承性，子标签可以继承父标签的样式风格，子标签的样式不会影响父标签的样式风格，所以第 11 行对子标签的设置不会影响到其父标签。

【任务总结】

CSS 和 HTML 的注释格式是不一样的，如果在 CSS 中使用 HTML 中的注释<!-- -->，计算机不会识别出错误，但是紧跟在注释后的 CSS 将没有效果。

考虑到 CSS 的优先级以及网页特效制作方面的因素，尽量避免使用 id 选择器，而且尽可能为标签添加类样式。

【知识拓展】

3.1.3 Google 推荐的 HTML 和 CSS 格式规范

下面介绍 Google 推荐的 HTML 和 CSS 格式规范，以使读者建立良好的个人编码习惯。

1．交集选择器

在有些网页上可能会看到 p#father1 {color:red;}这种 CSS 语法格式，这是交集选择器，是由两个选择器直接连接构成的，其作用结果是选中各自元素范围内的交集。举例与效果见表 3-1-8。

表 3-1-8　交集选择器举例与效果

HTML 代码	CSS 代码	效　　果
`<p id="father1">` 　　`<span>我是 father1 的大儿子</span> ` 　　`<span>我是 father1 的二儿子</span>` `</p>` `<p id="father2">` 　　`<span class="c1">我是 father2 的大儿子</span> ` 　　`<span class="c2">我是 father2 的二儿子</span>` `</p>`	`p#father1 {` 　　　`color:red;` `}` `#father2 span.c1{` `color:blue;` `}`	我是father1的大儿子 我是father1的二儿子 我是father2的大儿子 我是father2的二儿子

分析：id 为 father1 的 p 标签文字（"我是 father1 的大儿子"和"我是 father1 的二儿子"）被设置成了红色，id 为 father2 的后代中 class 为 c1 的 span 标签文字（"我是 father2 的大儿子"）被设置成了蓝色。

说明：

① 交集选择器的第一个必须是标签选择器，第二个必须是类选择器或 ID 选择器。

② 交集选择器中不能出现空格。

③ span.c1 表示选择 span 元素的后代中 class 为 c1 的元素。

在 HTML5 新标准中要求，除非必要，否则不建议使用交集选择器，见表 3-1-9。

表 3-1-9　HTML5 不推荐与推荐内容

不推荐	推　　荐
ul#example {}	#example {}
div.error {}	.error {}

2. ID 和 Class 命名

HTML5 不推荐与推荐命名标准见表 3-1-10。

表 3-1-10　HTML5 不推荐与推荐命名标准

不推荐	推　　荐	说　　明
#yee-1901 {}	#login {}	建议使用含义明确的 id 和 class 属性
.navigation {}	.nav{}	建议 id 和 class 应该尽量简短，同时要容易使人理解
.demoimage {}	.demo-image	建议在选择器中使用连字符，以提高可读性
.error_status {}	.error-status {}	不建议使用下画线

.test {
display: block;
height: 100px
}
	.test {
	display: block;
	height: 100px;
	}
		每行 CSS 都应以分号结尾

#adw-header {} #adw-footer {} .adw-gallery {}	/* Header */ #adw-header {} /* Footer */ #adw-footer {} /* Gallery */ .adw-gallery {}	建议用注释把 CSS 分成各个部分

3. CSS 权重

（1）权重的作用。当很多规则被应用到某一个元素上时，就要确定优先顺序。赋权重是一个决定哪种规则生效，或者确定优先级的过程。每个选择器都有自己的权重；每条 CSS 规则都包含一个权重级别。这个级别是由不同的选择器加权计算的，通过权重，不同的样式最终会作用到网页中。如果两个选择器同时作用到一个元素上，权重高者生效。

（2）确定权重。一个内联样式+1000，一个 id+100，一个属性选择器、class 或伪类+10，一个元素名或伪元素+1。

（3）举例：

```
body #content .data p{color:red;}
body .data p{color:green;}
```

分析：都是对 body 中的段落标签进行颜色设置，第一条 CSS 的权重是 1+100+10+1=112，第二条 CSS 的权重是 1+10+1=12，所以虽然 CSS 具有覆盖性，但最终该段落的颜色是红色。

【任务实训】

实训目的：

（1）会在页面中通过不同的方法使用 CSS。

（2）掌握 CSS 基本的语法规则。

实训内容：

（1）初级任务：制作"假如生活欺骗了你"页面，如图 3-1-4 所示。

要求：

① 使用标签选择器设置标题文字大小为 20px。

② 页面中所有段落中的文字大小为 16px。

③ 使用类选择器设置正文和"创作背景"内容的文字颜色为绿色。

④ 使用 ID 选择器设置译文标题颜色为蓝色。

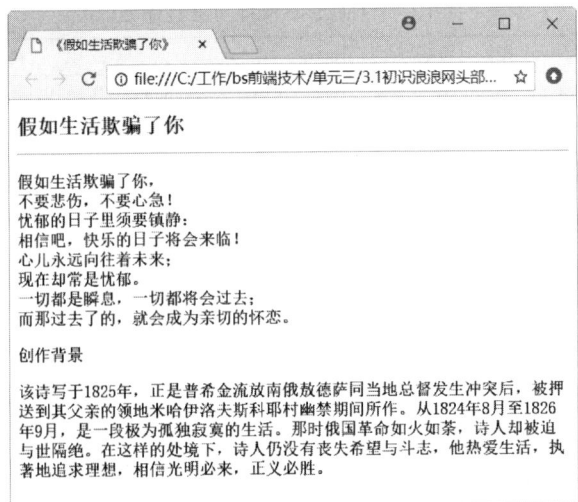

图 3-1-4 "假如生活欺骗了你"页面

（2）中级任务：制作"开心餐厅"页面，如图 3-1-5 所示。

图 3-1-5　"开心餐厅"页面

要求：

① 将图片放在段落标签中，将标题放在 h2 标签中。

② 段落标签中的文字大小为 12px，标题文字大小为 18px，颜色为红色。

③ CSS 样式体现出复合选择器的应用。

④ 分别使用内联样式表、内部样式表和外部样式表的形式制作本页面，使用链接方式。

（3）高级任务：制作"YY 服装加盟申请表"页面，如图 3-1-6 所示。

要求：

① 考虑使用何种 CSS（外部样式、内部样式、内联样式）。

② 确定为哪些元素内部设置 CSS 样式，是设置 id 属性还是 class 属性。

③ 对字体和字号进行合理的设置，完成界面制作。

图 3-1-6 "YY 服装加盟申请表"页面

⇒ 【任务 3.2】新闻页面的简单美化

【任务描述】

Martin 今天有点沮丧，因为客户对上次制作的关于明星保护方言的新闻页面不满意，Martin 只能返工。和师傅沟通后，Martin 决定用 CSS 美化页面。Martin 制订了以下计划。

第一步，使所有的内容都居中显示。

第二步，设置文字样式，如把标题设置为微软雅黑、蓝色、加粗。

第三步，设置文本样式，如设置首行缩进、行距。

第四步，在文章最后增加"标签"行，设置该行的背景和边框，使页面内容更充实。

第五步，设置超链接样式，如将鼠标移动到超链接上，超链接文字颜色改变，以便使用户知道此处为超链接。

最终，完成的效果图如图 3-2-1 所示。

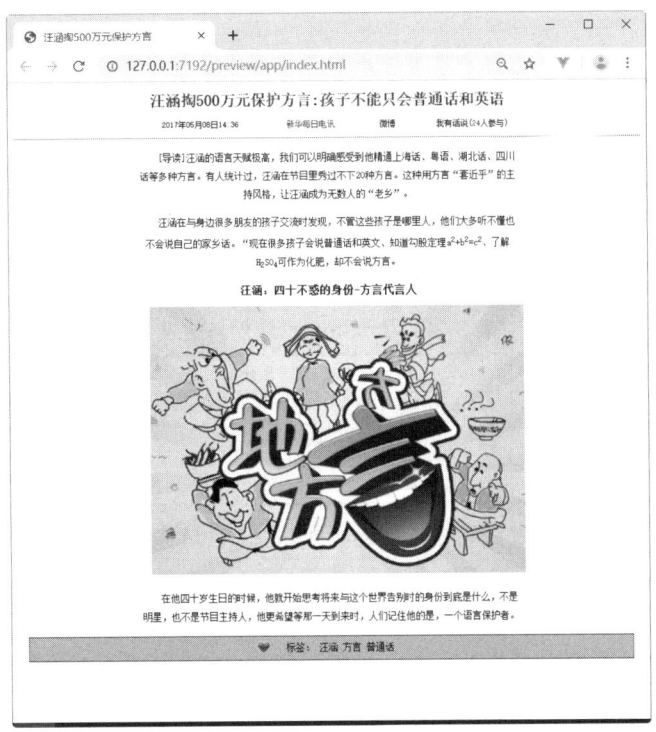

图 3-2-1　新闻页面简单美化效果图

【知识预览】

3.2.1　文字样式

span 标签是 HTML 中的标签，自身没有格式，也无特定语义，其作用是组合行内元素，以便通过样式来格式化它们。span 标签举例与效果见表 3-2-1。

表 3-2-1　span 标签举例与效果

HTML 代码	CSS 代码	效　果
\<p id="s1">\span 标签\\</p>	#s1 span{color:red;}	span标签

说明：如果不对 span 应用样式，那么 span 标签中的文本与其他文本不会有任何视觉上的差异。可以为 span 应用 id 或 class 属性，这样既可以增加适当的语义，又便于对 span 应用样式。

在制作 HTML 页面时，页面的文字样式属性非常常见。文字样式属性往往包括字体类型、大小、粗细、风格等，见表 3-2-2。

表 3-2-2　常见文字样式属性

属　　性	含　　义	举　　例
font-family	设置字体类型	font-family:"隶书";
font-size	设置文字大小	font-size:12px;
font-weight	设置文字粗细	font-weight:bold;
font-style	设置文字风格	font-style:italic;
font	在一个声明中设置文字的所有属性	font:italic bold 36px "宋体";

1．font-family

在 Word 中往往会使用不同的字体，如宋体、微软雅黑等。在 CSS 中，可使用 font-family 属性来定义字体类型。语法格式如下：

font-family: 字体 1,字体 2,字体 3;

说明：font-family 可指定多种字体，不同字体将按优先顺序排列，以逗号隔开，注意逗号一定是英文逗号。font-family 举例与效果见表 3-2-3。

表 3-2-3　font-family 举例与效果

HTML 代码	CSS 代码	效　　果
<p id="p1">字体为宋体</p> <p id="p2">字体为微软雅黑</p>	#p1{font-family:"宋体";} #p2{font-family: "微软雅黑";}	字体为宋体 字体为微软雅黑
<span>可以一次定义多种字体</span>	span{font-family: "微软雅黑",Arial, "Times New Roman";}	可以一次定义多种字体

分析：span{font-family: "微软雅黑", Arial, "Times New Roman";}表示同时为元素定义多个字体。

师傅经验：每台计算机中安装的字体都不一样，span{font-family:"微软雅黑",Arial,"Times New Roman";}表示 span 元素优先用"微软雅黑"字体来显示，如果计算机中没有装"微软雅黑"这个字体，那接着就用 Arial 字体来显示，如果也没有装 Arial 字体，接着就用 Times New Roman 字体来显示，以此类推。如果只定义 span{font-family:"微软雅黑";}，如果计算机中没有装"微软雅黑"字体，span 元素就直接用浏览器默认的"宋体"来显示了，达不到预期的效果。

不同浏览器默认的字体是不一样的。常用的中文字体有宋体、微软雅黑，常用的英文字体有 Times New Roman、Arial。

在【知识拓展】中，会更深入地讲解字体类型。

2．font-size

在 CSS 中，使用 font-size 属性来定义文字大小。语法格式如下：

font-size:关键字/像素值;

说明：font-size 的属性值可以有两种方式，一是使用关键字（详见【知识拓展】），二是使用像素做单位的数值，此种方式比较常见。常见单位有 px、in、cm、mm、pt。font-size 举例与效果见表 3-2-4。

表 3-2-4　font-size 举例与效果

HTML 代码	CSS 代码	效　　果
<p>我是字号</p>	p{font-size: 24px;}	**我是字号**

分析：显示结果是大小为 24px（像素）的字。

3．font-weight

在 CSS 中，使用 font-weight 属性来定义文字粗细。此设置和 Word 中的加粗与否类似，只是 CSS 中增加了更多设置。语法格式如下：

font-weight:粗细值;

说明：粗细值可以取关键字或 100～900 的数值，见表 3-2-5。

表 3-2-5 font-weight 属性值

属性值	说 明
normal	默认值，正常体
bold	较粗
bolder	很粗（其实效果与 bold 差不多）
lighter	较细
100、200、300、400、500、600、700、800、900	定义文字由细到粗，400 等同于 normal，700 等同于 bold

font-weight 举例与效果见表 3-2-6。

表 3-2-6 font-weight 举例与效果

HTML 代码	CSS 代码	效 果
<p id="p1">文字粗细为 lighter</p>	#p1{font-weight:lighter;}	文字粗细为lighter
<p id="p2">文字粗细为 normal(正常体) </p>	#p2{font-weight:normal;}	文字粗细为normal(正常体)
<p id="p3">文字粗细为 bold</p>	#p3{font-weight:bold;}	**文字粗细为bold**
<p id="p4">文字粗细为 bolder </p>	#p4{font-weight:bolder;}	**文字粗细为bolder**

4．font-style

在 CSS 中，使用 font-style 属性来定义文字倾斜效果。语法格式如下：

font-style:取值;

说明：font-style 属性值见表 3-2-7。

表 3-2-7 font-style 属性值

属性值	说 明
normal	默认值，正常体
italic	斜体
oblique	将文字倾斜，对没有斜体变量（italic）的特殊字体，要应用 oblique

font-style 举例与效果见表 3-2-8。

表 3-2-8 font-style 举例与效果

HTML 代码	CSS 代码	效 果
<p id="p1">文字样式为 normal</p>	#p1{font-style:normal;}	文字样式为normal
<p id="p2">文字样式为 italic </p>	#p2{font-style:italic;}	*文字样式为italic*
<p id="p3">文字样式为 oblique</p>	#p3{font-style:oblique;}	*文字样式为oblique*

分析：font-style 属性值为 italic 或 oblique 时，在浏览器中预览的效果是一样的。那么什么时候使用 oblique 呢？因为有些字体有斜体属性，也有些字体没有斜体属性。若使用 italic 无效，则可使用 oblique，让应用了没有斜体属性字体的文字倾斜。

5．font

在一个声明中设置上述所有文字属性。语法格式如下：

font:font-style;||font-weight;||font-size; ||font-family;

说明：这个简写属性用于一次设置文字的两个或更多个属性。至少要指定文字大小和字体类型。font 举例与效果见表 3-2-9。

表 3-2-9　font 举例与效果

HTML 代码	CSS 代码	效　果
<p>文字简写属性 font</p>	p{font: italic bold 20px "楷体";}	*文字简写属性font*

分析：font 可设置的属性是（必须按顺序书写）font-style、font-weight、font-size、font-family，其中 font-size 和 font-family 的值是必需的。如果缺少了其他值，将使用默认值。

师傅经验：建议在设置文字样式时使用 font 属性，而不是一个个地单独设置。

3.2.2　文本样式

文本样式主要涉及多个文字的排版效果，即整个段落的排版效果。文字样式注重个体，文本样式注重整体。所以 CSS 在命名时，特意使用了 font 前缀和 text 前缀来区分两类不同性质的属性。

CSS 文本样式属性见表 3-2-10。

表 3-2-10　CSS 文本样式

属　　性	说　　明
color	文本颜色
text-decoration	下画线、删除线、顶画线
text-transform	文本大小写
text-indent	段落首行缩进
text-align	文本水平对齐方式
vertical-align	文本和图像垂直对齐方式
line-height	行高
letter-spacing	字间距（在【知识拓展】中介绍）
word-spacing	词间距（在【知识拓展】中介绍）

1．color

在 CSS 中，使用 color 属性来定义文本颜色。语法格式如下：

color:颜色值;

color 举例与效果见表 3-2-11。

表 3-2-11　color 举例与效果

HTML 代码	CSS 代码	效　果
<p id="p1">红色</p>	#p1{color: red;}	红色
<p id="p2">半透明红色</p>	#p2{color: rgba(255,0,0,0.5);}	半透明红色
<p id="p3">蓝色</p>	#p3{color:#00f;}	蓝色

2．text-decoration

在 CSS 中，使用 text-decoration 属性来设置文本装饰。语法格式如下：

text-decoration:属性值;

说明：text-decoration 属性值见表 3-2-12。

表 3-2-12　text-decoration 属性值

属性值	说　　明
none	默认值，这个属性值也可以去掉已经有了的下画线、删除线或顶画线样式
underline	下画线
line-through	删除线
overline	顶画线

text-decoration 举例与效果见表 3-2-13。

表 3-2-13　text-decoration 举例与效果

HTML 代码	CSS 代码	效　　果
\<p id="p1">下画线\</p>	#p1{text-decoration:underline;}	下画线
\<p id="p2">删除线\</p>	#p2{text-decoration:line-through;}	删除线
\<p id="p3">顶画线\</p>	#p3{text-decoration:overline;}	顶画线

3．text-transform

在 CSS 中，该属性针对英文有效，用来转换文本的大小写。语法格式如下：

text-transform:属性值;

说明：text-transform 属性值见表 3-2-14。

表 3-2-14　text-transform 属性值

属性值	说　　明
none	默认值，无转换发生
uppercase	转换成大写
lowercase	转换成小写
capitalize	将每个英文单词的首字母转换成大写，其余无转换发生

text-transform 举例与效果见表 3-2-15。

表 3-2-15　text-transform 举例与效果

HTML 代码	CSS 代码	效　　果
\<p id="p1">大写:It is never too old to learn. \</p>	#p1{text-transform:uppercase;}	大写:IT IS NEVER TOO OLD TO LEARN.
\<p id="p2">小写:It is never too old to learn. \</p>	#p2{text-transform:lowercase;}	小写:it is never too old to learn.
\<p id="p3">仅首字母大写: It is never too old to learn. \</p>	#p3{text-transform:capitalize;}	仅首字母大写: It Is Never Too Old To Learn.

4．text-indent

在 CSS 中，使用 text-indent 属性定义段落的首行缩进。语法格式如下：

text-indent:缩进值;

说明：首行缩进的长度是两个字的间距，要实现这个效果,text-indent 的属性值应该是 font-size

属性值的两倍,所以缩进值的单位一般用 em。

text-indent 举例与效果见表 3-2-16。

表 3-2-16　text-indent 举例与效果

HTML 代码	CSS 代码	效　　果
<p>深夜花园里四处静悄悄,树叶也不再沙沙响;夜色多么好,令人心神往,多么幽静的晚上。小河静静流,微微泛波浪,明月照水面,银晃晃。依稀听得到,有人轻声唱,多么幽静的晚上。我的心上人坐在我身旁,默默看着我不作声;我想对你讲,但又难为情,多少话儿留在心上。</p>	p{text-indent: 2em;}	深夜花园里四处静悄悄,树叶也不再沙沙响;夜色多么好,令人心神往,多么幽静的晚上。小河静静流,微微泛波浪,明月照水面,银晃晃。依稀听得到,有人轻声唱,多么幽静的晚上。我的心上人坐在我身旁,默默看着我不作声;我想对你讲,但又难为情,多少话儿留在心上。

分析:不管 font-size 多大,设置 2em 都可表示首行缩进 2 字符。

5．text-align

在 CSS 中,使用 text-align 属性控制文本在水平方向上的对齐方式。语法格式如下:

text-align:属性值;

说明:text-align 属性值见表 3-2-17。

表 3-2-17　text-align 属性值

属性值	说　　明
left	默认值,左对齐
center	居中对齐
right	右对齐

text-align 举例与效果见表 3-2-18。

表 3-2-18　text-align 举例与效果

HTML 代码	CSS 代码	效　　果
<p id="p1">左对齐</p> <p id="p2">居中对齐</p> <p id="p3">右对齐</p>	#p1{text-align:left;} #p2{text-align:center;} #p3{text-align:right;}	左对齐 　　居中对齐 　　　　右对齐

6．vertical-align

在 CSS 中,使用 vertical-align 属性来控制文本和图像的对齐方式。语法格式如下:

vertical-align:垂直对齐方式

说明:vertical-align 属性值见表 3-2-19。

表 3-2-19　vertical-align 属性值

属性值	说　　明	属性值	说　　明
baseline	默认值,把文本放置在图像的基线上	top	把文本的顶端与图像的顶端对齐
middle	把文本放置在图像的中部(垂直方向)	bottom	把文本的顶端与图像的底端对齐

vertical-align 举例与效果见表 3-2-20。

表 3-2-20　vertical-align 举例与效果

HTML 代码	CSS 代码	效　果

\<img src="bg2.PNG" alt=" " title="">垂直对齐方式	img{
	　　　vertical-align: middle;
	}
		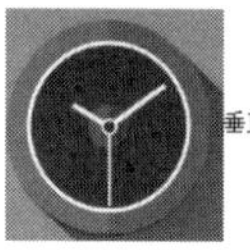

分析：CSS 中，垂直对齐属性是以图片为参照物进行设置的。

7．line-height

在 CSS 中，使用 line-height 属性来控制文本的行高，即一行的高度。语法格式如下：

line-height:高度值

说明：line-height 指的是一行的高度，不是行间距。

line-height 举例与效果见表 3-2-21。

表 3-2-21　line-height 举例与效果

HTML 代码	CSS 代码	效　果
\<p id="p1">玉阶生白露，夜久侵罗袜。却下水晶帘，玲珑望秋月。\ 渌水净素月，月明白鹭飞。郎听采菱女，一道夜歌归。\</p> \<p id="p2">玉阶生白露，夜久侵罗袜。却下水晶帘，玲珑望秋月。\ 渌水净素月，月明白鹭飞。郎听采菱女，一道夜歌归。\</p>	#p1{line-height: 1em;} #p2{line-height: 2em;}	玉阶生白露，夜久侵罗袜。却下水晶帘，玲珑望秋月。 渌水净素月，月明白鹭飞。郎听采菱女，一道夜歌归。 玉阶生白露，夜久侵罗袜。却下水晶帘，玲珑望秋月。 渌水净素月，月明白鹭飞。郎听采菱女，一道夜歌归。

分析：一般行高也常用 em 为单位，#p1 设置的是一行高度为一倍文字距离，相当于 Word 中的单倍行距，#p2 设置的是一行高度为二倍文字距离，所以行与行之间有了一倍文字间距。

3.2.3　超链接样式

1．超链接默认样式

在所有浏览器中，超链接的默认样式如图 3-2-2 所示。

<u>默认样式</u>
<u>点击时样式</u>
<u>点击后样式</u>

图 3-2-2　超链接默认样式

在鼠标单击过程的不同时刻，超链接样式是不一样的。

（1）默认情况：文字为蓝色，带有下画线。

（2）鼠标单击时：文字为红色，带有下画线。

（3）鼠标单击后：文字为紫色，带有下画线。

注意：单击时，指的是单击超链接的一瞬间，文字是红色的。这个样式变化是一瞬间的事情。

2．超链接伪类

在 CSS 中，使用超链接伪类定义超链接在不同时刻的样式。语法格式如下：

```
a:link{CSS 样式}
a:visited{CSS 样式}
a:hover{CSS 样式}
a:active{CSS 样式}
```

说明：各超链接伪类属性见表 3-2-22。

表 3-2-22　超链接伪类属性

属　性	说　　明	属　性	说　　明
a:link	定义未访问时的样式	a:hover	定义鼠标指针经过时显示的样式
a:visited	定义访问后的样式	a:active	定义鼠标单击激活时的样式

分析：定义这 4 个伪类，必须按照 link、visited、hover、active 的顺序进行，否则浏览器可能无法正常显示这 4 种样式。请记住，这 4 种样式的定义顺序不能改变。

师傅经验：可把超链接伪类的顺序规则称为"爱恨原则"，即"love hate"。在实际使用时，一般不需要用到这 4 种状态，常用的是未访问状态和鼠标指针经过时状态。

超链接伪类举例与效果见表 3-2-23。

表 3-2-23　超链接伪类举例与效果

HTML 代码	CSS 代码	效　果

`<a href="#">超链接</a>`	`a{`
	`    text-decoration: none;`
	`    color: #000;`
	`}`
	`a:hover{`
	`    text-decoration: underline;`
	`    color: #00f;`
	`}`
		在浏览器中预览效果如下：
		超链接
		鼠标指针经过时效果如下：
		超链接

分析：默认情况下，超链接文字为黑色，不带下画线；鼠标指针经过时超链接文字为蓝色，带下画线。

3．鼠标样式

在 CSS 中，使用 cursor 属性来定义鼠标样式。语法格式如下：

`cursor:属性值;`

说明：cursor 属性值见表 3-2-24。

表 3-2-24　cursor 属性值

属性值	说　　明	图　例
default	默认光标	▷
pointer	超链接的指针	✋
wait	指示程序正在忙	⌛
help	指示可用的帮助	▷?
text	指示文本	I
crosshair	鼠标指针呈现十字状	+

cursor 举例与效果见表 3-2-25。

表 3-2-25 cursor 举例与效果

HTML 代码	CSS 代码	效　果
<p id="p1">鼠标默认样式</p> <p id="p2">鼠标手状样式</p>	p2{ cursor:pointer;}	鼠标默认样式 鼠标手状样式

分析：id 为 p1 的鼠标指针样式是默认样式，id 为 p2 的鼠标指针样式为手状样式。一般用得多的就是这两种样式。

3.2.4 边框样式

在网页中，表格可以有边框、段落可以有边框、图片可以有边框，边框样式是很常见的设置。要设置一个元素的边框必须设置以下 3 个方面：边框的宽度、边框的线型、边框的颜色。

1．border-width

语法格式如下：

border-width:边框宽度;

border-width 举例与效果见表 3-2-26。

表 3-2-26 border-width 举例与效果

HTML 代码	CSS 代码	效　果
<p >边框宽度</p>	p{ border-width:5px; }	边框宽度

分析：没有见到边框的宽度效果，因为必须设置 border-style，否则其余属性没有任何效果。

2．border-style

border-style 属性用于设置边框的外观，如实线边框和虚线边框。语法格式如下：

border-style:属性值;

说明：border-style 属性值（常用）见表 3-2-27。

表 3-2-27 border-style 属性值（常用）

属性值	说　明
none	无样式
hidden	与 none 相同。不过应用于表时除外，对于表，hidden 用于解决边框冲突
solid	实线
dashed	虚线
dotted	点线
double	双线，双线的宽度等于 border-width

从表 3-2-27 中可以看出，solid、dashed、dotted 和 double 用于定义基本边框样式，如图 3-2-3 所示，可以看出这几个属性值的明显区别。

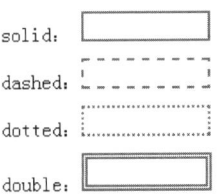

图 3-2-3　基本边框样式

边框还有 3D 样式，见表 3-2-28。

表 3-2-28　border-style 属性值（3D 边框样式）

属性值	说　　明	属性值	说　　明
inset	内凹	ridge	脊线
outset	外凸	groove	槽线

inset、outset、ridge 和 groove 用于定义 3D 边框样式，如果将 border-width 定义得比较小，这几个属性值的效果几乎都一样；但是当将 border-width 定义得足够大时，这几个属性值的区别就明显了。

border-width 比较小时的 3D 边框样式（border-width 为 2px）如图 3-2-4 所示。

border-width 比较大时的 3D 边框样式（border-width 为 15px）如图 3-2-5 所示。

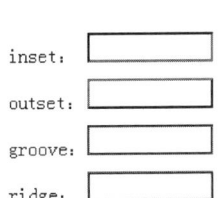

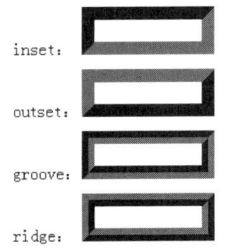

图 3-2-4　border-width 较小时的 3D 边框样式　　图 3-2-5　border-width 较大时的 3D 边框样式

3.border-color

border-color 属性用来定义边框的颜色。语法格式如下：

border-color:颜色值;

border-color 举例与效果见表 3-2-29。

表 3-2-29　border-color 举例与效果

HTML 代码	CSS 代码	效　　果

\<p >边框属性\</p>	p{
	　　border-style:solid;
	　　border-width:2px;
	　　border-color:#E33134;
	　　width:100px;
	　　height:30px;
	}
		边框属性

4．border

边框 CSS 样式有一个简洁的写法：border:2px solid #E33134;

这一行代码与表 3-2-29 中 CSS 代码上面的那一段是等效的。

师傅经验：建议使用此写法进行边框的样式设置。

边框具有 4 条边，每条都可以独立设置。边框名称见表 3-2-30。

表 3-2-30　边框名称

边框名称	说　明	边框名称	说　明
border-top	上边框	border-left	左边框
border-bottom	下边框	border-right	右边框

border 举例与效果见表 3-2-31。

表 3-2-31　border 举例与效果

HTML 代码	CSS 代码	效　果

<p>局部边框属性</p>	p{
	
	  width:100px;
	
	  height:30px;
	
	  border-top:#E42DB0 1px solid;
	
	  border-bottom:#1B19B1 2px dashed;
	
	  border-left:#22CC7A 1px dotted;
	
	  border-right:#E3E21C 5px double;
	
	}
		局部边框属性

5．border-radius

在 CSS3 中，border-radius 属性用于设置圆角边框。语法格式如下：

border-radius:圆角的形状值||用百分比定义圆角的形状

border-radius 举例与效果见表 3-2-32。

表 3-2-32　border-radius 举例与效果

HTML 代码	CSS 代码	效　果

<p></p>	p{
	
	  width:100px;
	
	  height:100px;
	
	  background-color:#f90;
	
	  border-radius:10px;//左上角、右上角、右下角、左下角都是 10px
	
	}	

分析：设置 4 个角的形状值为 10px。border-radius 还可以对 4 个角的形状进行单独设置，详情可见【知识拓展】部分。

师傅经验：以前由于浏览器兼容性的问题，需在 border-radius 前加前缀，如-webkit-border-radius, -moz-border-radius，现在没必要加了。

3.2.5　背景样式

在 CSS 中，背景样式主要包括背景颜色（background-color）和背景图像，其中控制元素的背景图像的属性较多，见表 3-2-33。

表 3-2-33　CSS 背景图像属性

属　　性	说　　明
background-image	定义背景图像的路径，这样图片才能显示
background-repeat	定义背景图像的显示方式，如纵向平铺、横向平铺
background-position	定义背景图像在元素的哪个位置
background-attachment	定义背景图像是否随内容而滚动

1．background-color

在 CSS 中，使用 background-color 属性来定义元素的背景颜色。语法格式如下：

background-color:颜色值;

说明：颜色值的定义和 color 属性是一样的，见 3.1.1 节"CSS 中的颜色"部分。

background-color 举例与效果见表 3-2-34。

表 3-2-34　background-color 举例与效果

HTML 代码	CSS 代码	效　　果

\<p id="p1">绿色背景\</p>
 \<p id="p2">红色背景\</p>
	#p1{
	　　　background-color:rgb(0,255,0);
	}
	#p2{
	　　　background-color:red;
	　　　width: 100px;
	　　　height: 30px;
	}
		绿色背景
		 红色背景

分析：#p1 设置了绿色背景，#p2 设置了宽度和高度以及红色背景，#p1 没有设置宽度和高度，因此使用 p 标签默认的宽度和高度。

师傅经验：width 和 height 是两个很常用的属性，后面的课程会详细介绍。

2．background-image

background-image 属性是控制元素的必选属性，它定义了图像的来源。与 HTML 的 img 标签一样，必须定义图像的来源路径，图像才能显示。语法格式如下：

background-image:url("图像地址");

说明：图像地址一般使用相对地址。

background-image 举例与效果见表 3-2-35。

分析：#p1、#p2 用了同样的背景图，#p1 正常显示了，而#p2 的背景图则在 x 轴和 y 轴上出现了重复，这是因为 width 和 height 属性的不同导致的。若要正常显示背景图，要查看背景图的

width、height 属性，此图 width 为 228px，height 为 61px，#p1 的 width 和 height 设置得和背景图一样大，因此#p1 正常显示了背景图。但若有时 width 和 height 不能设置得和背景图一样大，又不想背景图重复怎么办呢，就得依靠 background-repeat 属性的设置。

表 3-2-35　background-image 举例与效果

HTML 代码	CSS 代码	效　果

<p id="p1">我用了背景图 1</p>
<p id="p2">我用了背景图 2</p>
	#p1{
	　　　　width:228px;
	　　　　height:61px;
	　　　　background-image:url(bg.png);
	}
	#p2{
	　　　　width:300px;
	　　　　height:200px;
	　　　　background-image:url(bg.png);
	}	

3．background-repeat

background-repeat 属性定义背景图像的显示方式，如是否平铺和如何平铺。语法格式如下：
background-repeat:取值;

说明：background-repeat 属性值见表 3-2-36。

表 3-2-36　background-repeat 属性值

属性值	说　　明
no-repeat	表示不平铺
repeat	默认值，表示在水平方向（x 轴）和垂直方向（y 轴）同时平铺
repeat-x	表示在水平方向（x 轴）平铺
repeat-y	表示在垂直方向（y 轴）平铺

background-repeat 举例与效果见表 3-2-37。

表 3-2-37　background-repeat 举例与效果

HTML 代码	CSS 代码	效　果

<p id="p1">在 x 和 y 轴都平铺</p>
<p id="p2">在 y 轴平铺</p>
	#p1{
	　　　　width:200px;
	　　　　height:38px;
	　　　　background-image:url(xin.gif);
	}
	#p2{
	　　　　width:200px;
	　　　　height:38px;
	　　　　background-image:url(xin.gif);
	　　　　background-repeat: repeat-y;
	}	

分析：#p1、#p2 的 width 和 height 属性设置一样，但#p1 没设置 background-repeat，因此 background-repeat 取默认值 repeat，背景图像会在水平和垂直两个方向同时平铺；#p2 的 background-repeat 属性值为 repeat-y，因此背景图像会在垂直方向（y 轴）平铺。

4．background-position

background-position 属性定义了背景图像在该元素的哪个位置。语法格式如下：

background-position:具体位置/关键字;

说明：语法中的取值包括两种，一种是具体位置，另一种是关键字。

（1）background-position 取值为具体位置。background-position 取值为具体位置时，要设置水平方向（x 轴）和垂直方向（y 轴）的值，见表 3-2-38。

表 3-2-38　background-position 属性的具体位置设置值

设置值	说　　明	设置值	说　　明
x（数值）	设置网页的横向位置，单位为 px	x（%）	设置网页的横向位置，单位为%
y（数值）	设置网页的纵向位置，单位为 px	y（%）	设置网页的纵向位置，单位为%

background-position（取值为具体位置）举例与效果见表 3-2-39。

表 3-2-39　background-position（取值为具体位置）举例与效果

HTML 代码	CSS 代码	效　　果

<p id="p1">设置位置</p>	#p1{
	
	    width:100px;
	
	    height:39px;
	
	    background-image:url(xin.gif);
	
	    background-repeat: no-repeat;
	
	    background-position:5px 20px;
	
	    border:1px solid blue;
	
	}
		设置位置

分析：background-position:5px 20px;表示背景图像距离该元素左上角的水平方向位置是 5px，垂直方向位置是 20px。注意，这两个取值之间要用空格隔开，为了看清效果，本例加了边框属性 border。

（2）background-position 取值为关键字。background-position 也可以使用关键字设置背景图片的位置，关键字见表 3-2-40。

表 3-2-40　background-position 属性的关键字

关键字	说　　明	关键字	说　　明
left	左边	center	中间
right	右边	bottom	底部

background-position（取值为关键字）举例与效果见表 3-2-41。

表 3-2-41　background-position（取值为关键字）举例与效果

HTML 代码	CSS 代码	效　果

<p id="p1">设置位置</p>	#p1{
	
	　　　　width:100px;
	
	　　　　height:39px;
	
	　　　　background-image:url(xin.gif);
	
	　　　　background-repeat: no-repeat;
	
	　　　　background-position:left bottom;
	
	　　　　border:1px solid blue;
	
	}
		设置位置

分析：background-position:left bottom; 表示背景图像距离该元素左上角的水平方向位置是 left，垂直方向位置是 bottom。

5．background-attachment

在 CSS 中，使用背景附件 background-attachment 属性可以设置背景图像是随对象滚动还是固定不动。语法格式如下：

background-attachment:scroll||fixed;

说明：background-attachment 属性只有两个属性值：scroll 表示背景图像随对象的滚动而滚动，是默认选项；fixed 表示背景图像固定在页面不动，只有其他的内容随滚动条滚动。

background-attachment 举例与效果见表 3-2-42。

表 3-2-42　background-attachment 举例与效果

HTML 代码	CSS 代码	效　果

<p id="p1">简写属性</p>	#p1{
	
	　　　　width:100px;
	
	　　　　height:39px;
	
	　　　　background-image:url(xin.gif);
	
	　　　　background: #ff0 url(xin.gif) left center no-repeat;
	
	　　　　border:1px solid blue;
	
	}
		简写属性

师傅经验：在 IE 或者 360、Chrome 浏览器中设置 background-attachment 之后不能设置 background-position 属性，否则背景图片无法正常显示。

6．background

使用 background 属性可同时设置所有背景属性。语法格式如下：

background:背景属性

说明：背景属性分别是 background-color、background-image、background-position、background-repeat、background-attachment。另外，在 CSS3 中又增加了背景属性，见 3.2.8 节。

师傅经验：建议使用这个属性，而不是分别使用单个属性，因为这个属性在较老的浏览器中能够得到更好的支持，而且需要输入的字母也更少。

【任务实现】

3.2.6　新闻页面的美化

（1）为"新华每日电讯"和"24"添加 span 标签，以便制作如图 3-2-6 所示样式，代码如下：

```
<span>新华每日电讯</span>
```

和

```
<span>24</span>
```

2017年05月08日14:36　　　　　新华每日电讯　　　　微博　　　　我有话说(24人参与)

图 3-2-6　"新华每日电讯"和"24"样式

（2）在新闻页面最后添加段落标签，输入文字"标签：汪涵　方言　普通话"，为"汪涵""方言""普通话"分别添加超链接标签，代码如下：

```
<p>标签：<a href="#">汪涵</a><a href="#">方言</a> <a href="#">普通话</a></p>
```

（3）参考淘宝网字体，设置 body 中所有的字体，代码如下：

```
body{
    font-family: Tahoma, Arial, "Hiragino Sans GB", "\5b8b\4f53", Sans-serif;
}
```

（4）设置所有的内容都居中显示，代码如下：

```
h1,h2,p{
    text-align: center;
}
```

分析：发现图片并没有居中显示，可见 text-align 是文本对齐属性，不能对 img 标签设置居中，解决办法是为图片添加段落标签，代码为<p><img src="img/5-1.PNG" alt="" title=""/></p>，此时所有的内容居中显示。

（5）设置所有的段落文字为 12 号，宋体，行高为 2 倍，首行缩进 2 字符，代码如下：

```
p{
    font:12px SimSun;
    line-height: 2em;
    text-indent: 2em;
}
```

（6）设置标题"汪涵掏 500 万元保护方言:孩子不能只会普通话和英语"的字号、文字粗细、文字颜色，代码如下：

```
h1 {
    font: bold 20px "Microsoft YaHei";
    color: #00f;
}
```

（7）设置标题段落格式，由于此段落和其他段落的格式设置有区别，所以为该段落的 p 标签添加 class="artInfo"。此行完整的 HTML 代码如下：

```
<p class="artInfo">2017 年 05 月 08 日 14:36        <span>新华每日电讯</span>       微博      我有话说(<span>24 </span>人参与)</p>
```

CSS 设置如下：

```
.artInfo {
    font:10px SimSun;
}
```

```
.artInfo span{
    color: red;
}
```

（8）设置<h2>"汪涵：四十不惑的身份-方言代言人"的字体，代码如下：

```
h2{
    font: bold 14px "Microsoft YaHei" ;
}
```

（9）设置第（2）步添加的标签的格式，因为此段落和其他段落格式不一致，所以为 p 标签添加 class="tag"，为该段落添加边框，设置宽、高、背景颜色、背景图片、居中，代码如下：

```
.tag {
    border:1px solid #B02527;
    width:800px;
    height:30px;
    background: #F0A3A5 url(img/xin.gif) no-repeat 300px 4px;
    line-height: 30px;
    margin: 0 auto;
}
```

说明：line-height 和 height 若设置为一样的值可让文字垂直居中，margin:0 auto;使该 p 标签居中。margin 属性的定义见 3.3.1 节。

（10）为在第（2）步添加的超链接设置超链接伪类，当鼠标移动到超链接上时变成浅绿色，增加下画线，代码如下：

```
.tag a:hover{
    color:aqua;
    text-decoration: underline;
}
```

【任务总结】

这个任务涉及多种居中方式，文本水平居中使用 text-align 属性，文本相对于图片的垂直居中使用 vertical-align 属性，一段内容内文字的垂直居中使用 line-height 和 height 属性联合设置。

【知识拓展】

3.2.7　字体设置

1．设置中文字体

（1）常见 font-family 设置。有时会看到如下 CSS 代码：

```
p{
    font-family:"Microsoft YaHei","微软雅黑",STXihei,"华文细黑",STHeiti,MingLiU
}
```

这是什么意思呢？Microsoft YaHei 和微软雅黑是同一种字体，STXihei 和华文细黑是同一种字体，STHeiti 是华文黑体。一些常见中文字体，如宋体、微软雅黑等，直接使用中文名称作为 CSS font-family 的属性值也能生效，但一般都不使用中文名称，而是使用英文名称，主要是规避乱码的风险。还有一些中文字体，直接使用中文名称作为 CSS font-family 的属性值是没有效果的，如思源黑体、兰亭黑体等，需要使用对应的英文字体名称才可以。常见中文字体的英文名见表 3-2-43。

表 3-2-43　常见中文字体的英文名

中　　文	英　　文	中　　文	英　　文
微软雅黑	Microsoft YaHei	仿宋	FangSong
宋体	SimSun	楷体	KaiTi
黑体	SimHei		

师傅经验：由于浏览器的区别，在使用 CSS 设置字体时一般会提供多种字体供浏览器选择。字体定义顺序是一门学问，通常而言，定义字体的时候，会定义多个字体或字体系列，如：

```
/*淘宝首页字体*/
body {
    font-family: Tahoma, Arial, "Hiragino Sans GB", "\5b8b\4f53", Sans-serif;
}
```

别看短短 5 个字体名，其实门道很深：使用 Tahoma 作为首选的西文字体，小字号下结构清晰、阅读辨识容易；若用户计算机中未预装 Tahoma，则选择 Arial 作为替代的西文字体，覆盖 Windows 和 MAC OS；Hiragino Sans GB 为冬青黑体，是首选的中文字体，保证了 MAC 用户的观看体验；若 Windows 下没有预装冬青黑体，则使用 \5b8b\4f53 宋体为替代的中文字体方案，小字号下有着不错的效果；最后使用无衬线系列字体 Sans-serif 结尾，保证旧版本操作系统用户能应用一款计算机预装的无衬线字体，向下兼容。

说明：如果字体中间有空格或是中文字体，需要加双引号，如果没有，不需要加双引号。

（2）字体书写规则。定义字体 font-family 应大概遵循以下规则。

① 兼顾中西。中文或西文（英文）都要考虑到。

② 西文在前，中文在后。由于大部分中文字体也是带有英文部分的，而英文字体中大多不包含中文，所以通常会先进行英文字体的声明，选择最优的英文字体，这样不会影响到中文字体的选择，中文字体声明则紧随其后。

③ 兼顾多操作系统。选择字体的时候要考虑多操作系统。例如，MAC OS 下的很多中文字体在 Windows 下都没有预装，Android 下没有预装微软雅黑，为了保证不同操作系统用户的体验，在定义中文字体的时候，要考虑周全。

④ 兼顾旧版本操作系统，以字体族系列 Serif 和 Sans-serif 结尾。当使用一些非常新的字体时，要考虑向下兼容，兼顾到一些极旧版本的操作系统，这时使用字体族系列 Serif 和 Sans-serif 结尾是不错的选择。

2．字体设置补充

（1）font-size。font-size 属性值见表 3-2-44。

表 3-2-44　font-size 属性值

属性值	说　　明	属性值	说　　明
xx-small	最小	large	大
x-small	较小	x-large	较大
small	小	xx-large	最大
medium	默认值，正常		

（2）letter-spacing。CSS 使用 letter-spacing 属性定义字间距。语法格式如下：

```
letter-spacing:字间距值;
```

letter-spacing 举例与效果见表 3-2-45。

表 3-2-45　letter-spacing 举例与效果

HTML 代码	CSS 代码	效　　果
<p id="p1">玉阶生白露，I love LiBai。</p> <p id="p2">玉阶生白露，I love LiBai。</p>	#p1{letter-spacing:0px;} #p2{letter-spacing:5px;}	玉阶生白露，I love LiBai。 玉 阶 生 白 露， I l o v e L i B a i 。

分析：letter-spacing 控制的是字间距，每一个中文文字作为一个"字"，而每一个英文字母也作为一个"字"。

（3）word-spacing。CSS 使用 word-spacing 属性定义词间距。语法格式如下：

word-spacing:词间距值;

word-spacing 举例与效果见表 3-2-46。

表 3-2-46　word-spacing 举例与效果

HTML 代码	CSS 代码	效　　果
<p id="p1">玉阶生白露，I love LiBai。</p> <p id="p2">玉阶生白露，I love LiBai。</p>	#p1{word-spacing:0px;} #p2{word-spacing:20px;}	玉阶生白露，I love LiBai。 玉阶生白露，I　　love　　LiBai。

分析：定义词间距，以空格为基准进行调节，如果多个单词被连在一起，则被 word-spacing 视为一个单词；如果汉字被空格分隔，则分隔的多个汉字就被视为不同的单词，word-spacing 属性此时有效。

3.2.8　CSS3 中新增的背景属性和圆角边框属性

1. 背景属性

background 背景属性见表 3-2-47。

表 3-2-47　background 背景属性

属　　性	描　　述	CSS
background-size	规定背景图片的尺寸	3
background-origin	规定背景图片的定位区域	3
background-clip	规定背景的绘制区域	3

background 举例与效果见表 3-2-48。

表 3-2-48　background 举例与效果

HTML 代码	CSS 代码	效　　果

<p></p>	p{
	　　width:300px;
	　　height:200px;
	　　background:url(cat.PNG);
	}	

分析：该图片的 width 为 630px，height 为 465px，所以此图片作为 p 标签的背景不能正常显示，需修改 CSS，才能让图片正常显示，举例与效果见表 3-2-49。

表 3-2-49　图片正常显示举例与效果

HTML 代码	CSS 代码	效　　果

\<p>\</p>	p{
	　　width:300px;
	　　height:200px;
	　　background:url(cat.PNG);
	　　background-size: cover;
	}
		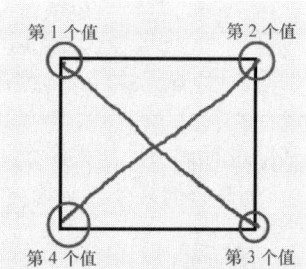

2．圆角边框属性

border-radius 属性可进行圆角边框设置。border-radius 属性其实可以分为 4 个其他的属性，如图 3-2-7 所示。

```
          第1个值                 第2个值
             ┌──────────────────────┐
             │  ╲                ╱   │
             │    ╲            ╱     │
             │      ╲        ╱       │
             │        ╲    ╱         │
             │          ╳            │
             │        ╱    ╲         │
             │      ╱        ╲       │
             │    ╱            ╲     │
             │  ╱                ╲   │
             └──────────────────────┘
          第4个值                 第3个值
```

图 3-2-7　圆角边框设置图（顺时针方式）

```
border-radius-top-left        /*左上角*/
border-radius-top-right       /*右上角*/
border-radius-bottom-right    /*右下角*/
border-radius-bottom-left     /*左下角*/
```

border-radius 举例与效果见表 3-2-50。

表 3-2-50　border-radius 举例与效果

HTML 代码	CSS 代码	效　　果

\<p id="p1">\</p>
\<p id="semi-circle">\</p>
\<p id="circle">\</p>
	#p1{
	　　width:100px;
	　　height:100px;
	　　background-color:#f99;
	　　border-radius:20px 10px 5px 2px;
	}
	#semi-circle{
	　　width:100px;
	　　height:50px;//高度是宽度的一半
	　　background-color:#000;
	　　border-radius:50px 50px 0 0;//左上角和右上角半径至少为 height 值
	}
	#circle{
	　　width:100px;
	　　height:100px;	

（续表）

HTML 代码	CSS 代码	效　　果
	background-color:#cb18f8; border-radius:50px; }	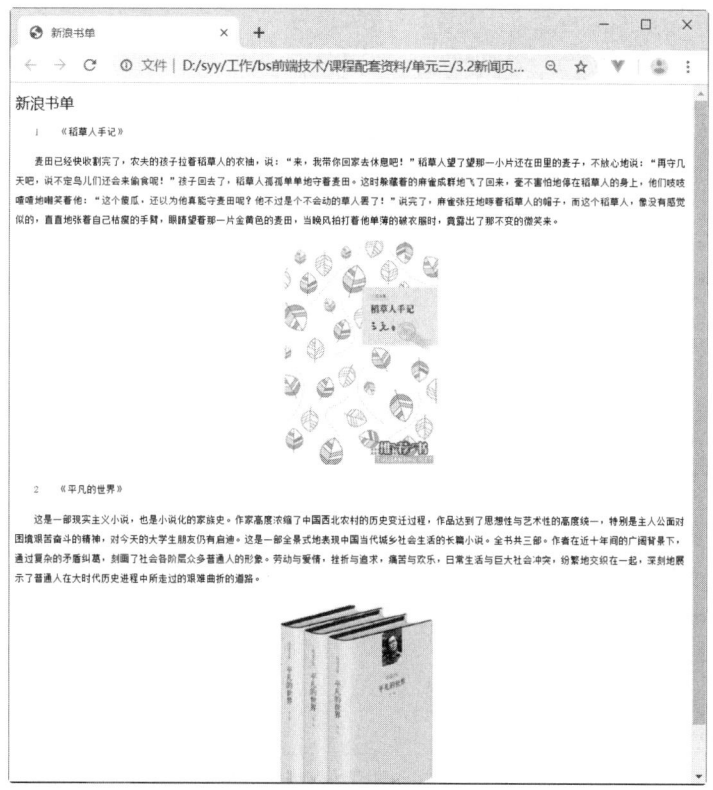

分析：#p1 设置左上角半径 20px、右上角半径 10px、右下角半径 5px、左下角半径 2px；#semi-circle 中介绍了半圆形的制作方法，即元素的高度是宽度的一半，左上角和右上角半径的高度一致（大于高度也是可以的，至少为 height 值）；#circle 中介绍了圆形的制作方法，宽度和高度一致（正方形），然后将 4 个角的半径设置为高度或宽度的 1/2。

师傅经验：border-radius 属性可用于对图片的特殊处理，若要制作圆形可设置 width、height 属性值一样，border-radius 属性值为 width 或 height 的 50%。

【任务实训】

实训目的：

（1）掌握字体样式、文本样式的设置。

（2）掌握超链接样式的设置。

（3）掌握边框样式、背景样式的设置。

实训内容：

（1）初级任务：制作新浪书单页面，如图 3-2-8 所示。

图 3-2-8　新浪书单页面

要求：

① 将标题设置为 24 号、微软雅黑。

② 将序号"1"和"2"设置为红色。

③ 将所有段落设置为首行缩进 2 字符，行高为 2 倍行距。

④ 将图片设置为水平居中。

⑤ 超链接文字初始状态无下画线，为黑色。

⑥ 将鼠标指针移动到超链接上，超链接文字变成蓝色，有下画线。

（2）中级任务：制作如图 3-2-9 所示的新浪新闻公众号页面。

图 3-2-9　新浪新闻公众号页面

（3）高级任务：制作"开心庄园"游戏页面，如图 3-2-10 所示。

图 3-2-10　"开心庄园"游戏页面

要求：

① 标题行距为 40px，加粗显示。

② 正文文字大小为 12px，行距为 20px；图片与文本居中对齐。

③ 为网页最下方"标签"中的"开心庄园"设置超链接，默认为不添加下画线，鼠标指针移动上去时文字变成红色，添加下画线。

④ 标签段落设置背景#a3d983，添加背景图片，设置圆角边框。

⑤ 使用外部样式表创建页面样式。

➡【任务 3.3】浪浪网首页主体制作

【任务描述】

前不久 Martin 曾设计过浪浪网首页，当时由于所学知识有限，是使用表格进行页面布局的，那时，师傅曾告诉过他页面布局应该使用 DIV+CSS。学了一段时间的 CSS 技术，Martin 蠢蠢欲试，决定用 DIV+CSS 来设计浪浪网首页，在师傅的建议下，Martin 制订了以下计划。

第一步，学习 DIV 标签。

第二步，学习盒子模型。

第三步，学习列表的 CSS 样式设置。

第四步，学习浮动布局。

第五步，分析首页主体布局，完成首页主体设计。

最终效果图如图 3-3-1 所示。

图 3-3-1　首页主体效果图

【知识预览】

3.3.1　CSS 盒子模型和 HTML 元素

1. 层

div 即 division（分区），用来划分一个区域，主要用在进行网页布局时对网页内容进行排版。div 标签内可以放入 body 标签的任何内部标签，如段落文字、表格、列表、图像等。语法格式如下：

内容

div 举例与效果见表 3-3-1。

表 3-3-1　div 举例与效果

举　　例	效　　果
<div>层内容</div>	层内容

说明：div 自身没有任何格式和语义，只是用于界面布局，使用 div 时经常需要设置 CSS 样式。

2. 盒子模型

CSS 盒子模型是页面布局中一个极其重要的概念。它控制着页面元素的距离以及高度和宽度，要想学会 DIV+CSS 布局，必须先掌握盒子模型的原理。

（1）盒子模型简介。在 CSS 盒子模型理论中，所有页面中的元素都可以看成一个盒子，并且占据着一定的页面空间。图 3-3-2 说明了盒子模型（Box Model）。

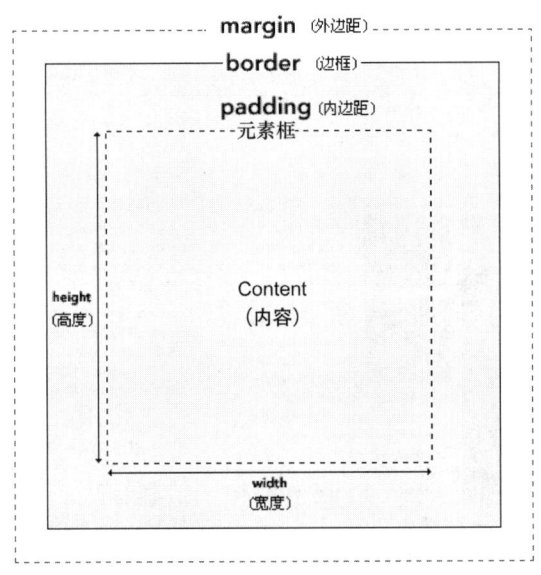

图 3-3-2　盒子模型

说明：元素框的最里面是实际的内容，直接包围内容的是内边距。内边距内呈现了元素的背景。内边距的外边缘是边框。边框以外是外边距。盒子模型在网页中的实际应用如图 3-3-3 所示。

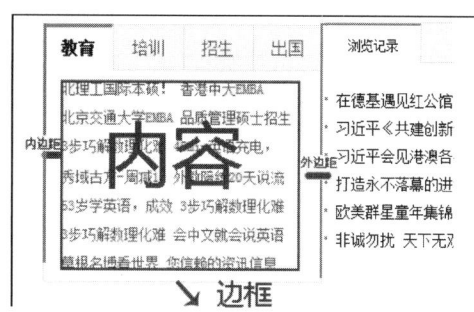

图 3-3-3 盒子模型的应用

① margin（外边距）：边框外的区域。外边距是透明的。

② border（边框）：围绕在内边距外侧。

③ padding（内边距）：内容的边界（元素框）的周围区域，到边框为止。内边距是透明的。

④ content（内容）：盒子的主要内容，显示文本和图像。

（2）content。内容区是 CSS 盒子模型的中心，呈现了盒子的主要内容，这些内容可以是文本、图片等多种类型的。内容区是盒子模型必备的组成部分，其他的 3 个部分都是可选的。

内容区有 3 个属性：width、height 和 overflow。使用 width 和 height 属性可以指定盒子内容区的高度和宽度。当内容信息太多，超出内容区所占范围时，可以使用 overflow 溢出属性，见表 3-3-2。语法格式如下：

```
width:像素值;
height:像素值;
overflow:属性值;
```

表 3-3-2 overflow 属性值

属性值	描　　述
visible	默认值，内容不会被修剪，会呈现在元素框之外
hidden	内容会被修剪，并且其余内容是不可见的
scroll	内容会被修剪，但是浏览器会显示滚动条以便查看其余的内容
auto	如果内容被修剪，则浏览器会显示滚动条以便查看其余的内容
inherit	规定应该从父元素继承

overflow 举例与效果见表 3-3-3。

表 3-3-3 overflow 举例与效果

代　　码	效　　果

<style>
div{
　　width:30px;
　　height:50px;
　　background: yellow;
}
</style>
<div>层内容</div>
	层
	内
	容

（续表）

代　　码	效　　果

`<style>`
`div{`
　　　`width:30px;`
　　　`height:50px;`
　　　`background: yellow;`
　　　`overflow: scroll;`
`}`
`</style>`
`<div>层内容</div>`
	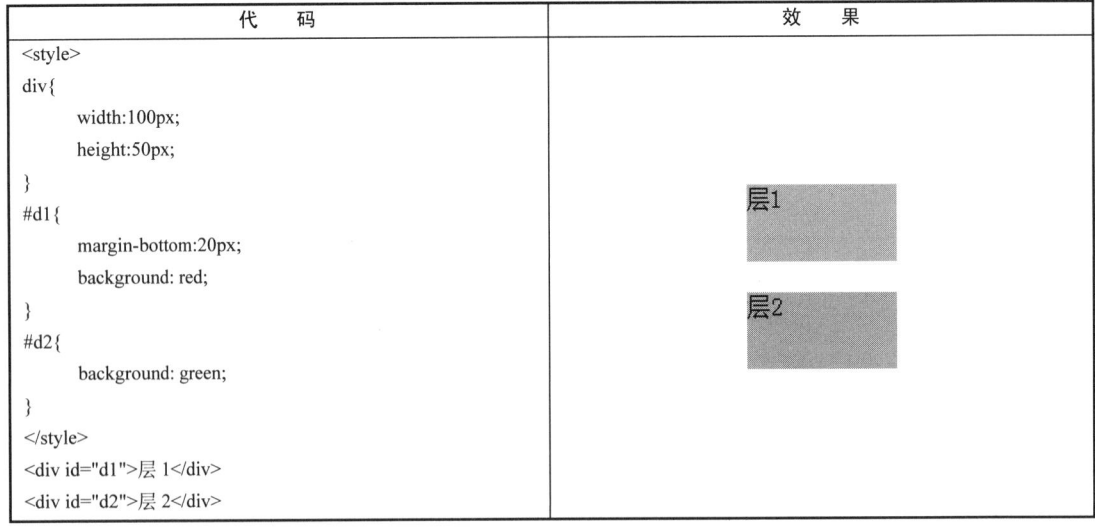

说明：由于层宽度比较小，内容放不下，所以层内容会变成垂直显示。增加代码 overflow:scroll; 后，如果层内容不能正常显示，会出现滚动条。

（3）margin。外边距指的是两个盒子之间的距离，它可能是子元素与父元素之间的距离，也可能是兄弟元素之间的距离。

外边距使得元素之间不必紧凑地连接在一起，是 CSS 布局的一个重要手段。

外边距的属性有 5 种，即 margin-top、margin-right、margin-bottom、margin-left 以及综合了以上 4 个方向的简洁外边距属性 margin。

CSS 允许给外边距属性指定负数值，当指定负的外边距值时，整个盒子将向相反方向移动，以此可以产生盒子的重叠效果。语法格式如下：

　　　margin-top:像素值;
　　　margin-right:像素值;
　　　margin-bottom:像素值;
　　　margin-left:像素值;
　　　margin:像素值;

margin 举例与效果见表 3-3-4。

表 3-3-4　margin 举例与效果

代　　码	效　　果

`<style>`
`div{`
　　　`width:100px;`
　　　`height:50px;`
`}`
`#d1{`
　　　`margin-bottom:20px;`
　　　`background: red;`
`}`
`#d2{`
　　　`background: green;`
`}`
`</style>`
`<div id="d1">层 1</div>`
`<div id="d2">层 2</div>`
	层1
	
	层2

说明：第 1 个层和第 2 个层之间间距为 20px。

师傅经验：外边距可以设置内容水平居中，代码为 margin:0 auto。

（4）padding。内边距指的是内容区和边框之间的空间，可以被视为内容区的背景区域。

内边距的属性也有 5 种，即 padding-top、padding-right、padding-bottom、padding-left 以及综合了以上 4 个方向的简洁内边距属性 padding。使用这 5 种属性可以指定内容区域各方向边框之间的距离。语法格式如下：

padding-top:像素值;
padding-right:像素值;
padding-bottom:像素值;
padding-left:像素值;
padding:像素值;

padding 举例与效果见表 3-3-5。

表 3-3-5   padding 举例与效果

代　　码	效　　果

`<style>`
`div{`
　　`width:100px;`
　　`height:50px;`
　　`padding:10px 20px 30px 40px;`
　　`border: 1px solid;`
`}`
`</style>`
`<div>内边距</div>`
	内边距

说明：内容距离上边框 10px，距离右边框 20px，距离下边框 30px，距离左边框 40px。

（5）盒子模型的尺寸计算。表 3-3-5 中的举例，div 的宽度是否是 100px 呢？可以看一下该代码在 Chrome 中调试状态的布局，如图 3-3-4 和图 3-3-5 所示。

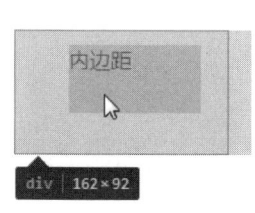
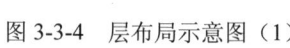

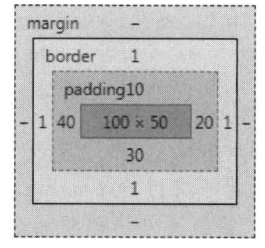

图 3-3-4   层布局示意图（1）　　　图 3-3-5   层布局示意图（2）

可以很清晰地看到，该 div 的 width 为 162px，height 为 92px，该 div 尺寸的计算公式为

width=content width+padding-left+padding-right+border-left+border-right
=100+40+20+1+1=162px;

height=content height+padding-top+padding-bottom+border-top+border-bottom
=50+10+30+1+1=92px;

那这是否是计算 div 的公式呢？不是！在 CSS3 规范下，盒子模型的计算和一个属性密切相关，该属性为 box-sizing。语法格式如下：

box-sizing:属性值;

属性值有两个：content-box（默认值）和 border-box。

① content-box：默认值，该值表示设置元素的 width 和 height 时，这两个尺寸实际指的是内容区的尺寸，即

width = content width

height = content height

② border-box：表示设置元素的 width 和 height 时，这两个尺寸实际指的是 border、padding、内容区这 3 项的总尺寸，即

width = border-left + padding-left + content width +padding-right + border-right

height = border-top + padding-top + content height +padding-bottom + border-bottom

box-sizing 举例与效果见表 3-3-6。

表 3-3-6 box-sizing 举例与效果

代　　码	效　　果

```<style>```
```div{```
　　```width:100px;```
　　```height:50px;```
　　```padding:10px 20px 30px 40px;```
　　```border: 1px solid;```
　　```box-sizing: border-box;```
```}```
```</style>```
```<div>内边距</div>```
	
	内边
	距

说明：在表 3-3-5 中的举例中没有设置 box-sizing 属性，所以 box-sizing 为默认值 content-box，width 和 height 分别为内部元素的宽度和高度。而该例设置了 box-sizing 为 border-box，则整个 div 的宽度为 100px，而左右内边距 40px+20px＝60px 加上文字的宽度超过了 100px，所以就不能正常显示文字了。

师傅经验：

① CSS3 和 CSS2 的盒子计算方式是不一样的，大家一定要注意，建议大家把所有元素的 box-sizing 都设为 border-box，这样方便布局。

② 低版本的浏览器不支持 box-sizing，所以 Firefox 需要加上浏览器厂商前缀-moz-，对于低版本的 iOS 和 Android 系统浏览器需要加上-webkit-，具体写法如下：

```
-moz-box-sizing: border-box;
-webkit-box-sizing: border-box;
box-sizing: border-box;
```

3．块元素、行内元素和行内块级元素

根据表现形式，HTML 元素可以分为 3 类：块元素（block）、行内元素（inline）、行内块级元素（inline-block）。

任何 HTML 元素都属于这 3 类中的其中一类。这些元素除了语义上的区别外，在样式设置上还有个很重要的区别。

（1）块元素。常见的块元素有 div、h1～h6、p、hr、ol、ul。

块元素有如下特点。

① 独占一行，排斥其他元素与其位于同一行，包括其他块元素和行内元素。

② 块元素内部可以容纳其他块元素、行内元素或行内块级元素。

③ 适用盒子模型。

块元素举例与效果见表 3-3-7。

表 3-3-7　块元素举例与效果

代　码	效　果
`<div>块元素 1</div>` `<p>块元素 2</p>`	块元素1 块元素2

`<style>`
`div{`
　　`width:100px;`
　　`height:50px;`
　　`background-color: yellow;`
　　`border: 1px solid;`
　　`box-sizing: border-box;`
`}`
`p{`
　　`width:100px;`
　　`height:50px;`
　　`background-color: blue;`
　　`border: 1px solid;`
　　`box-sizing: border-box;`
`}`
`</style>`
`<div>块元素 1</div>`
`<p>块元素 2</p>`
	块元素1
	
	块元素2

（2）行内元素。行内元素默认显示状态可以与其他行内元素共存于同一行。常见的行内元素有 span、strong、a、em。

行内元素有如下特点。

① 可以与其他行内元素位于同一行。

② 内部可以容纳其他行内元素，但不可以容纳块元素，不然会出现无法预知的后果。

③ 不适用 width、height 属性。

④ margin 仅设置左右方向有效，上下方向无效；padding 设置上下左右方向都有效，即会撑大空间。

行内元素举例与效果见表 3-3-8。

表 3-3-8　行内元素举例与效果

代　码	效　果
`<span>行内元素 span</span>` `<strong>行内元素 strong</strong>`	行内元素span **行内元素strong**

`<style>`
`span{`
　　`width:100px;`
	行内元素span **行内元素strong**

（续表）

代　码	效　果

height: 50px;
background-color: yellow;
border: 1px solid;
box-sizing: border-box;
}
strong{
　　width:100px;
　　height:50px;
　　background-color: blue;
　　border: 1px solid;
　　box-sizing: border-box;
}
</style>
行内元素 span
行内元素 strong
	行内元素span 行内元素strong

说明：该案例和表 3-3-7 中的案例除元素不同外，CSS 设置是一样的，但看到的却是不同的效果。这是因为行内元素不具有 width 和 height 属性，所以设置不起作用。

（3）行内块级元素。行内块级元素综合了行内元素和块级元素的特性，但是各有取舍。常见的行内块级元素有 img、input、td。

行内块级元素有如下特点。

① 不自动换行。

② 能够识别 width 和 height。

③ 默认排列方式为从左到右。

师傅经验：各种类型的元素之间可以使用 CSS 属性转换，后面会介绍。

3.3.2　列表样式

列表由于具有良好的语义以及能使内容排列整齐，在网页中被大量运用，如图 3-3-6 所示。

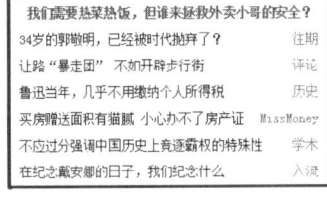
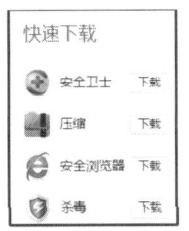

图 3-3-6　网页中的列表

1．list-style-type

不管是有序列表还是无序列表，都统一使用 list-style-type 属性来定义列表项符号。语法格式如下：

list-style-type:属性值;

说明：list-style-type 属性值见表 3-3-9～表 3-3-11。

表 3-3-9　有序列表 list-style-type 属性值

属性值	说　明
decimal	默认值，数字 1、2、3…
lower-roman	小写罗马数字 i、ii、iii…
upper-roman	大写罗马数字 I、II、III…
lower-alpha	小写英文字母 a、b、c…
upper-alpha	大写英文字母 A、B、C…

表 3-3-10　无序列表 list-style-type 属性值

属性值	说　明
disc	默认值，实心圆●
circle	空心圆○
square	实心正方形■

表 3-3-11　去除列表项符号属性值

属性值	说　明
none	去除列表项符号

list-style-type 举例与效果见表 3-3-12。

表 3-3-12　list-style-type 举例与效果

代　码	效　果

`<style>`
`ul{`
`    list-style-type:circle;`
`}`
`ol{`
`    list-style-type: lower-roman;`
`}`
`</style>`
`<h2>唐代著名诗人</h2>`
`<ul>`
`    <li>李贺</li>`
`    <li>王昌龄</li>`
`    <li>杜牧</li>`
`</ul>`
`<h2>宋代著名诗人</h2>`
`<ol>`
`    <li>李清照</li>`
`    <li>辛弃疾</li>`
`    <li>苏轼</li>`
`</ol>`
	唐代著名诗人
	○ 李贺
	○ 王昌龄
	○ 杜牧
	宋代著名诗人
	i. 李清照
	ii. 辛弃疾
	iii. 苏轼

2．list-style-image

不管是有序列表还是无序列表，都有它们自身的列表项符号。但是如果默认的列表项符号都不喜欢，而想自定义列表项符号，该怎么实现呢？

在 CSS 中，可以使用 list-style-image 属性来自定义列表项符号。语法格式如下：

list-style-image:url(图像地址);

list-style-image 举例与效果见表 3-3-13。

表 3-3-13　list-style-image 举例与效果

代　　码	效　　果

`<style>`
`ul{`
　　　`list-style-image:url("images/list.png");`
`}`
`</style>`
`<ul>`
　　　`<li>HTML</li>`
　　　`<li>CSS</li>`
　　　`<li>JavaScript</li>`
`</ul>`
	▶ HTML
	▶ CSS
	▶ JavaScript

说明：自定义列表项符号，实际上就是列表项符号改为一张图片，而引用一张图片就要给出它的引用路径。

3.3.3　浮动布局

任何一个网页都少不了浮动布局，如图 3-3-7 所示。该页面各个商品的展示就使用了浮动布局。

图 3-3-7　浮动布局

1．正常文档流

深入了解正常文档流，对后续学好浮动布局和定位布局是一个非常重要的前提。

什么叫文档流？简单来说，就是元素在页面中出现的先后顺序。

正常文档流：将窗体自上而下分成多行，块元素独占一行，相邻行内元素在每行中从左到右依次排列。

正常文档流举例与效果见表 3-3-14。

表 3-3-14 正常文档流举例与效果

代　　码	效　　果

``
<style>
div{
　　width:100px;
　　text-align: center;
　　height:50px;
　　background: #1b6ccc;
}
p{
　　width:100px;
　　text-align: center;
　　height:50px;
　　background:#c82e5e;
}
</style>
<div>div</div>
<span>span1</span><span>span2</span>
<p>p</p>
<span>span3</span>
``	

说明：该段代码为正常文档流。因为 div、p 是块元素，因此独占一行。而 span 是行内元素，因此如果两个行内元素相邻，就会位于同一行，并且从左到右排列。

2．脱离正常文档流

脱离正常文档流是相对于正常文档流而言的。正常文档流就是指没有用 CSS 样式去控制 HTML 文档结构，编写的界面顺序就是网页展示的顺序。比如写了 5 个 div 元素，正常文档流就是指按照书写次序依次显示这 5 个 div 元素。由于 div 元素是块元素，因此每个 div 元素独占一行，如图 3-3-8 所示。

脱离正常文档流就是指它所显示的位置和文档代码的顺序不一致了，比如可以用 CSS 控制，把最后一个 div 元素显示在第一个 div 元素的位置，如图 3-3-9 所示。

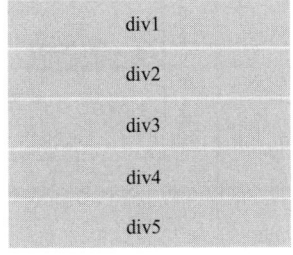

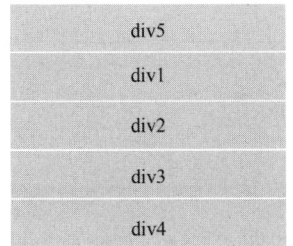

图 3-3-8　正常文档流　　　　　图 3-3-9　脱离正常文档流

在不改变 HTML 代码顺序的前提下，可以通过 CSS 来将 id="div5"的 div 元素从正常文档流中"抽"出来，然后显示在其他 div 元素之前。在这种情况下，id="div5"的 div 元素就已经脱离正常文档流了。

在 CSS 布局中，可以使用浮动或者定位这两种技术来实现脱离正常文档流，从而随心所欲地控制着页面的布局，这节内容介绍浮动，3.4.1 节介绍定位。

3. 浮动

浮动 float 可以通过不同的浮动属性值灵活地定位元素，以达到布局网页的目的。语法格式如下：

float:属性值;

float 属性值见表 3-3-15。

表 3-3-15　float 属性值

属性值	说　　明
left	元素向左浮动
right	元素向右浮动
none	默认值，元素不浮动

float 举例与效果见表 3-3-16。

表 3-3-16　float 举例与效果

代　　码	效　　果

`<style>`
`div {`
　　　`margin:10px;`
　　　`padding:5px;`
`}`
`#father {`
　　　`border:1px #000 solid;`
`}`
`.layer01 {`
　　　`border:1px #f00 dashed;`
`}`
`.layer02 {`
　　　`border:1px #00f dashed;`
`}`
`.layer03 {`
　　　`border:1px #060 dashed;`
`}`
`.layer04 {`
　　　`border:1px #666 dashed;`
　　　`font-size:12px;`
　　　`line-height:23px;`
`}`
`</style>`
`<div id="father">`
　　　`<div class="layer01"><img src="image/photo-1.jpg" alt="日用品" /></div>`
　　　`<div class="layer02"><img src="image/photo-2.jpg" alt="图书" /></div>`
　　　`<div class="layer03"><img src="image/photo-3.jpg" alt="鞋子" /></div>`
　　　`<div class="layer04">浮动的盒子</div>`
`</div>`	

（续表）

修改代码	效果

.layer01 {
　　border:1px #f00 dashed;
　　float:left;
}
.layer02 {
　　border:1px #00f dashed;
　　float:right;
}
	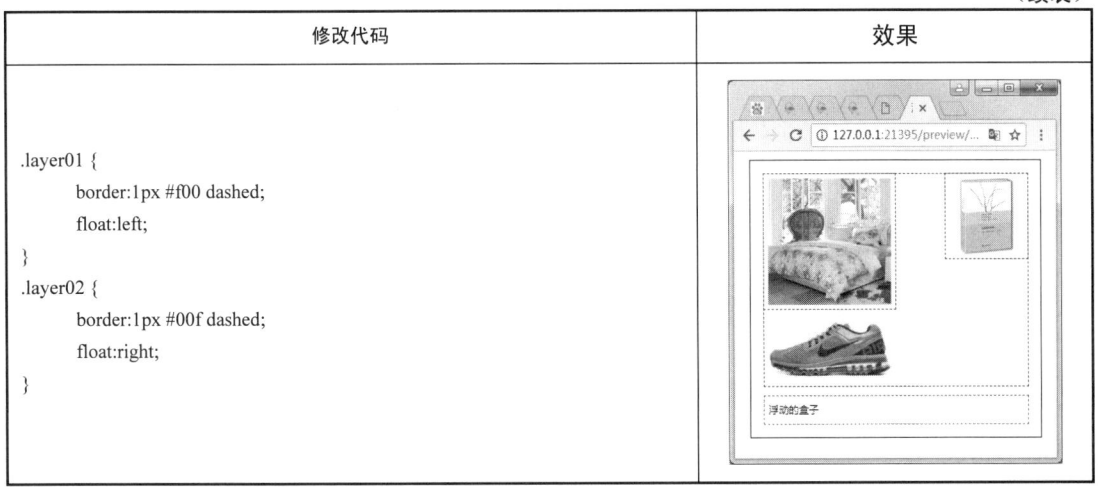

说明：正常文档流下，4 个层按顺序显示。为 layer01 增加 float:left;和为 layer02 增加 float:right; 后，layer01 往左边浮动，layer02 往右边浮动。

4．清除浮动

当设置了浮动后，文档流可能会出现意想不到的效果，比如表 3-3-16 中的案例，当把浏览器最大化时，看到的效果如图 3-3-10 所示。

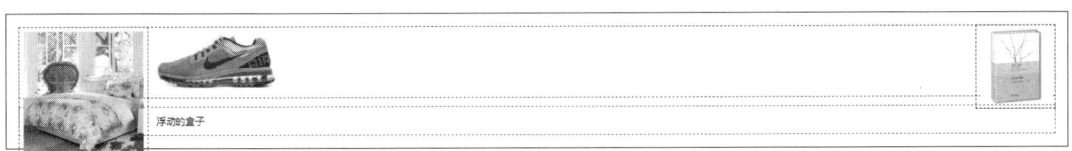

图 3-3-10 浮动问题

分析：

（1）layer03、layer04 流动到 layer01 和 layer02 的中间了，而想要的效果是 layer01 靠左，layer02 靠右，layer03、layer04 在下一行。

（2）layer01 超出了 father 这个层的高度，溢出到父元素外面了，说明浮动影响了父元素的高度。

要想解决此问题，可以用到清除浮动的属性 clear。语法格式如下：

clear:属性值;

说明：clear 属性值见表 3-3-17。

表 3-3-17 clear 属性值

属性值	说　　明
left	清除左浮动
right	清除右浮动
both	左右浮动一起清除

clear 举例与效果见表 3-3-18。

表 3-3-18　clear 举例与效果

代　码

<style>
div {
　　　margin:10px;
　　　padding:5px;
}
#father {
　　　border:1px #f00 solid;
}
.layer01 {
　　　border:1px #f00 dashed;
　　　float:left;
}
.layer02 {
　　　border:1px #00f dashed;
　　　float:right;
}
.layer03 {
　　　border:1px #060 dashed;
}
.layer04 {
　　　border:1px #666 dashed;
　　　font-size:12px;
　　　line-height:23px;
}
.clear{
　　　clear:both;
}
</style>
<div id="father">
　　　<div class="layer01"><img src="image/photo-1.jpg" alt="日用品" /></div>
　　　<div class="layer02"><img src="image/photo-2.jpg" alt="图书" /></div>
　　　<div class="clear"></div>
　　　<div class="layer03"><img src="image/photo-3.jpg" alt="鞋子" /></div>
　　　<div class="layer04">浮动的盒子</div>
</div>

效　果

说明：

① 为上面的代码增加一个空层，设置该层的 clear 属性为 both 则清除了左右浮动，使得 layer03 和 layer04 能正常显示，且都在父元素内部。

② 清除浮动的方法有很多种，详见 3.3.4 节，本任务只是使用了其中的一种方法，但在本教材的其他案例中会陆续介绍其他方法。

【任务实现】

3.3.4　首页主体制作

（1）整体页面布局。一个大 div 控制整体内容布局，里面有 3 个子 div，分别控制左边、中间、右边的内容。大层的 class 为 part-a，里面 3 个层的 class 为 part-a-l、part-a-m、part-a-r。每个子层又包含了若干 div，如图 3-3-11 所示。

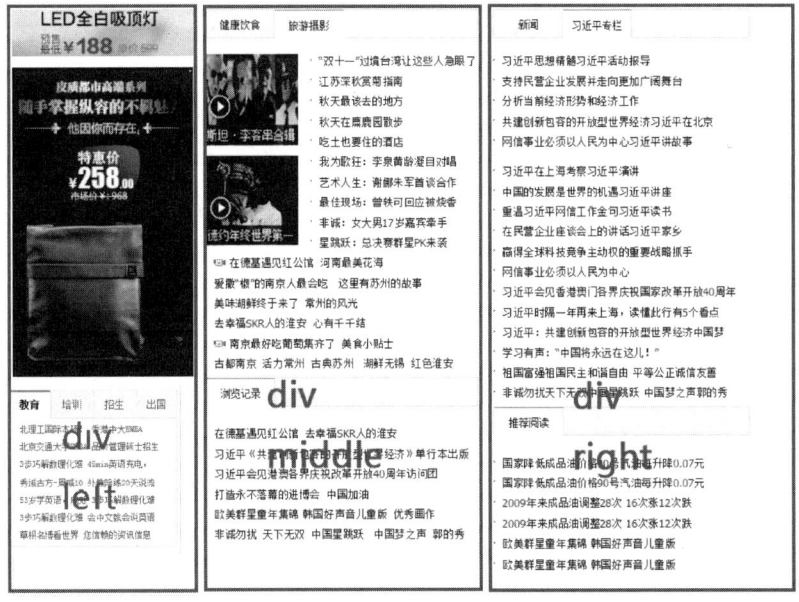

图 3-3-11　页面布局

HTML 代码：

```html
<div class="part-a">
    <!--左边层开始-->
    <div class="part-a-l"></div>
    <!--左边层结束-->
    <!--中间层开始-->
    <div class="part-a-m"></div>
    <!--中间层结束-->
    <!--右边层开始-->
    <div class="part-a-r"></div>
    <!--右边层结束-->
</div>
```

CSS 代码:

① 通用设置。

```
/*通用设置*/
body{
    font:12px Tahoma, Arial,SimSun, "Hiragino Sans GB", "\5b8b\4f53", Sans-serif;
    color:#122e67;
}
a{
    text-decoration:none;
    color:#122e67;
}
*{
    margin:0;
    padding:0;
}
ul{
    list-style-type:none;
}
/*清除浮动*/
.clearfloat:after{display:block;clear:both;content:"";visibility:hidden;height:0}
clearfloat{zoom:1}
```

说明:通用 CSS 代码可单独放置在一个 CSS 文件中,然后使用外部链接,链接到相应的网页。此处通用样式文件名为 base.css。

② 整体布局设置。

```
/*整体布局设置*/
.part-a{
    margin:0 auto;
    width:1000px;
    height:674px;
}
.part-a-l,.part-a-m,.part-a-r{
    float:left;
}
```

说明: 整体布局以及下面的 CSS 放入 index.css 文件中。

(2)part-a-l 的设计。part-a-l 层里面又有 3 个层,如图 3-3-12 所示,class 分别为 adv-01、adv-02、left-tab1。通过查看图片的 width 对 part-a-l 设置 width:240px;图片与图片之间有距离,可设置图片的 margin, 也可以添加空层,设置层的高度,实现间距的设置。

HTML 代码:

```
<!--左边层开始-->
<div class="part-a-l">
    <div class="adv-01"><a href="#"target="_blank"><img src="images/ad1.jpg" alt="" title=""/> </a></div>
    <div class="adv-02"><a href="#" target="_blank"><img src="images/ad2.jpg" alt="" title=""/> </a></div>
    <!--选项卡层开始-->
    <div class="left-tab1"></div>
    <!--选项卡层结束-->
</div>
<!--左边层结束-->
```

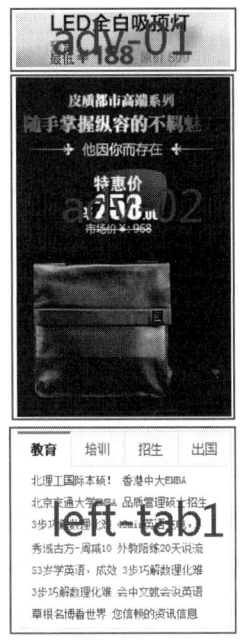

图 3-3-12   part-a-l 布局

CSS 代码：

```
/*左边层设置*/
.part-a-l{
    width:240px;
}
.adv-02{
    margin:11px 0;
}
.left-tab1{
    margin-top:5px;
}
```

设置 left-tab1 的宽度属性时，width 测量出来是 240px，该层有边框，左右都是 1px，为了能正确设置，应该在通用 CSS 中添加如下代码：

```
*, *:before, *:after {
    -moz-box-sizing: border-box;
    -webkit-box-sizing: border-box;
    box-sizing: border-box;
}
```

（3）左边层中 left-tab1 的设计。left-tab1 里面有两大部分内容，用 div 表示：一部分是放置选项卡的，可取 class 为 left-tab1-title，另一部分是选项卡内容，class 为 left-tab1-cont。选项卡内容又有 4 个模块，分别放置每个选项卡对应的内容，这 4 个模块可用<ul> </ul>表示。

先设计第 1 个选项卡内容。

HTML 代码：

```
<!--选项卡层开始-->
<div class="left-tab1">
```

```html
<!--选项卡头部内容开始-->
<div class="left-tab1-title">
    <ul>
        <li><a href="#">教育</a></li>
        <li><a href="#">培训</a></li>
        <li><a href="#">招生</a></li>
        <li><a href="#">出国</a></li>
    </ul>
</div>
<!--选项卡头部内容结束-->
<!--选项卡内容开始-->
<div class="left-tab1-cont">
    <ul class="edu">
        <li><a href="#" target="_blank">北理工国际本硕！</a>  <a href="#" target="_blank">香港中大 EMBA</a></li>
        <li><a href="#" target="_blank">北京交通大学 EMBA</a>  <a href="#" target="_blank">品质管理硕士招生</a></li>
        <li><a href="#" target="_blank">3 步巧解数理化难题</a>  <a href="#" target="_blank">45min 英语充电，让你不再落后</a></li>
        <li><a href="#" target="_blank">秀域古方-周减 10 斤</a>  <a href="#" target="_blank">外教陪练 20 天说流利英语</a></li>
        <li><a href="#" target="_blank">53 岁学英语，成效惊人</a>  <a href="#" target="_blank">3 步巧解数理化难题</a></li>
        <li><a href="#" target="_blank">3 步巧解数理化难题</a>  <a href="#" target="_blank">会中文就会说英语</a></li>
        <li><a href="#" target="_blank">草根名博看世界</a>  <a href="#" target="_blank">您信赖的资讯信息</a></li>
    </ul>
</div>
<!--选项卡内容结束-->
</div>
<!--选项卡层结束-->
```

CSS 代码：

```css
.part-a-1{
    width:240px;
}
.adv-02{
    margin:11px 0;
}
.left-tab1{
    margin-top:5px;
    border:1px solid #e3e6ed;
    width:240px;
}
```

发现下面的内容也浮动上来了，必须清除浮动。通用样式中设置好了清除浮动样式 clearfloat，为 left-tab1-title 添加清除浮动样式，代码如下：

```
<div class="left-tab1-title clearfloat">
    <ul>
        <li class="sel" ><a href="#" target="_blank">教育</a></li>
        <li><a href="#" target="_blank">培训</a></li>
        <li><a href="#" target="_blank">招生</a></li>
        <li style="border-right:0;"><a href="#" target="_blank">出国</a></li>
    </ul>
</div>
```

头部最后一个 li 没有边框，所以为最后一个 li 添加行内样式 style=border-right:0;。

接下来设置选项卡头部样式：

```
.left-tab1 a{
    color:#666666;
}

.left-tab1-title li{
    float:left;
}
.left-tab1-title{
    background:#f9f9f9;
    height:38px;
    border-bottom: 1px solid #e3e6ed;
    margin-bottom:9px;
}
.left-tab1-title li{
    border-right: 1px solid #e3e6ed;
    line-height:38px;
    width:59px;
    text-align:center;
}
```

设置选项卡内容部分 CSS：

```
.left-tab1-cont li{
    padding-bottom:12px;
    padding-left:14px;
}
```

添加其余 3 个选项卡的内容，设置行内样式 display:none;，其余代码类似于 class="edu"。

制作鼠标移动到选项卡头部时选项卡的样式，为"教育"所在 li 添加 class="sel"：

```
/*鼠标移动到选项卡头部时选项卡的样式*/
.sel{
    background:#fff;
    border-top:2px solid #ff8400;
}
```

（4）part-a-m 布局。中间层 part-a-m 分成两个层：mid-tab1 和 mid-tab2。

HTML 代码：

```
<!--中间层开始-->
<div class="part-a-m">
    <!--上面一个选项卡层开始-->
    <div class="mid-tab1"></div>
```

```
    <!--上面一个选项卡层结束-->
    <!--下面一个选项卡层开始-->
    <div class="mid-tab2"></div>
    <!--下面一个选项卡层结束-->
</div>
<!--中间层结束-->
```

CSS 代码：

```
.part-a-m{
    width:360px;
    margin-left:16px;
    margin-right:20px;
}
```

（5）part-a-m 中的 mid-tab1 设计。

HTML 代码：

```
<!--上面一个选项卡层开始-->
<div class="mid-tab1 clearfloat">
    <!--头部-->
    <div class="mid-tab1-title cm clearfloat">
        <ul>
            <li><a href="#">健康饮食</a></li>
            <li class="sel"><a href="#">旅游摄影</a></li>
        </ul>
    </div>
    <!--内容-->
    <div class="mid-tab1-cont">
        <!--内容上-->
        <div class="mid-tab1-cont1">
            <a href="#"><img src="images/p1.jpg" alt="" title=""></a>
            <ul>
                <li><a href="#" target="_blank">"双十一"过境台湾让这些人急眼了</a></li>
                <li><a href="#" target="_blank">江苏深秋赏菊指南</a></li>
                <li><a href="#" target="_blank">秋天最该去的地方</a></li>
                <li><a href="#" target="_blank">秋天在麋鹿园散步</a></li>
                <li><a href="#" target="_blank">吃土也要住的酒店</a></li>
            </ul>
        </div>
        <div class="mid-tab1-cont2">
            <a href="#"><img src="images/p2.jpg" alt="" title=""></a>
            <ul>
                <li><a href="#" target="_blank">我为歌狂：李泉黄龄凝目对唱</a></li>
                <li><a href="#" target="_blank">艺术人生：谢娜朱军首谈合作</a></li>
                <li><a href="#" target="_blank">最佳现场：曾轶可回应被烧香</a></li>
                <li><a href="#" target="_blank">非诚：女大男 17 岁嘉宾牵手</a></li>
                <li><a href="#" target="_blank">星跳跃：总决赛群星 PK 来袭</a></li>
            </ul>
            <ul class="cont2-2">
                <li><a href="#" target="_blank" class="video">在德基遇见红公馆</a><a href="#"
target ="_blank">河南最美花海</a></li>
```

```
                <li><a href="#" target="_blank">爱撒"椒"的南京人最会吃 </a><a href="#" target
="_blank">这里有苏州的故事</a></li>
                <li><a href="#" target="_blank">美味湖鲜终于来了</a><a href="#" target
="_blank">常州的风光</a></li>
                <li><a href="#" target="_blank">去幸福 SKR 人的淮安</a><a href="#" target
="_blank">心有千千结</a></li>
                <li><a href="#" target="_blank" class="video">南京最好吃葡萄集齐了</a><a href
="#" target="_blank">美食小贴士</a></li>
                <li><a href="#" target="_blank">古都南京</a><a href="#" target="_blank">活力
常州</a><a href="#" target="_blank">古典苏州 </a><a href="#" target="_blank">湖鲜无锡</a><a href="#"
target="_blank">红色淮安</a></li>
            </ul>
        </div>
        <!--内容下-->
        ...
    </div>
</div>
<!--上面一个选项卡层结束-->
```

说明：需要为 mid-tab1、mid-tab1-title 添加清除浮动属性。

设置 mid-tab1-title 的样式时，发现此头部和 mid-tab2-title 以及 part-a-r 的头部 CSS 一样，所以该 class 写成<div class="mid-tab1-title cm">，设置 CM 样式，这样以后所有选项卡的头部都可以使用 CM 样式。

```
.cm{
    border:1px solid #e3e6ed;
    background:#f9f9f9;
    height:36px;
}
```

设置列表、超链接等其他样式：

```
.mid-tab1-title li
{
    float:left;
    border-right: 1px solid #e3e6ed;
    line-height:36px;
    text-align:center;
    width:90px;
}
.mid-tab1-cont {
    margin-top:25px;
}
.mid-tab1-cont1>a{
    float:left;
}
.mid-tab1-cont2>a{
    float:left;
}
.mid-tab1-cont ul{
    float:left;
```

```
}
.cont2-2{
    float:none;
}
.mid-tab1-cont li {
    margin-left:15px;
    height:26px;
    background:url(images/li.png) left 7px no-repeat;
    text-indent:11px;
    font-size:14px;

}
.mid-tab1-cont2 {
    margin-top:12px;
}
.mid-tab1-cont2 .cont2-2 li{
    margin-left:0;
}
.mid-tab1-cont2 .cont2-2 a {
    margin-right:8px;
}
.mid-tab1-cont2 .video{
    display:inline-block;
    background: url(images/video.gif) left center no-repeat;
    text-indent:20px;
}
```

（6）part-a-m 中的 mid-tab2 设计。mid-tab2 和 mid-tab1 类似，只是要注意使用浮动样式清除浮动。

HTML 代码：

```
<!--下面一个选项卡层开始-->
<div class="mid-tab2">
    <!--头部-->
    <div class="mid-tab2-title cm clearfloat" >
        <ul>
            <li class="sel"><a href="#">浏览记录</a></li>
        </ul>
    </div>
    <!--内容-->
    <ul class="mid-tab2-cont">
        <li><a href="#" target="_blank">在德基遇见红公馆</a><a href="#" target="_blank">去幸福
SKR 人的淮安</a></li>
        <li><a href="#" target="_blank">习近平《共建创新包容的开放型世界经济》单行本出版
</a></li>
        <li><a href="#" target="_blank">习近平会见港澳各界庆祝改革开放 40 周年访问团</a></li>
        <li><a href="#" target="_blank">打造永不落幕的进博会</a><a href="#" target="_blank">中国
加油</a></li>
        <li><a href="#" target="_blank">欧美群星童年集锦  韩国好声音儿童版</a><a href="#"
target="_blank">优秀画作</a></li>
```

```
        <li><a href="#" target="_blank">非诚勿扰</a><a href="#" target="_blank">天下无双</a><a
href="#" target="_blank">中国星跳跃 </a><a href="#" target="_blank">中国梦之声</a><a href="#" target
="_blank">郭的秀</a></li>
        </ul>
    </div>
<!--下面一个选项卡层结束-->
```

CSS 代码:

```
.mid-tab2-cont li{
        margin-left:15px;
}
.mid-tab2-cont li{
        height:26px;
        background:url(images/li.png) left 6px no-repeat;
        text-indent:11px;
        font-size:14px;
}
.mid-tab2-cont li {
        margin-left:0;
}
.mid-tab2-cont a {
        margin-right:8px;
}
.mid-tab2-title li{
        border-right: 1px solid #e3e6ed;
        line-height:36px;
        text-align:center;
        width:90px;
}
.mid-tab2-cont{
        margin-top:26px;
}
```

（7）part-a-r 设计。该层和中间层设计类似。

HTML 代码:

```
<!--右边层开始-->
<div class="part-a-r">
    <!--上面一个选项卡层开始-->
    <div class="right-tab1 clearfloat">
        <!--头部-->
        <div class="right-tab1-title cm clearfloat">
            <ul>
                <li><a href="#">新闻</a></li>
                <li class="sel"><a href="#">习近平专栏</a></li>
            </ul>
        </div>
        <!--内容-->
        <div class="right-tab1-cont">
            <!--内容上-->
```

```html
            <div class="right-tab1-cont1 clearfloat">
                <ul>
                    <li><a href="#" target="_blank" >习近平思想精髓</a><a href="#" target="_blank">习近平活动报导</a></li>
                    <li><a href="#" target="_blank">支持民营企业发展并走向更加广阔舞台</a></li>
                    <li><a href="#" target="_blank">分析当前经济形势和经济工作</a></li>
                    <li><a href="#" target="_blank">共建创新包容的开放型世界经济</a><a href="#" target="_blank">习近平在北京</a></li>
                    <li><a href="#" target="_blank" >网信事业必须以人民为中心</a><a href="#" target="_blank">习近平讲故事</a></li>
                </ul>
            </div>
            <!--内容下-->
            <div class="right-tab1-cont2">
                <ul>
                    <li><a href="#" target="_blank" >习近平在上海考察</a><a href="#" target="_blank">习近平演讲</a></li>
                    <li><a href="#" target="_blank">中国的发展是世界的机遇</a><a href="#" target="_blank">习近平讲座</a></li>
                    <li><a href="#" target="_blank">重温习近平网信工作金句</a><a href="#" target="_blank">习近平读书</a></li>
                    <li><a href="#" target="_blank">在民营企业座谈会上的讲话</a><a href="#" target="_blank">习近平家乡</a></li>
                    <li><a href="#" target="_blank" >赢得全球科技竞争主动权的重要战略抓手</a></li>
                </ul>
                <ul class="cont2-2">
                    <li><a href="#" target="_blank" >网信事业必须以人民为中心</a></li>
                    <li><a href="#" target="_blank">习近平会见香港澳门各界庆祝国家改革开放40周年</a></li>
                    <li><a href="#" target="_blank">习近平时隔一年再来上海，读懂此行有5个看点</a></li>
                    <li><a href="#" target="_blank">习近平：共建创新包容的开放型世界经济</a><a href="#" target="_blank">中国梦</a></li>
                    <li><a href="#" target="_blank" >学习有声："中国将永远在这儿！"</a></li>
                    <li><a href="#" target="_blank">祖国富强</a><a href="#" target="_blank">祖国民主</a><a href="#" target="_blank">和谐自由</a><a href="#" target="_blank">平等公正</a><a href="#" target="_blank">诚信友善</a></li>
                    <li><a href="#" target="_blank">非诚勿扰</a><a href="#" target="_blank">天下无双</a><a href="#" target="_blank">中国星跳跃</a><a href="#" target="_blank">中国梦之声</a><a href="#" target="_blank">郭的秀</a></li>
                </ul>
            </div>
        </div>
```

```
        </div>
        <!--上面一个选项卡层结束-->
        <!--下面一个选项卡层开始-->
        <div class="right-tab2 clearfloat">
            <!--头部-->
            <div class="right-tab2-title cm clearfloat">
                <ul>
                    <li class="sel"><a href="#">推荐阅读</a></li>
                </ul>
        </div>
            <!--内容-->
            <ul class="right-tab2-cont">
                <li><a href="#" target="_blank">国家降低成品油价格 90 号汽油每升降 0.07 元</a></li>
                <li><a href="#" target="_blank">国家降低成品油价格 90 号汽油每升降 0.07 元</a></li>
                <li><a href="#" target="_blank">2009 年来成品油调整 28 次 16 次涨 12 次跌</a></li>
                <li><a href="#" target="_blank">2009 年来成品油调整 28 次 16 次涨 12 次跌</a></li>
                <li><a href="#" target="_blank">欧美群星童年集锦 韩国好声音儿童版</a></li>
                <li><a href="#" target="_blank">欧美群星童年集锦 韩国好声音儿童版</a></li>
            </ul>
        </div>
        <!--下面一个选项卡层结束-->
</div>
<!--右边层结束-->
```

【任务总结】

当父层中的子层使用浮动后，要养成清除浮动的习惯，清除浮动的方法很多（详见【知识拓展】），但现在主流的做法是设置.clearfloat:after{display:block;clear:both;content:"";visibility:hidden;height:0}和.clearfloat{zoom:1}。

【知识拓展】

3.3.5　清除浮动的方法

目前，常见的清除浮动的方法有 4 种。

1. 父级 div 定义伪类：after 和 zoom

代码如下：

```
<style>
    .div1{background:#000080;border:1px solid red;}
    .div2{background:#800080;border:1px solid red;height:100px;margin-top:10px}
    .left{float:left;width:20%;height:200px;background:#ddd}
    .right{float:right;width:30%;height:80px;background:#ddd}
    /*清除浮动代码*/
    .clearfloat:after{display:block;clear:both;content:"";visibility:hidden;height:0}
    .clearfloat{zoom:1}
</style>
```

```
<div class="div1 clearfloat">
    <div class="left">Left</div>
    <div class="right">Right</div>
</div>
<div class="div2">
    div2
</div>
```

说明：IE 8 及以上版本和非 IE 浏览器才支持:after，原理和方法 2 有点类似，zoom 可解决 IE 6、IE 7 的浮动问题（Firefox 不支持）。优点是浏览器支持好，不容易出现怪问题（目前大型网站都有使用，如腾讯、网易、新浪等）；缺点是代码多，要两句代码结合使用才能让主流浏览器都支持，不少初学者不理解原理。

师傅经验：推荐使用，建议定义公共类，以减少 CSS 代码。:after 是 CSS2 的写法，::after 是 CSS3 的写法，但考虑到浏览器兼容性，目前还是以:after 这一写法居多。

2. 在结尾处添加空 div 标签 clear:both

代码如下：

```
<style type="text/css">
    .div1{background:#000080;border:1px solid red}
    .div2{background:#800080;border:1px solid red;height:100px;margin-top:10px}
    .left{float:left;width:20%;height:200px;background:#ddd}
    .right{float:right;width:30%;height:80px;background:#ddd}
    /*清除浮动代码*/
    .clearfloat{clear:both}
</style>
<div class="div1">
    <div class="left">Left</div>
    <div class="right">Right</div>
    <div class="clearfloat"></div>
</div>
<div class="div2">
    div2
</div>
```

说明：添加一个空 div 标签，利用 CSS 的 clear:both 清除浮动，让父级 div 能自动获取到高度。优点是简单，代码少，浏览器支持好，不容易出现怪问题；缺点是不少初学者不理解原理，而且如果页面浮动布局多，就要增加很多空 div，语义不好。

师傅经验：不推荐使用，但此方法是以前主要使用的一种清除浮动的方法。

3. 父级 div 定义 height

代码如下：

```
<style>
    .div1{background:#000080;border:1px solid red;/*解决代码*/height:200px;}
    .div2{background:#800080;border:1px solid red;height:100px;margin-top:10px}
    .left{float:left;width:20%;height:200px;background:#ddd}
    .right{float:right;width:30%;height:80px;background:#ddd}
</style>
<div class="div1">
    <div class="left">Left</div>
```

```
        <div class="right">Right</div>
</div>
<div class="div2">
    div2
</div>
```

说明：父级 div 手动定义 height，解决了父级 div 无法自动获取到高度的问题。优点是简单，代码少，容易掌握；缺点是只适合高度固定的布局，要给出精确的高度，当高度和父级 div 不一样时，会产生问题。

师傅经验：不推荐使用，只建议应用于高度固定的布局。

4．父级 div 定义 overflow:hidden

代码如下：

```
<style>
    .div1{background:#000080;border:1px solid red;/*解决代码*/width:98%;overflow:hidden}
    .div2{background:#800080;border:1px solid red;height:100px;margin-top:10px;width:98%}
    .left{float:left;width:20%;height:200px;background:#ddd}
    .right{float:right;width:30%;height:80px;background:#ddd}
</style>
<div class="div1">
    <div class="left">Left</div>
    <div class="right">Right</div>
</div>
<div class="div2">
    div2
</div>
```

说明：必须定义 width 或 zoom:1，同时不能定义 height，使用 overflow:hidden 时，浏览器会自动检查浮动区域的高度。优点是简单，代码少，浏览器支持好；缺点是不能和 position 配合使用，因为超出尺寸的部分会被隐藏。

师傅经验：只推荐没有使用 position 或对 overflow:hidden 理解比较深刻的人使用。

【**任务实训**】

实训目的：

（1）会对网页进行基本布局。

（2）掌握层标签的使用。

（3）掌握盒子模型的使用。

（4）掌握列表样式的设置。

（5）掌握浮动布局的方法。

实训内容：

（1）初级任务：制作商品分类页面，如图 3-3-13 所示。

要求：

① 使用 div 和列表制作分类导航。

② 使用 border 属性设置边框样式。

③ 使用 margin 和 padding 消除外边距和内边距。

④ 使用标题标签制作商品分类标题，使用无序列表制作商品分类列表。

⑤ 标题后的向下图标和每个分类左侧的三角图标使用背景图像的方式实现。

（2）中级任务：合理利用所学标签和样式，制作如图 3-3-14 所示的当当热卖图书页面。

图 3-3-13　商品分类页面　　　　　　　　　图 3-3-14　当当热卖图书页面

（3）高级任务：制作如图 3-3-15 所示的游戏网页。

图 3-3-15　游戏网页

➡ 【任务 3.4】浪浪网导航栏制作

【任务描述】

前几天，Martin 在设计浪浪网首页的时候很纳闷，为什么不先从顶部的导航栏开始设计，而直接设计首页正文内容呢？后来，师傅告诉他，导航栏的设计更复杂，需要用到定位布局，于是，今天 Martin 决定学习定位技术，完成浪浪网顶部导航的制作。Martin 制订了以下计划。

第一步，学习定位网页元素。

第二步，学习 z-index 属性。

第三步，学习 display 属性。

第四步，完成导航栏设计。

最终效果图如图 3-4-1 所示。

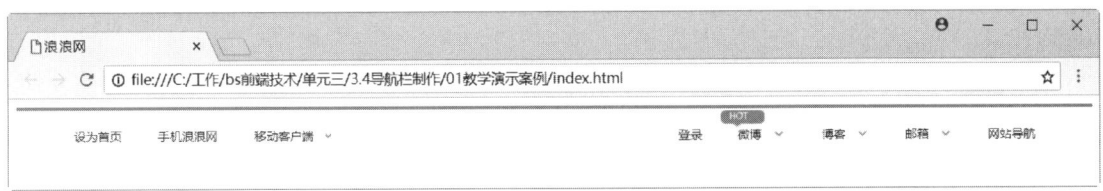

图 3-4-1　顶部导航效果图

【知识预览】

3.4.1　定位布局

任务 3.3 中介绍了 CSS 浮动布局。浮动布局比较灵活，但是不容易控制。而定位布局的出现，使得用户精准定位页面中的任意元素成为可能，从而使网页布局变得更方便，如图 3-4-2 和图 3-4-3 所示。但定位布局不适用于空间大小和位置不确定的版面。所以，在实际网页布局中，应该灵活使用这两种布局方式。

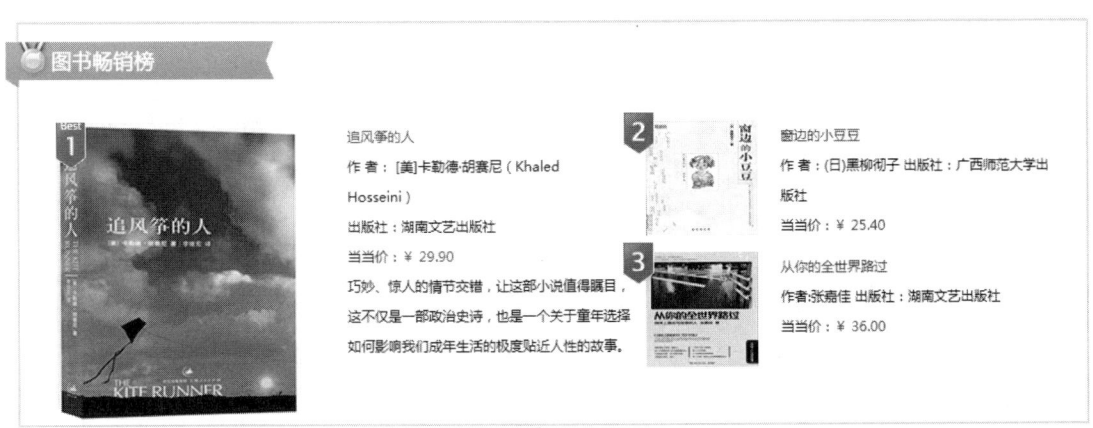

图 3-4-2　使用定位布局的网页 1

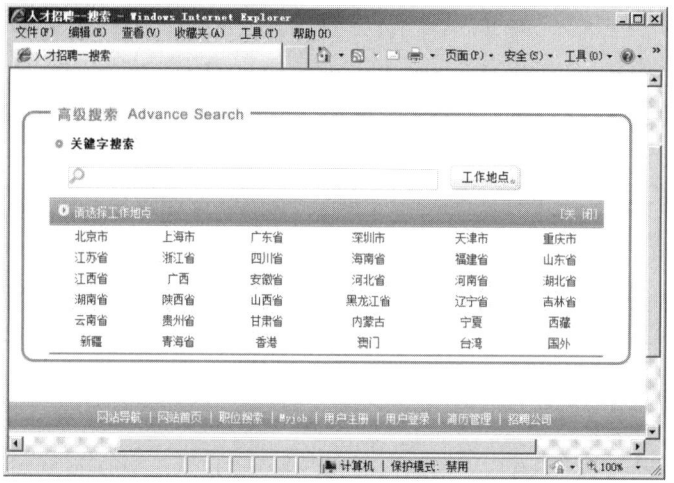

图 3-4-3　使用定位布局的网页 2

控制定位的属性是 position，方法有静态定位（static）、固定定位（fixed）、相对定位（relative）和绝对定位（absolute）。

1．static

静态定位是 position 属性的默认值，它表示块保留在原本应该在的位置，不会重新定位。

2．fixed

固定定位相对于浏览器窗口进行定位。元素的位置通过 top、bottom、left、right 属性进行设定。一般用于"回顶部"特效和固定栏目的设置。语法格式如下：

```
position:fixed;
top:像素值;
bottom:像素值;
left:像素值;
right:像素值;
```

说明：top、bottom、left、right 并不需要同时设置，可根据需要进行选择。

fixed 举例与效果见表 3-4-1。

表 3-4-1　fixed 举例与效果

代　码	效　果

`<style>`
　　`#first{`
　　　　`width:120px;`
　　　　`height:1000px;`
　　　　`border:1px solid gray;`
　　　　`line-height:1000px;`
　　　　`background-color:#b7f1ff;`
　　`}`
　　`#second{`	

（续表）

代　　码	效　　果

position:fixed;/*设置元素为固定定位*/
top:30px;/*距离浏览器顶部 30px*/
left:160px;/*距离浏览器左边 160px*/
width:200px;
height:60px;
line-height:60px;
border:1px solid silver;
background-color:#fa16c9;
    }
</style>
<body>
    <div id="first">无定位的 div 元素</div>
    <div id="second">固定定位的 div 元素</div>
</body>
	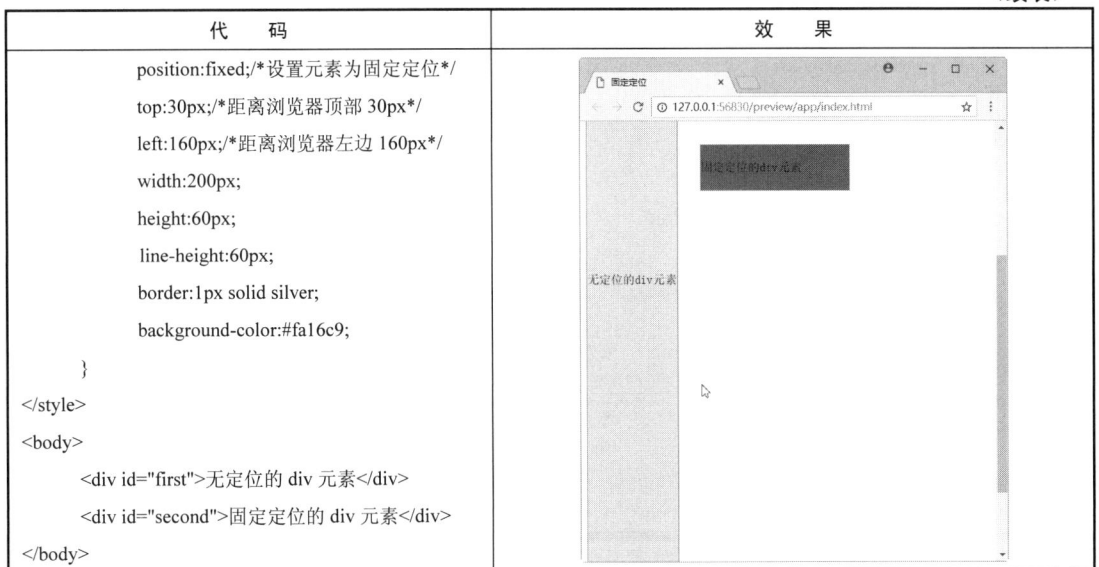

说明：#second 层不会随滚动条的滚动而滚动，距离浏览器窗口顶部永远是 30px，距离浏览器左边永远是 160px。

注意：fixed 是相对于浏览器进行定位的。

3．relative

相对定位通过对 top、bottom、left、right 相对于其正常（自身原来的）位置的设置进行定位。定位为 relative 的元素会脱离正常文档流，但其在文档流中的位置依然存在。语法格式如下：

```
position:relative;
top:像素值;
bottom:像素值;
left:像素值;
right:像素值;
```

说明：position:relative;是结合 top、bottom、left 和 right 这 4 个属性一起使用的，其中 position:relative; 使得元素成为相对定位元素，接着使用 top、bottom、left 和 right 这 4 个属性来设置元素相对于原来的位置。相对定位的容器"浮上来"后，其所占的位置仍然留有空位，后面的无定位元素仍然不会"挤上来"。

relative 举例与效果见表 3-4-2。

表 3-4-2　relative 举例与效果

代　　码	效　　果

<style>
    #father{
        margin-top:30px;
        margin-left:30px;
        border:1px solid;	

（续表）

代　　码	效　　果
| ```
        background-color:yellow;
    }
    #father div{
        width:100px;
        height:50px;
        margin:10px;
        border:1px solid ;
        background-color:red;
    }
    #son2{
        /*这里设置 son2 的定位方式*/
    }
</style>
<body>
    <div id="father">
        <div id="son1">第 1 个无定位的 div 元素-static</div>
        <div id="son2">相对定位的 div 元素</div>
        <div id="son3">第 2 个无定位的 div 元素-static</div>
    </div>
</body>
``` | 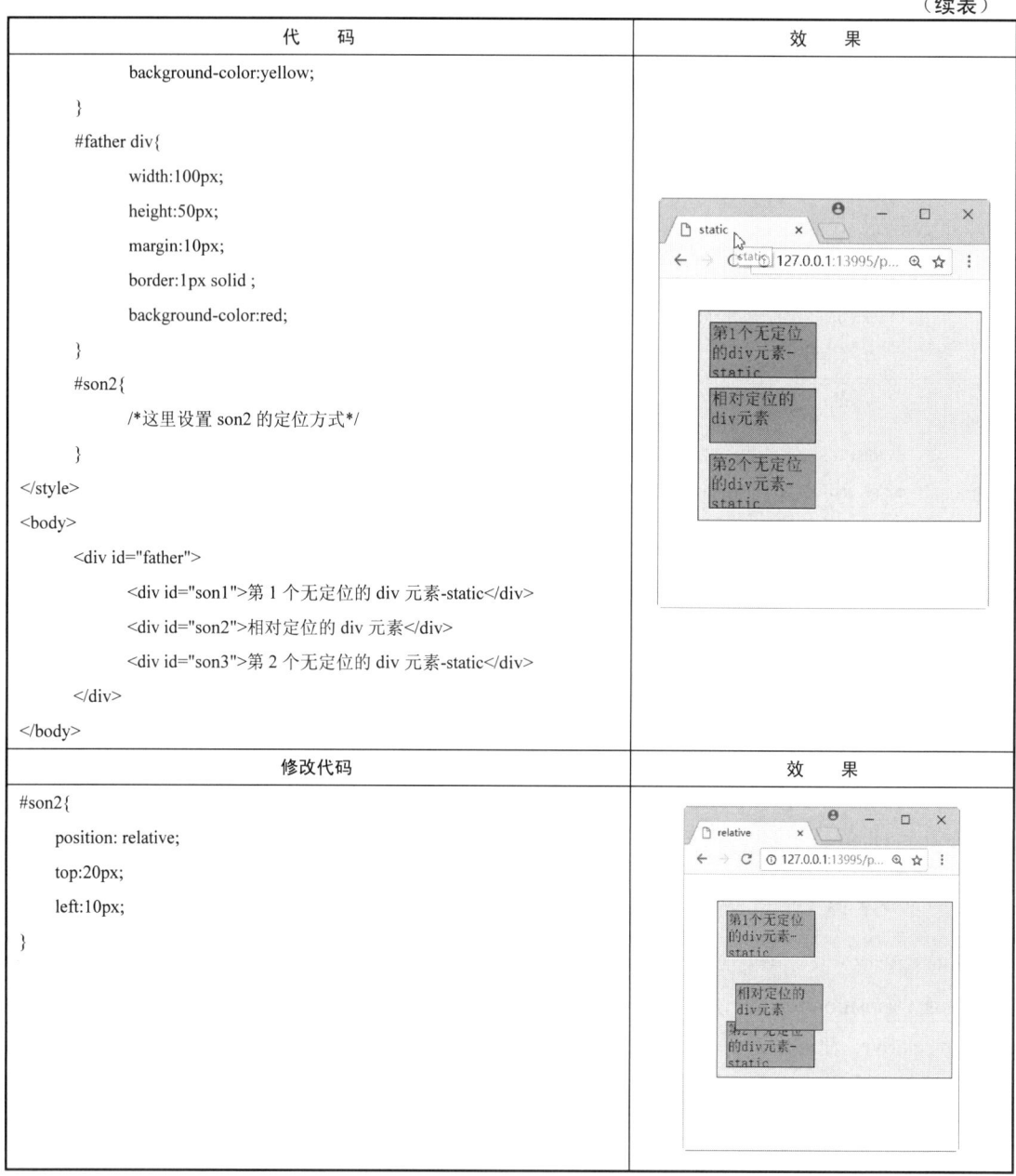 |
| 修改代码 | 效　　果 |
| ```
#son2{
    position: relative;
    top:20px;
    left:10px;
}
``` |  |

说明：将第 2 个 div 元素改变为相对定位元素后，该层与自身原来的位置相比有了偏移，距离原来位置顶部 20px、左侧 10px，该层原来所占位置仍然保留。

4．absolute

绝对定位使用得很广泛，能够很精确地把元素定位到任意位置。一个元素变成了绝对定位元素后，这个元素就完全脱离正常文档流了。绝对定位元素的前面或后面的元素会认为这个元素并不存在，即这个元素浮于其他元素之上，是独立出来的。语法格式如下：

    position:absolute;

top:像素值;
bottom:像素值;
left:像素值;
right:像素值;

absolute 举例与效果见表 3-4-3。

表 3-4-3 　absolute 举例与效果

代　　码	效　　果

`<style>`
`#father{`
　　`margin-top:30px;`
　　`margin-left:30px;`
　　`border:1px solid;`
　　`width:500px;`
　　`background-color:yellow;`
`}`
`#father div{`
　　`width:100px;`
　　`height:50px;`
　　`border:1px solid ;`
　　`background-color:red;`
`}`
`#son2{`
　　`/*这里设置 son2 的定位方式*/`
　　`position: absolute;`
　　`top:20px;`
　　`left:10px;`
`}`
`</style>`
`<body>`
　　`<div id="father">`
　　　　`<div id="son1">第 1 个 static 的 div 元素</div>`
　　　　`<div id="son2">相对定位的 div 元素</div>`
　　　　`<div id="son3">第 2 个 static 的 div 元素</div>`
　　`</div>`
`</body>`
	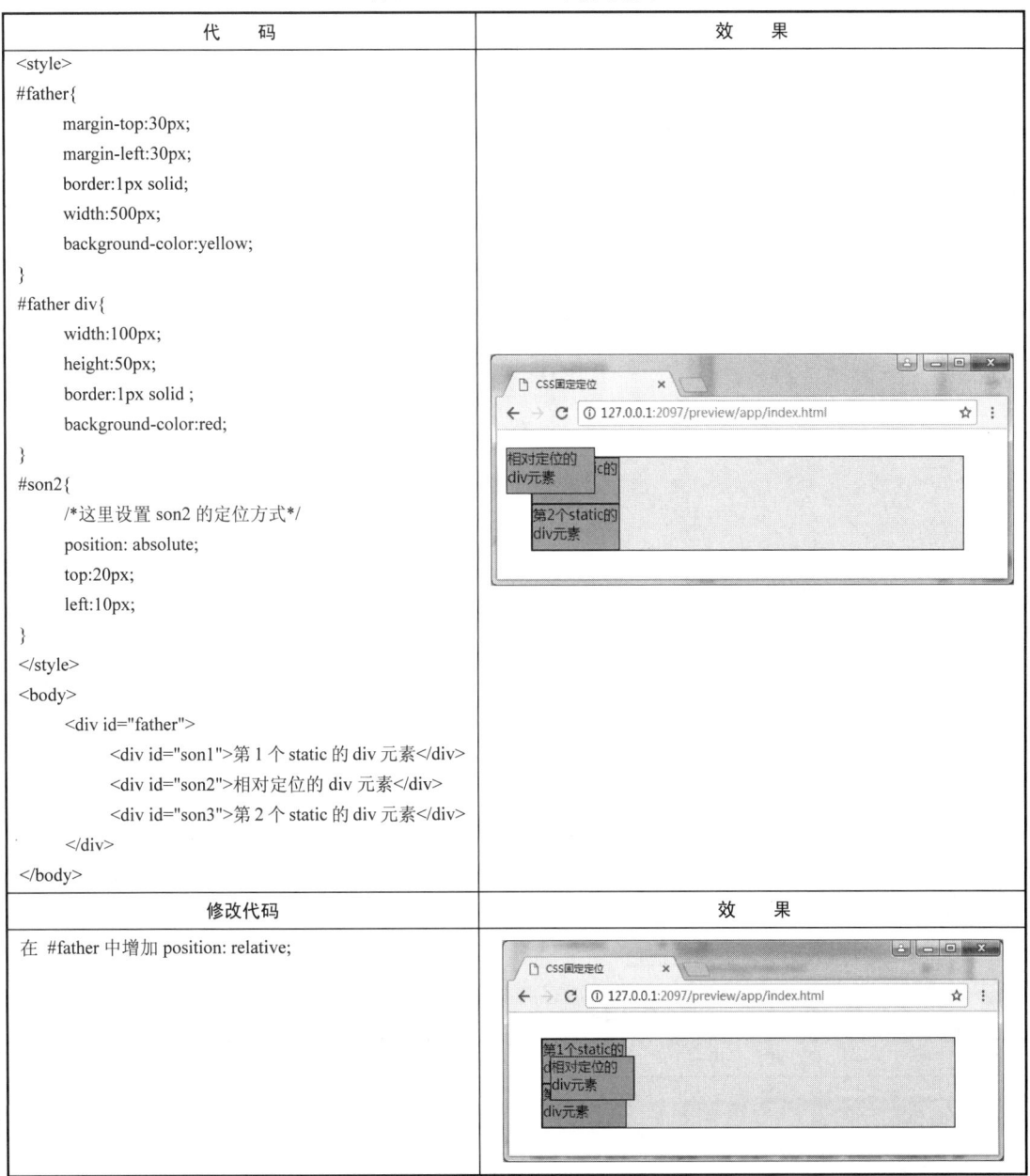

修改代码	效　　果
在 #father 中增加 position: relative;	

说明：#son2 层相对于浏览器窗口顶部 20px、左侧 10px。#son2 不占据空间，脱离正常文档流；当祖先元素的 position 设置为 relative 或 fixed 时，绝对定位的位置是相对于祖先元素而言的。

师傅经验：在使用绝对定位时，一般要考虑设置其祖先元素的 position 属性。

3.4.2　z-index 属性

CSS 为盒子模型的布局提供了 3 种不同的定位方案：正常文档流、浮动、绝对定位。

其中最后一种定位方案将一个元素从正常文档流中移除，完全依赖开发者来确定元素显示的位置。通过赋予 top、bottom、left 和 right 属性值，可以在二维平面上放置元素。此外 CSS 也允许使用 z-index 属性在第三维上放置元素。

z-index 属性指定了元素及其子元素的"z 顺序"，而"z 顺序"可以决定当元素发生覆盖的时候，哪个元素在上面。通常有一个较大的 z-index 值的元素会覆盖较小的那一个。如图 3-4-4 所示，"1"覆盖了其他的内容。语法格式如下：

```
z-index:属性值;
```

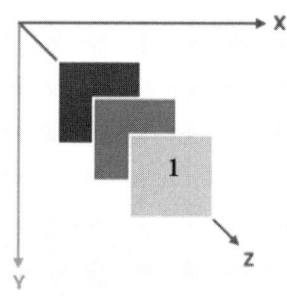

图 3-4-4　z-index 属性示意图

z-index 属性值见表 3-4-4。

表 3-4-4　z-index 属性值

属性值	说　　明
auto	默认值，自动
整数值	最常用，可以是负整数，也可以是正整数
inherit	继承

说明：z-index 只对定位元素有作用。要设置非 static 的定位属性，z-index 才会生效（在 CSS3 中有例外）。

z-index 举例与效果见表 3-4-5。

表 3-4-5　z-index 举例与效果

代　　码	效　　果
<style> div { 　　width: 200px; 　　height: 200px; 　　padding: 20px;	

（续表）

代　　码	效　　果

}
.one, .two, .three, .four {
    position: absolute;
}
.one {
    background: #f00;
    border: 5px solid #000;
    top: 100px;
    left: 200px;
    z-index: 10;
}
.two {
    background: #0f0;
    border: 5px solid #000;
    top: 50px;
    left: 75px;
    z-index: 100;
}
.three {
    background: #0ff;
    border: 5px solid #000;
    top: 125px;
    left: 25px;
    z-index: 150;
}
.four {
    background: #00f;
    border: 5px solid #ff0;
    top: 200px;
    left: 350px;
    z-index: 50;
}
</style>
<body>
    <div class="one"> 1.z-index:10
        <div class="two">2.z-index:100</div>
        <div class="three">3.z-index:150</div>
    </div>
    <div class="four">4.z-index:50</div>
</body>
	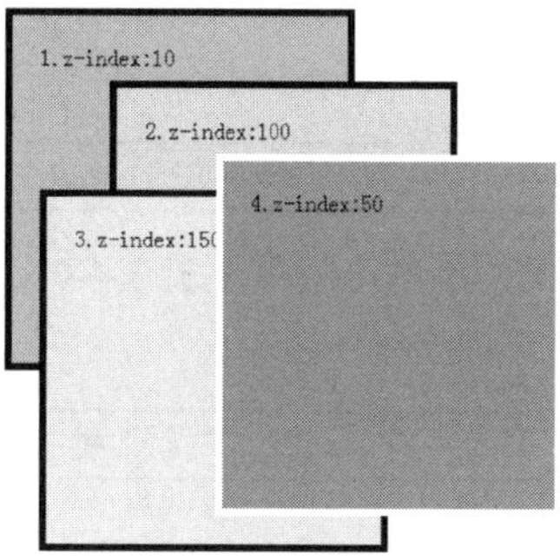

分析：尽管 div.two 有着更大的 z-index（100），但它实际上比同一页面中的 div.four（z-index 为 50）位置更低。由于 div.two 被包含在 div.one 中，它的 z-index 值也是相对于 div.one 的层叠上下文来说的。事实上，真正得到的是如下结果：

.one — z-index = 10

.two — z-index = 10.100

.three — z-index = 10.150

.four — z-index = 50

因为 div.one 的 z-index 值小于 div.four，所以不管给 div.one 中的元素设置了什么 z-index 值，它们永远都会显示在 div.four 的下面。

3.4.3　display 属性

display 属性设置元素如何显示。语法格式如下：

display:属性值;

display 属性值见表 3-4-6。

表 3-4-6　display 属性值

属性值	说　　明
none	元素不会被显示
block	元素会被显示为块级元素，元素前后会带有换行符
inline	元素会被显示为内联元素，元素前后没有换行符
inline-block	行内块级元素
inherit	从父元素继承 display 属性的值

display 举例与效果见表 3-4-7。

表 3-4-7　display 举例与效果

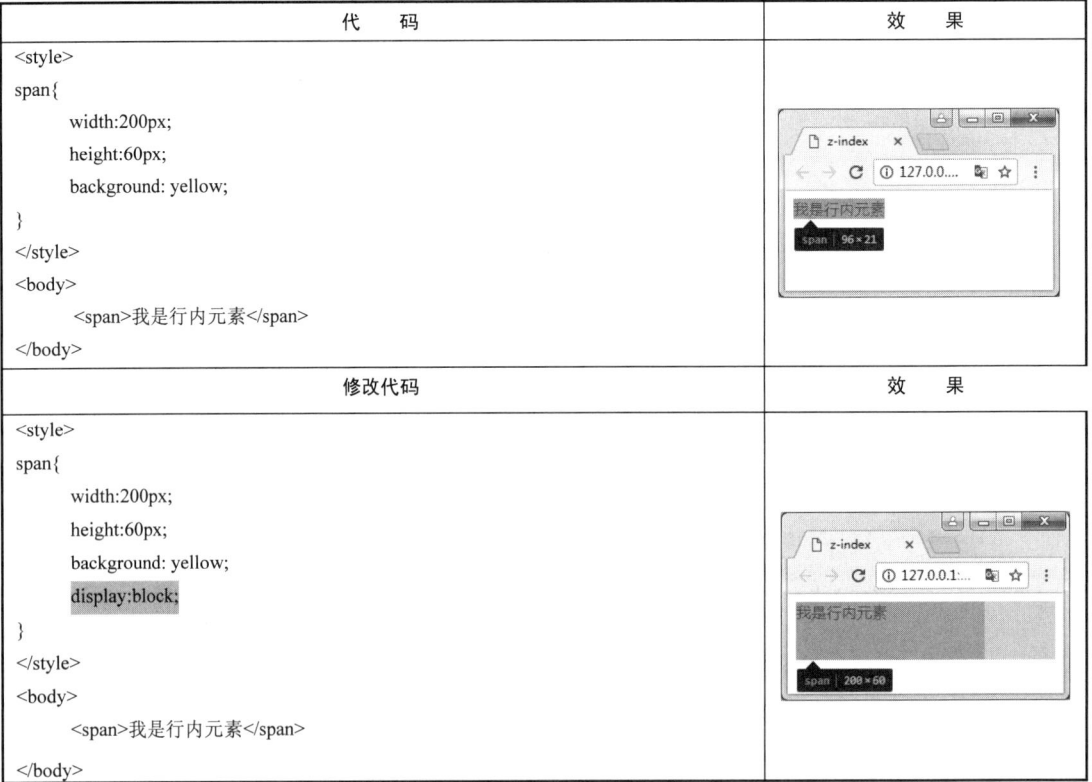

代　　码	效　　果

`<style>`
`span{`
　　`width:200px;`
　　`height:60px;`
　　`background: yellow;`
`}`
`</style>`
`<body>`
　　`<span>我是行内元素</span>`
`</body>`	

修改代码	效　　果

`<style>`
`span{`
　　`width:200px;`
　　`height:60px;`
　　`background: yellow;`
　　`display:block;`
`}`
`</style>`
`<body>`
　　`<span>我是行内元素</span>`
`</body>`	

分析：<span>是行内元素，设置 width 和 height 是没有效果的。修改代码，只有让<span>成为块级元素，width 和 height 才会有效果。可将<span>的 display 属性设置为 block 或 inline-block，将行内元素转换为块级元素或行内块级元素，此时<span>就具有 width 和 height 属性了。

【任务实现】

3.4.4 导航栏制作

（1）布局分析。利用一个 div 控制顶部导航栏整体布局，该层 class 为 top-nav。top-nav 里有一个子层，class 为 main-nav，子层中嵌套两个 ul，分别控制左边的导航和右边的个人信息导航，class 分别为 tn-nav 和 tn-person-r。tn-nav 中，"移动客户端"嵌套 ul，class 为 tn-text-list，如图 3-4-5 所示。

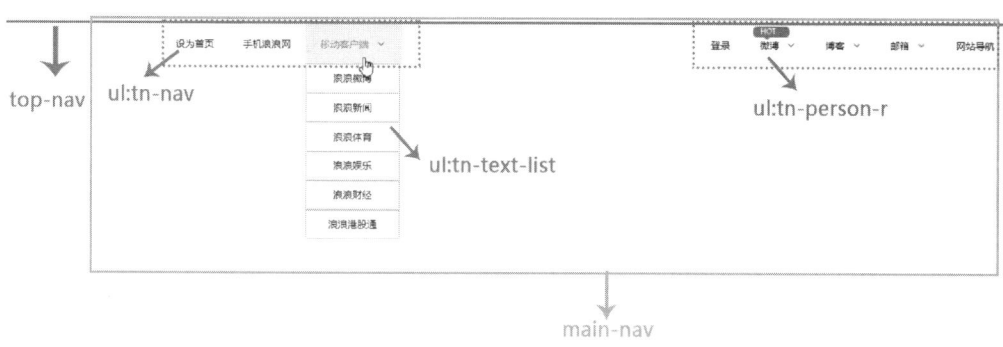

图 3-4-5 导航栏布局

（2）主体布局设计。

HTML 代码：

```html
<!--头部开始-->
<div class="top-nav">
    <div class="main-nav">
        <!--左边部分开始-->
        <ul class="tn-nav"></ul>
        <!--左边部分结束-->
        <!--右边部分开始-->
        <ul class="tn-person-r"></ul>
        <!--右边部分结束-->
    </div>
</div>
<!--头部结束-->
```

CSS 代码：

```css
*, *:before, *:after {
    -moz-box-sizing: border-box;
    -webkit-box-sizing: border-box;
    box-sizing: border-box;
}
div,ul,li{
    margin:0;
    padding:0;
```

```
        }
        ul{
            list-style-type:none;
        }
        a{
            color:#4c4c4c;
            text-decoration:none;
            font-size:12px;
            font-family: "Microsoft YaHei",SimSun;
        }
        .top-nav{
            border-top:3px solid #ff8500;
            width:100%;
            height:48px;
            background-color:#fcfcfc;
        }
        .main-nav{
            width:1000px;
            margin:0 auto;
            height:48px;
        }
        /*头部左边层*/
        .tn-nav{
            float:left;
        }
        /*头部右边层*/
        .tn-person-r{
            float:right;
        }
```

说明：

① 将 top-nav 层的宽度设置为 100%，可以兼容不同尺寸的显示器。

② 该层主要控制里面两个导航栏的布局，任务 3.3 中的首页主体内容的宽度为 1000px，所以该层宽度也应该为 1000px。

（3）左边层 tn-nav 设计。

HTML 代码：

```
<!--左边部分开始-->
<ul class="tn-nav">
    <li><a href="#">设为首页</a></li>
    <li><a href="#">手机浪浪网</a></li>
    <li><a href="#">移动客户端<span class="tn-arrow"></span></a>
        <ul class="tn-text-list">
            <li><a href="#">浪浪微博</a></li>
            <li><a href="#">浪浪新闻</a></li>
            <li><a href="#">浪浪体育</a></li>
            <li><a href="#">浪浪娱乐</a></li>
            <li><a href="#">浪浪财经</a></li>
            <li><a href="#">浪浪港股通</a></li>
```

```
            </ul>
        </li>
    </ul>
<!--左边部分结束-->
```

说明："移动客户端"后面的小箭头图标可以作为 li 的背景放入；也可以使用无语义的 span，作为 span 标签的背景放入。tn-person-r 中的小箭头也是同样的道理。

CSS 样式：

```
/*头部左边层*/
.tn-nav{
    float:left;
}
.tn-nav>li{
    float:left;
    margin-right:36px;
    line-height:48px;
}
.tn-arrow{
    background:url(image/tn-arrow.png);
    display:inline-block;
    width:12px;
    height:9px;
    margin-left:12px;
}
```

说明：对 tn-arrow（行内元素）设置背景图片是没有效果的。解决方法一：可以把该元素转换成块级元素。解决方法二：可以设置该元素的 padding。CSS 代码如下：

```
.tn-arrow{
    padding:6px;
    background:url(image/tn-arrow.png) center center no-repeat;
    margin-left:12px;
}
```

下拉列表 CSS 样式：

```
.top-nav .tn-text-list{
    display:none;
}
.top-nav ul.tn-text-list li{
    border:#fecc5b 1px solid;
    width:114px;
    height:33px;
    line-height:33px;
    text-align:center;
}
```

（4）右边层 tn-person-r 设计。

HTML 代码：

```
<!--右边部分开始-->
<ul class="tn-person-r">
```

```
            <li><a href="#">登录</a></li>
            <li><a href="#"><span class="hot"></span>微博<span class="tn-arrow"></span></a></li>
            <li><a href="#">博客<span class="tn-arrow"></span></a></li>
            <li><a href="#">邮箱<span class="tn-arrow"></span></a></li>
            <li><a href="#">网站导航</a></li>
        </ul>
<!--右边部分结束-->
```

说明：<span class="hot"></span>用于设置背景图片 HOT。

CSS 代码：

```
.tn-person-r>li{
        float:left;
        margin-right:36px;
        line-height:48px;
}
.hot{
        position: absolute;
        background:url(image/HOT.png) no-repeat;
        display:block;
        width:45px;
        height:16px;
        top:2px;
}
```

说明：.hot相对于已经定位的祖先元素进行偏移，所以要为其祖先元素设置定位，可修改HTML代码：

```
<li style="position:relative;"><a href="#" ><span class="hot"></span>微博<span class="tn-arrow"></span></a></li>
```

（5）设置鼠标指针移动到超链接上时，超链接加灰色背景，文字颜色变成橘色效果。

CSS 代码：

```
/*超链接样式*/
.main-nav a:hover{
        background-color:#edeef0;
        color:#fe8d69;
}
```

可以发现，设置完两个样式后，得到的效果图如图 3-4-6 所示。发现超链接的背景设置有误，因为<a>是行内元素，因此需修改超链接样式设置，为超链接增加 display 属性。

设为首页　　手机浪浪网　　移动客户端 ∨

图 3-4-6　错误的超链接效果

修改超链接样式后的 CSS 代码：

```
/*超链接样式*/
.main-nav a:hover{
        display: inline-block;
        background-color:#edeef0;
        color:#fe8d69;
}
```

修改代码后，效果如图 3-4-7 所示，感觉超链接似乎还是太窄，查看 CSS 代码，因为对<li>设置了 margin-right:36px;，所以修改代码，去掉<li>中的该属性，为<a>增加 CSS 设置：padding-left:18px; padding-right:18px;，同时为 a:hover 增加该设置，因此，正确的超链接 CSS 代码如下：

```
/*超链接样式*/
.main-nav a:hover{
    display: inline-block;
    background-color:#edeef0;
    color:#fe8d69;
    padding-left:18px;
    padding-right:18px;
}
```

设为首页   手机浪浪网   移动客户端 ∨

图 3-4-7   超链接效果

【任务总结】

由于导航栏排列整齐，格式一致，所以常使用 ul 标签制作导航栏。有很多页面需要下拉菜单，不占用空间，所以一般下拉菜单还会设置 position 属性为 absolute，比如本任务，可以为 class= "tn-text-list"的 ul 添加 position: absolute;，为其父元素"移动客户端"所在 li 标签添加 position:relative。

【任务实训】

实训目的：
（1）掌握定位布局的使用。
（2）掌握 display 属性的使用。
（3）掌握 z-index 属性的使用。
实训内容：
（1）初级任务：完成美容产品榜的设计，效果如图 3-4-8 所示。

图 3-4-8   美容产品榜效果图

（2）中级任务：完成横幅广告的设计，效果如图 3-4-9 所示。要求所给的图都要用到，利用 display 属性隐藏图片。

图 3-4-9　横幅广告效果图

（3）高级任务：制作当当网图书畅销榜，如图 3-4-10 所示。

图 3-4-10　当当网图书畅销榜效果图

单元测试 3

选择题

1. CSS 中类选择器的语法格式是（　　　）。

    A．.cla{ }　　　　　　B．#cls{ }　　　　　C．p{ }　　　　　　D．

2. CSS 中 id 选择器的语法格式是（　　　）。

    A．.cla{ }　　　　　　B．#cls{ }　　　　　C．p{ }　　　　　　D．

3. 下列叙述中，正确的是（　　　）。

    A．id 可以重复，class 不能重复　　　　B．id 不能重复，class 不能重复

    C．id 不能重复，class 可以重复　　　　D．id 可以重复，class 可以重复

4. 下面的 CSS 代码中，（　　　）是错误的。

    A．p{color:red;}　　　　　　　　　　B．p{color:#fff;}

    C．p{color:rgb(255,0);}　　　　　　　D．p{color:rgba(255,244,10,0.5);}

5. font 的书写顺序是（　　　）。

    A．font:font-style;||font-weight;||font-size;||font-family;

    B．font: font-family;||font-style;||font-weight;||font-size;

    C．font: font-family;|| font-weight;||font-style;||font-size;

    D．没有顺序，随便写

6. 将鼠标指针移动到超链接上，CSS 样式是（　　　）。

    A．a:link　　　　　B．a:hover　　　　　C．a:visited　　　　D．a:active

7. 下面（　　　）不属于边框属性。

    A．border-style　　　B．color　　　　　　C．border-width　　D．border

8. 文本缩进 2 字符，应表示为（　　　）。

    A．text-indent:2em;　　　　　　　　　B．text-indent:24px;

    C．text-align:2em;　　　　　　　　　　D．text-align:24px;

9. 下面（　　　）不是盒子模型的属性。

    A．border　　　　　B．margin　　　　　C．padding　　　　　D．color

10. overflow 是（　　　）属性。

    A．盒子内容溢出　　B．清除浮动　　　　C．颜色　　　　　　D．滚动条

11. 关于 padding 的说法正确的是（　　　）。

    A．padding 可以设置为负值

    B．padding 只能分开，一个个地设置边距

    C．padding 和 margin 没区别

    D．padding 只设置内边距

12. box-sizing 属性值设置为（　　　）的时候表示 width 只是指内容区的宽度。

    A．border-box　　　B．scroll　　　　　　C．auto　　　　　　D．content-box

13. 块级元素和行内元素最主要的区别是（　　）。

    A．块级元素独占一行　　　　　　　　B．行内元素独占一行

    C．不能对块级元素设置 CSS　　　　　D．不能对行内元素设置 CSS

14.（　　）不是 position 的属性值。

    A．fixed　　　　　　B．left　　　　　　C．absolute　　　　　　D．relative

15. 下面关于 z-index 的说法中，错误的是（　　）。

    A．只能对设置了 position 属性的元素设置 z-index

    B．z-index 指元素在 z 轴上的距离

    C．通过 z-index 可以设置元素的层次关系

    D．z-index 可以设置浮动

16. 下面关于 display 的说法中，错误的是（　　）。

    A．display 可以把行内元素转换成块级元素

    B．display 可以把块级元素转换成行内元素

    C．display 不可以把块级元素转换成行内元素，但可以让块级元素不独占一行

    D．display 可以设置元素的显示和隐藏

使用 JavaScript 制作网页特效

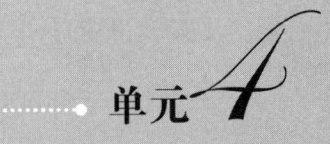

【任务 4.1】浪浪网下拉菜单特效制作

微课视频

【任务描述】

Martin 今天很开心，因为师傅说通过前面的历练，他已经学会了布局和美化网页界面，可以进入第三阶段的学习——利用程序让页面"动"起来。今天，师傅布置给 Martin 的任务是制作下拉菜单特效，如图 4-1-1 所示。Martin 决定从现在开始攻克新的领域——JavaScript 技术。在师傅的建议下，Martin 制订了以下计划。

第一步，学习什么是 JavaScript。

第二步，学习如何在网页中使用 JavaScript。

第三步，学习 JavaScript 的基本语法。

第四步，学习 JavaScript 的常用事件。

第五步，完成下拉菜单特效。

图 4-1-1　下拉菜单特效效果图

【知识预览】

4.1.1　JavaScript 简介

1. JavaScript 的产生

由于网景公司希望能在静态 HTML 页面上添加一些动态效果，就设计出了 JavaScript 语言。为什么起名为 JavaScript 呢？因为当时 Java 语言非常火，所以网景公司希望借 Java 的名气来推广，但事实上 JavaScript 和 Java 没什么关系。

2. JavaScript 的标准化

JavaScript 1.0 取得了巨大的成功，网景公司随后在 Netscape Navigator 3（网景浏览器）中发布了 JavaScript 1.1。之后，作为竞争对手的微软在自家的 IE 3 中加入了名为 JScript（名称不同是为了避免侵权）的 JavaScript 实现。而此时市面上意味着有 3 个不同的 JavaScript 版本：IE 的 JScript、网景的 JavaScript 和 CEnvi 的 ScriptEase。当时还没有标准规定 JavaScript 的语法和特性。随着版本不同和暴露的问题日益加剧，JavaScript 的规范化最终被提上日程。

1997 年，以 JavaScript 1.1 为蓝本的建议被提交给了欧洲计算机制造商协会（European Computer Manufacturers Association，ECMA）。该协会指定 39 号技术委员会（TC39）负责将其进行标准化。TC39 由来自各大公司以及其他关注脚本语言发展的公司的程序员组成，经过数月的努力完成了 ECMA-262——定义了一种名为 ECMAScript 的新脚本语言的标准。1998 年，ISO/IEC（国标标准化组织和国际电工委员会）也采用了 ECMAScript 作为标准（ISO/IEC-16262）。

3. JavaScript 的组成

虽然 JavaScript 和 ECMAScript 通常被人用来表达相同的意思，但 JavaScript 的含义却比 ECMA-262 中规定的多得多。一个完整的 JavaScript 实现应由 3 个部分组成。

（1）核心（ECMAScript）：规定所有属性、方法和对象的标准。

（2）文档对象模型（DOM）：访问和操纵 HTML 文档。

（3）浏览器对象模型（BOM）：与 HTML 交互。

4. JavaScript 的概念

JavaScript 是一种描述性语言，也是一种基于对象（Object）和事件驱动（Event Driven）并具有安全性的脚本语言。本书所讲的 JavaScript 指的是一种嵌入 HTML 页面中的脚本语言，由浏览器一边解释一边执行。

5. JavaScript 的特点

JavaScript 可用于 HTML 和 Web，更可广泛地应用于服务器、计算机、平板电脑和智能手机等设备。该语言具有如下特点。

（1）JavaScript 主要用来向 HTML 页面添加交互行为。

（2）JavaScript 基于事件驱动。

（3）JavaScript 一般用来编写客户端的脚本。

（4）JavaScript 是一种解释性语言。

4.1.2　在网页中引入 JavaScript 的方式

1. 在页面中嵌入 JavaScript

这是在页面中使用 JavaScript 的最简单方式，语法格式如下：

```
<script>
    //在这里编写 JavaScript 程序
</script>
```

说明：把 JavaScript 程序写在<script></script>标签对内部。

2. 引用外部 JavaScript 文件

引用外部 JavaScript 文件可以使 JavaScript 文件和 HTML 文件相分离，可以使一个 JavaScript 文件被多个 HTML 文件使用，维护起来也更方便。

用法是把 Script 元素的 src 属性设置为 JavaScript 文件的 URL，语法格式如下：

```
<script src="JavaScript 文件路径"></script>
```

使用外部 JavaScript 文件的优点有以下 4 个。

（1）主要且公共的 JavaScript 代码可以被复用于其他 HTML 文档，也利于 JavaScript 代码的统一维护。

（2）HTML 文档更小，利于搜索引擎收录。

（3）可以压缩、加密单个 JavaScript 文件。

（4）浏览器可以缓存 JavaScript 文件，减少宽带使用（当多个页面同时使用一个 JavaScript 文件的时候，通常只需下载一次）。

3. 引入 JavaScript 元素后其在 HTML 文件中的位置

通常情况下，JavaScript 代码和 HTML 代码一起使用，可以将 JavaScript 代码放置在 HTML 文档的任何地方。但放置的地方，会对 JavaScript 代码的正常执行有一定影响，具体放置方法如下。

（1）放置于<head></head>内。将 JavaScript 代码放置于 HTML 文档的<head></head>内是一个通常的做法。由于 HTML 文档是由浏览器从上到下依次载入的，将 JavaScript 代码放置于<head></head>内可以确保在需要使用脚本之前，它已经被载入了。语法格式如下：

```
<html>
    <head>
        <script type="text/JavaScript">
            …
            JavaScript 代码
            …
        </script>
    </head>
...
</html>
```

（2）放置于<body></body>内或<body></body>外。也有部分情况将 JavaScript 代码放置于<body></body>内或</body></body>外。设想如下一种情况：有一段 JavaScript 代码需要操作 HTML 元素，但由于 HTML 文档是由浏览器从上到下依次载入的，为避免 JavaScript 代码操作 HTML 元素时，HTML 元素还未载入而报错（对象不存在），因此需要将这段代码写到 HTML 元素后面。

具体示例见表 4-1-1。

表 4-1-1　将 JavaScript 语句放在<body></body>内的举例

代　　码
<html> 　　　<head> 　　　</head> 　　　<body> 　　　　　<div id="div1"></div> 　　　　　<script type="text/JavaScript"> 　　　　　　　document.getElementById("div1").innerHTML="测试文字"; 　　　　　</script> 　　　</body> </html>

说明：document.getElementById("div1").innerHTML="测试文字";可以放在<body></body>内，也可以放在<body></body>外，只要页面元素<div id="div1">加载完后即可。

4.1.3　JavaScript 的数据结构

每一种计算机编程语言都有自己的数据结构。JavaScript 脚本语言的数据结构包括标识符、关键字、常量、变量等。

1．标识符

标识符就是一个名字。在 JavaScript 中，变量和函数等都需要定义一个名字，这个名字就是标识符。

JavaScript 中标识符要遵循的原则如下。

（1）第一个字符必须是字母、下画线（_）或美元符号这 3 种中的一种，其后的字符可以是字母、数字或下画线、美元符号。

（2）不能包含空格、加号、减号等符号。

（3）不能和 JavaScript 中用于其他目的的关键字同名。

正确的标识符举例见表 4-1-2。

表 4-1-2　正确的标识符举例

i love study _study $a n123

错误的标识符举例见表 4-1-3。

表 4-1-3　错误的标识符举例

1an //不能以数字开头 Continue //不能和 JavaScript 关键字相同

2．关键字

JavaScript 关键字是指在 JavaScript 语言中有特定含义，属于 JavaScript 语法一部分的那些字。

JavaScript 关键字不能作为变量名和函数名使用，否则会使 JavaScript 在载入过程中出现编译错误。JavaScript 常用关键字如图 4-1-2 所示。

abstract	continue	finally	instanceof	public	throw
boolean	default	float	interface	return	typeof
break	do	for	long	short	true
byte	double	function	native	statice	var
case	else	goto	new	super	void
catch	extends	implements	null	switch	while
char	false	import	package	synchronized	with
class	final	in	private	this	

图 4-1-2　JavaScript 常用关键字

3．常量

常量，顾名思义就是指不能改变的量。常量的值从定义开始就是固定的，一直到程序结束。

常量主要用于为程序提供固定和精确的值，包括数值和字符串，如数字、逻辑值真（true）、逻辑值假（false）等都是常量。

常量举例见表 4-1-4。

表 4-1-4　常量举例

```
23
"hello"
true
```

4．变量

在程序运行过程中，变量的值是可以改变的。使用变量之前需要先声明变量。语法格式如下：

```
var 变量名;
var 变量名=值;
```

说明：

① 所有的 JavaScript 变量都由关键字 var 声明。

② 一个关键字 var 也可以同时声明多个变量名，变量名之间必须用英文逗号“,”隔开。例如声明变量 name、age、gender，分别表示姓名、年龄、性别，代码如下：

```
var name,age,gender;
```

③ 可以在声明变量的同时对变量进行赋值：

```
var name="张三",age=18,gender="男";
```

④ 一个好的编程习惯是，在代码开始处，统一对需要的变量进行声明。

5．数据类型

JavaScript 数据类型有两大分类：一是基本数据类型，二是特殊数据类型。

其中，基本数据类型包括以下 3 种。

（1）数字型（Number 型）。

（2）字符串型（String 型）：包含在单引号或双引号中的内容为字符串型。

（3）布尔型（Boolean 型）。

特殊数据类型包括以下 3 种。

（1）空值（Null 型）。

（2）未定义值（Undefined 型）。

（3）转义字符：以反斜杠"\"开头的不可显示的特殊字符通常称为转义字符。常用转义字符见表 4-1-5。

表 4-1-5　常用转义字符

转义字符	说　　明	转义字符	说　　明
\b	退格	\v	垂直制表
\n	回车换行	\r	换行
\t	水平制表（跳到下一个 Tab 位置）	\\	反斜杠
\f	换页	\OOO	八进制整数，范围为 000~777
\'	单引号	\xHH	十六进制整数，范围为 00~ff
\"	双引号	\uhhhh	十六进制编码的 Unicode 字符

6．注释

JavaScript 代码也有自己的注释方式。语法格式如下：

```
//单行注释内容
/*多行注释内容*/
```

说明："//" 是单行注释方式，"/**/" 是多行注释方式，被注释的内容是不会被执行的。

4.1.4　JavaScript 流程控制语句

JavaScript 对程序流程的控制和其他编程语言是一样的，主要有 3 种：顺序结构、选择结构、循环结构。

1．顺序结构

顺序结构按照语句书写顺序执行。

顺序结构举例与效果见表 4-1-6。

表 4-1-6　顺序结构举例与效果

代　　码	效　　果

var a=3,b=4,c;//声明并赋值变量
c=a+b;//计算
alert(c);//以警告框的形式输出 c 的值	

分析：浏览器按语句顺序执行 JavaScript，最后输出 c 的值。

2．选择结构

选择结构是指按照给定的逻辑条件来决定执行的顺序。选择结构常用语句有以下 4 个。

（1）if 语句。

（2）if…else 语句。

（3）if…else if…语句。

（4）switch 语句。

说明：选择结构会有多个分支，程序根据满足的条件决定执行哪个分支。

选择结构举例与效果见表 4-1-7。

表 4-1-7　选择结构举例与效果

代　　码	效　　果

var s=80;
if(s<60){
　　alert("考试不及格");
}
else{
　　alert("恭喜你，过关了");
}
	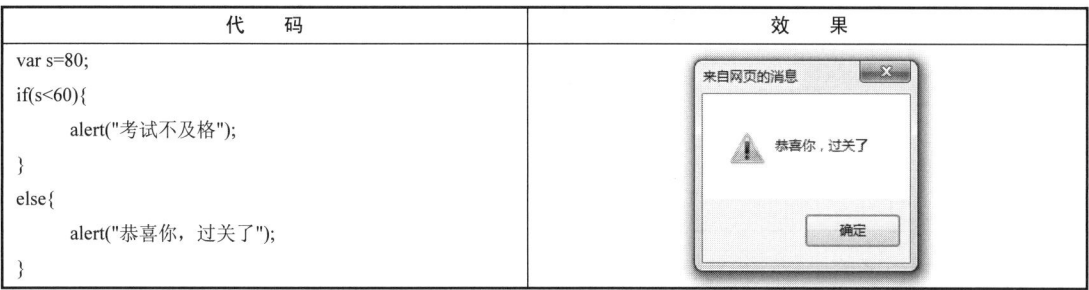

3．循环结构

循环结构会在满足某个条件的情况下反复地执行某一个操作。

循环结构语句主要包括 3 种。

（1）while 语句。

（2）do…while 语句。

（3）for 语句。

循环结构举例与效果见表 4-1-8。

表 4-1-8　循环结构举例与效果

代　　码	效　　果

var sum=0;
for(var i=0;i<=100;i++) {
　　sum+=i;//等价于 sum=sum+i
}
document.write("1+2+3+…+100="+sum);
	C:\Users\syy\Desktop
	文件(F)　编辑(E)　查看(V)　收藏夹(A)
	1+2+3+…+100=5050
	100%

分析：从 i=0 开始，i≤100 时一直在重复地做一件事：sum=sum+i;i++；当不满足 i≤100 时跳出循环，执行输出语句。

4.1.5　函数

函数是指为了完成某一个会重复使用的特定功能，而把一系列 JavaScript 语句集合在一起，然后给它们起个名字（函数名），以方便以后使用。

1．函数的定义

定义函数的常用方式有两种：不指定函数名的函数、指定函数名的函数。

（1）不指定函数名的函数，语法格式如下：

```
function(参数 1,参数 2,…,参数 n){
    //函数体语句
}
```

说明：定义函数必须使用 function 关键字，括号中的参数根据需要设置，可以不带参数，也可以带多个参数。如果是多个参数，参数之间要用英文逗号隔开。

不指定函数名的函数举例与效果见表 4-1-9。

表 4-1-9　不指定函数名的函数举例与效果

代　码	效　果
```var myF=function(){ document.write("我没有名字！ "); } //调用函数 myF();```	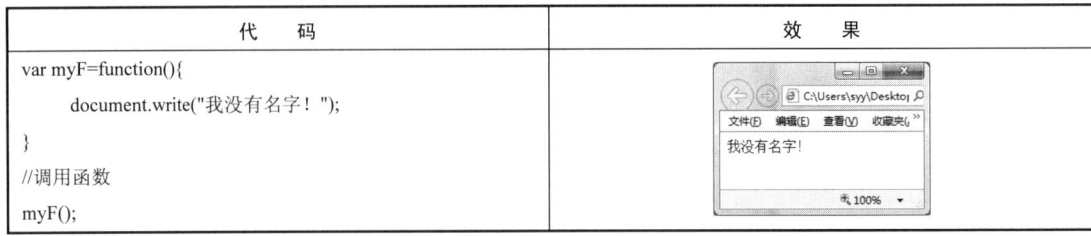

（2）指定函数名的函数，语法格式如下：

```
function  函数名(参数 1,参数 2,…,参数 n)
{
    //函数体语句
    return  表达式;
}
```

指定函数名的函数举例与效果见表 4-1-10。

表 4-1-10　指定函数名的函数举例与效果

代　码	效　果
```//定义函数 function addNum(a,b){ var c=a+b; return c; } //调用函数 var sum=addNum(3,6); document.write("相加的结果是： "+sum);```	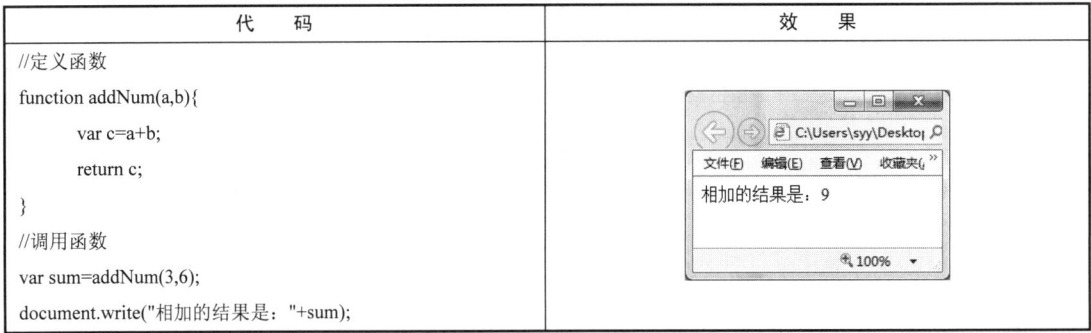

分析：定义函数时的参数是形参，也就是形式上的参数，比如这里的 a,b。调用函数时传的参数是实参，也就是真正的实际上的参数，比如这里的 3,6。如果还要计算 4 和 7 的和，直接调用函数就行了，此时，函数真正的魅力体现出来了。使用形参和实参，需要注意形参和实参是一一对应的。通常，在定义函数时使用了多少个形参，那么在调用函数时就要给出多少个参数。

2．函数的调用

JavaScript 函数与其他编程语言的函数的最大区别在于其调用方式很多，而且很灵活。

常用的函数调用方式有 4 种：简单调用、在表达式中调用、在事件响应中调用、通过超链接调用。

前面函数定义中的调用就是简单调用，下面主要介绍其余 3 种。

（1）在表达式中调用。在表达式中调用函数的方式一般适用于有返回值的函数，函数的返回值参与表达式的计算。通常，该方式还会和输出语句（如 document.write()、alert()等）搭配使用。

在表达式中调用函数举例与效果见表 4-1-11。

表 4-1-11　在表达式中调用函数举例与效果

代　码	效　果
``//定义函数
function addNum(a,b){
var c=a+b;
return c;
}
//调用函数
document.write("相加结果是："+addNum(3,4));```	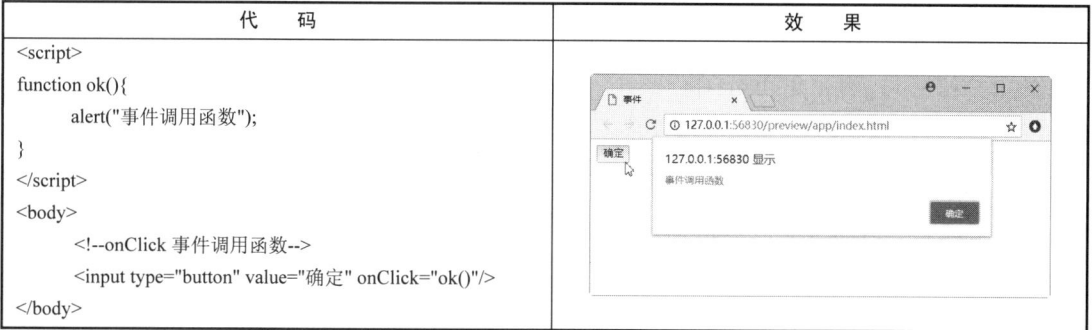

（2）在事件响应中调用。JavaScript 是基于事件模型的程序语言，如单击鼠标或移动鼠标等都是事件，当事件产生时，JavaScript 就可以调用函数来针对这个事件做出响应。语法格式如下：

> 事件="函数名()"

说明：后面会详细介绍事件，先了解 JavaScript 函数调用有这种方法即可。

在事件响应中调用函数举例与效果见表 4-1-12。

表 4-1-12　在事件响应中调用函数举例与效果

代　码	效　果
``<script>
function ok(){
alert("事件调用函数");
}
</script>
<body>
<!--onClick 事件调用函数-->
<input type="button" value="确定" onClick="ok()"/>
</body>```	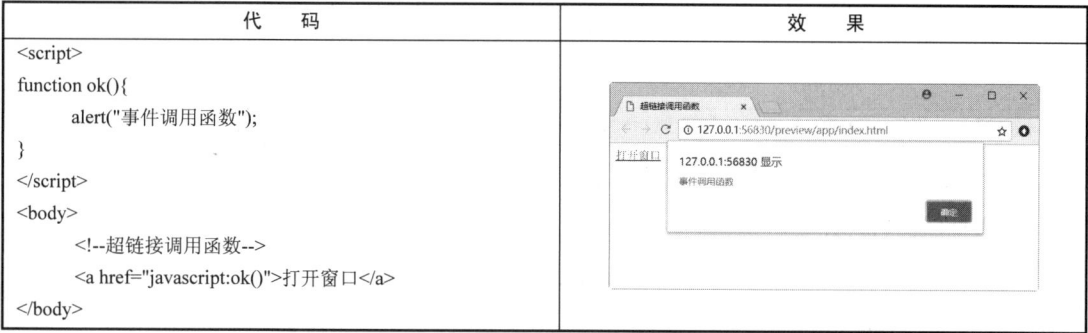

分析：在按钮标签的单击事件 onClick 中调用函数 ok()，页面显示当单击按钮后，会弹出对话框。

（3）通过超链接调用。语法格式如下：

> <a href="javascript:函数名"></a>

说明：通过超链接调用函数，是指在 a 标签的 href 属性中使用 "javascript:函数名" 来调用函数。当用户单击该超链接时，就会执行调用的相应函数。

通过超链接调用函数举例与效果见表 4-1-13。

表 4-1-13　通过超链接调用函数举例与效果

代　码	效　果
``<script>
function ok(){
alert("事件调用函数");
}
</script>
<body>
<!--超链接调用函数-->
<a href="javascript:ok()">打开窗口</a>
</body>```	

4.1.6　JavaScript 常用事件

1．事件的定义

举个例子，当单击一个按钮后，会弹出一个对话框。在 JavaScript 中，"单击"这个动作就是一个事件。"弹出对话框"其实就是在单击事件中做的一件事。

一个事件至少由两部分组成。

（1）是什么事件，是单击鼠标、移动鼠标，还是按下键盘上的按键。

（2）触发这个事件后发生了什么。

2．JavaScript 常用事件

JavaScript 的事件很多，包括 5 个部分。

（1）鼠标事件。

（2）键盘事件。

（3）表单事件。

（4）编辑事件。

（5）页面事件。

本书介绍常用事件，见表 4-1-14。

表 4-1-14　常用事件

事　　件	说　　明	类　　别
onclick	鼠标单击	鼠标事件
onmouseover	鼠标移入	
onmouseout	鼠标移出	
onmousemove	鼠标移动	
onkeypress	键盘上的某个按键（只包含数字键）从被按下到松开的整个过程	键盘事件
onkeydown	键盘上的按键（包括数字键、功能键）被按下	
onkeyup	某个按键被按下之后松开的一瞬间	
onfocus	获得焦点	表单事件
onblur	失去焦点	
onchange	内容改变时（只适用于 text、textarea、select）	
onselect	从鼠标按键被按下到鼠标开始移动并选中内容的过程	
oncopy	复制	编辑事件
oncut	剪切	
onpaste	粘贴	
onload	页面加载	页面事件
onresize	页面大小改变	
onerror	文档或图像加载过程中发生错误	

3．事件的调用方式

（1）在 script 标签中调用事件，即在<script></script>内部调用事件。语法格式如下：

var 变量名 = document.getElementById("元素 id");//获取某个元素，并赋值给某个变量

```
变量名.事件处理器 = function(){
    …
}
```

说明：document.getElementById("元素 id");是指通过 Id 获得页面元素，在后面会详细介绍，这里先了解即可。

在 script 标签中调用事件举例与效果见表 4-1-15。

表 4-1-15 在 script 标签中调用事件举例与效果

代　　码	效　　果

``html
<input id="btn" type="button" value="确定" />
<script >
var e = document.getElementById("btn");
e.onclick = function () {
    alert("hello event");
}
</script>
``
	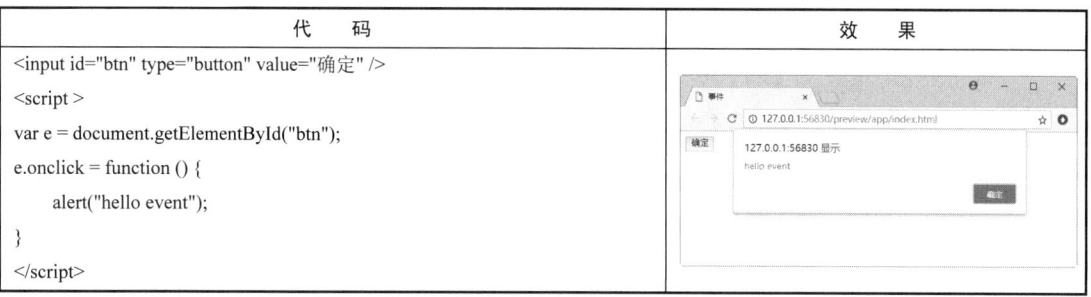

分析：当单击了按钮之后，JavaScript 就会调用鼠标的单击事件 onclick。

（2）在元素中调用事件，是指在元素的属性中增加事件，在事件中直接写 JavaScript 程序或调用 JavaScript 函数。

在元素中调用事件举例与效果见表 4-1-16。

表 4-1-16 在元素中调用事件举例与效果

代　　码	效　　果

``html
<p onClick='alert("hello event");'>在元素中调用事件</p>
<script>
function ok(){
    alert("hello event");
}
</script>
<body>
    <p onClick="ok()">在元素中调用事件</p>
</body>
``
	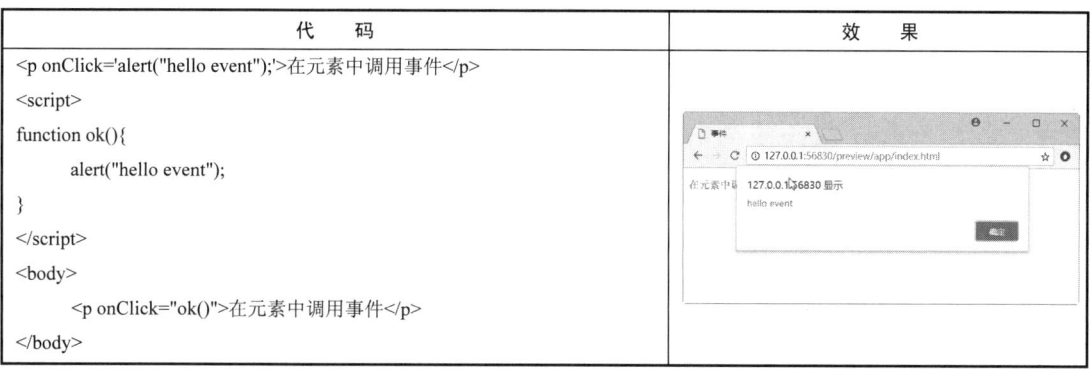

分析：单击段落标签内容后，触发 onclick 事件，执行 JavaScript 语句。两段代码效果一样。

【任务实现】

4.1.7　下拉菜单特效

（1）该案例使用任务 3.4 中的顶部导航界面。

（2）分析特效：当用户的鼠标移动到导航栏相应内容上时，对应的导航栏内容会显示；当用户的鼠标离开导航栏上的相应内容时，对应的导航栏内容会隐藏。

（3）根据效果查看表 4-1-14，对应事件是鼠标事件中的 onmouseover 和 onmouseout 事件。

（4）分析事件发生的效果。

① 发生 onmouseover 事件：下拉列表框内容显示。

② 发生 onmouseout 事件：下拉列表框内容隐藏。

（5）定义函数，实现事件。由两个事件定义两个函数，分别为 showText() 和 hideText()。

（6）为子菜单添加 id 属性，代码如下：

```
<ul class="tn-text-list" id="tnText">
```

（7）在页面中嵌入 JavaScript，并实现函数。

```
<script>
function showText(){
        var g=document.getElementById("tnText");//获得下拉列表框
        g.style.display="block";//下拉列表框内容显示
}
function hideText(){
        var g=document.getElementById("tnText");//获得下拉列表框
        g.style.display="none";//下拉列表框内容隐藏
}
</script>
```

说明：读者了解上述代码即可，后面会对其进行介绍。

（8）在导航栏中先调用函数，修改 HTML 代码，再在移动客户端中调用函数。完整 HTML 代码如下：

```
<ul class="tn-nav">
        <li><a href="#">设为首页</a></li>
        <li><a href="#">手机浪浪网</a></li>
        <li onMouseOver="showText()" onMouseOut="hideText()"><a href="#">移动客户端<span class="tn-arrow"></span></a>
                <ul class="tn-text-list" id="tnText">
                        <li><a href="#">浪浪微博</a></li>
                        <li><a href="#">浪浪新闻</a></li>
                        <li><a href="#">浪浪体育</a></li>
                        <li><a href="#">浪浪娱乐</a></li>
                        <li><a href="#">浪浪财经</a></li>
                        <li><a href="#">浪浪港股通</a></li>
                </ul>
        </li>
</ul>
```

【任务总结】

JavaScript 代码可写在网页中任意的位置，但一般建议放在 body 标签的最后。JavaScript 是面向对象的语言，在写 JavaScript 代码时经常要对对象进行操作，所以一定要先定位到对象，再进行其他操作。

【任务实训】

实训目的：

（1）掌握在页面中使用 JavaScript 语句。

（2）掌握 JavaScript 基本语法结构。

（3）掌握 JavaScript 流程控制语句。

（4）了解 JavaScript 常用事件。

实训内容：

（1）初级任务：在页面中嵌入 JavaScript 代码。要求：在页面中放一个按钮，单击该按钮弹出对话框"第一个 javascript 程序"，效果如图 4-1-3 所示。

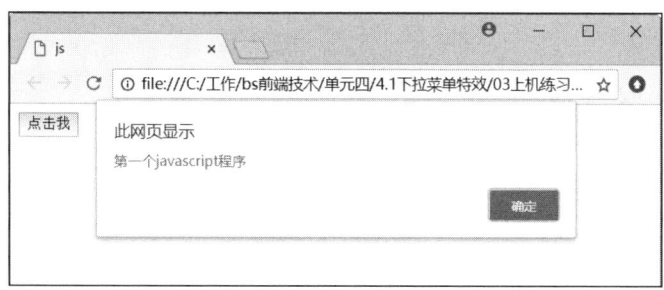

图 4-1-3　嵌入 JavaScript 代码效果图

（2）中级任务：使用外部链接的方式，判断用户输入的分数，如果输入的分数小于 60，则输出"不及格"；输入 60～69，输出"及格"；输入 70～79，输出"中等"；输入 80～89，输出"良好"；输入 90～100，输出"优秀"；输入其他，输出"输入错误"。效果如图 4-1-4 和图 4-1-5 所示。

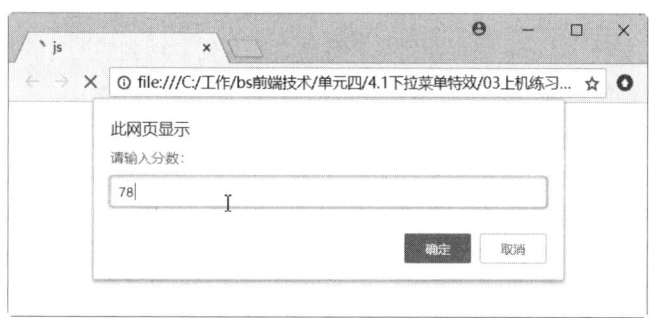

图 4-1-4　中级任务初始界面

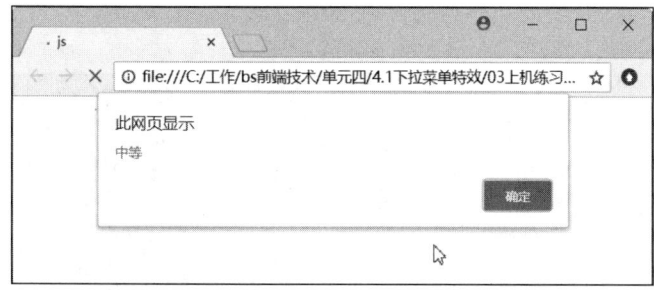

图 4-1-5　中级任务结果界面

提示：输入使用 prompt() 方法，输出使用 alert() 方法。可在 body 标签中使用页面加载（onload）事件调用函数。

（3）高级任务：制作课程导航栏，当将鼠标移动到"软件工程师"上时，出现二级导航；当将鼠标移出时，二级导航隐藏。效果如图 4-1-6 所示。

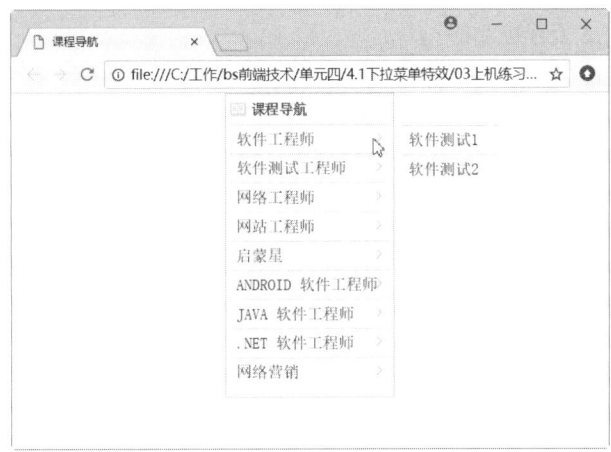

图 4-1-6　导航栏效果

Ⅲ➡【任务 4.2】浪浪网图片轮换特效制作

【任务描述】

为使页面效果更绚丽，Martin 决定制作大多数首页上都需要用到的图片轮换特效，如图 4-2-1 所示。在师傅的帮助下，Martin 制订了以下计划。

第一步，学习利用 JavaScript 获取页面元素。

第二步，学习数组的使用。

第三步，学习定时方法。

第四步，完成图片轮换特效。

图 4-2-1　图片轮换效果图

【知识预览】

4.2.1　DOM 模型

1. DOM 模型概述

DOM 的全称为 Document Object Model（文档对象模型），是 W3C 这个国际组织的一套 Web 标准。它定义了访问 HTML 文档对象的一套属性、方法和事件，以及 HTML 文档的一些基本概念。

（1）什么是 DOM。通过 JavaScript，可重构整个 HTML 文档，然后通过添加、移除、改变或重排页面上的项目来实现特效。要改变页面中的某个东西，JavaScript 就需要获得对 HTML 文档中所有元素进行访问的入口。这个入口，连同对 HTML 元素进行添加、移除、改变或重排的方法和属性，都是通过 DOM 来获得的。

1998 年，W3C 发布了第一级的 DOM 规范。这个规范允许访问和操作 HTML 页面中的每个单独的元素。所有浏览器都执行了这个规范，因此，DOM 的兼容性问题也不存在了。

DOM 可被 JavaScript 用来读取和改变 HTML、XHTML 及 XML 文档。

（2）HTML DOM 对象。根据 DOM，HTML 文档中的每个成分都是一个节点。DOM 是这样规定的：

① 整个文档是一个文档节点。

② 每个 HTML 标签是一个元素节点。

③ 包含在 HTML 元素中的文本是文本节点。

④ 每个 HTML 属性是一个属性节点。

⑤ 注释属于注释节点。

⑥ 节点彼此间存在等级关系。

HTML 文档中的所有节点组成了一个文档树（或节点树），每个元素、属性、文本等都代表着树中的一个节点。树起始于文档节点，并由此伸出枝条，直到处于这棵树最低级别的所有文本节点为止。如图 4-2-2 所示，一个 HTML 文档可以表示成一个倒立的文档树（或节点树）。

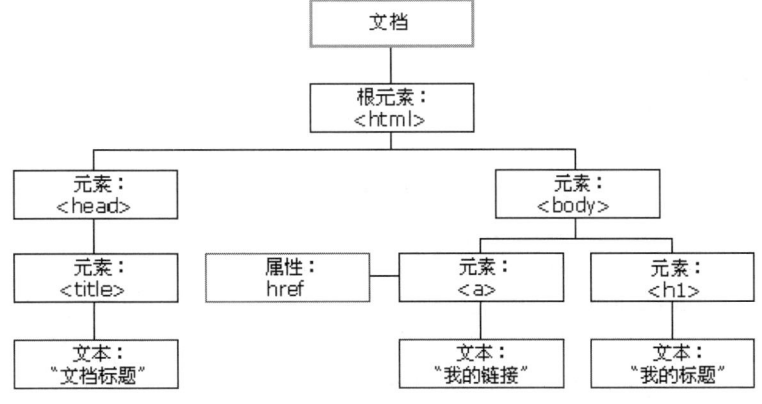

图 4-2-2　HTML 文档树

DOM 对象举例见表 4-2-1。

表 4-2-1　DOM 对象举例

```
<html>
    <head>
        <title>DOM Tutorial</title>
    </head>
    <body>
        <h1>DOM Lesson one</h1>
        <p>Hello world!</p>
    </body>
</html>
```

分析：

① 上面所有的节点，彼此间都存在关系。

② 除文档节点外的每个节点都有父节点。例如，<head>和<body>的父节点是<html>节点，文本节点"Hello world!"的父节点是<p>节点。

③ 大部分元素节点都有子节点。例如，<head>节点有一个子节点——<title>节点，<title>节点也有一个子节点——文本节点"DOM Tutorial"。

④ 当节点共享同一个父节点时，它们就是同辈（同级节点）。例如，<h1>和<p>是同辈，因为它们的父节点均是<body>节点。

⑤ 节点也可以拥有后代，后代指某个节点的所有子节点或者这些子节点的子节点,以此类推。例如，所有的文本节点都是<html>节点的后代，而第一个文本节点又是<head>节点的后代。

⑥ 节点也可以拥有先辈。先辈是某个节点的父节点或者父节点的父节点，以此类推。例如，所有的文本节点都可以把<html>节点作为先辈节点。

2．根节点

有两种特殊的文档属性可用来访问根节点：

```
document.documentElement
document.body
```

说明：

① 页面具有 DTD（Document Type Definition，文档类型定义）或者指定了 DOCTYPE 时，使用 document.documentElement。

② 页面不具有 DTD 或者没有指定 DOCTYPE 时，使用 document.body。

③ 在 IE 和 Firefox 中均是如此。

④ 为了兼容，不管有没有 DTD，都可以使用如下代码：

```
var scrollTop = window.pageYOffset    //用于 Opera 浏览器
    || document.documentElement.scrollTop    //获得滚动条的高度
    || document.body.scrollTop
    || 0;
```

3．parentNode、firstChild 及 lastChild 属性

parentNode、firstChild 及 lastChild 属性可遵循文档的结构，在文档中进行"短距离的旅行"。parentNode、firstChild 及 lastChild 属性举例见表 4-2-2。

表 4-2-2　parentNode、firstChild 与 lastChild 属性举例

```
<table>
    <tr>
        <td>John</td>
        <td>Doe</td>
        <td>Alaska</td>
    </tr>
</table>
```

分析：

① 在上面的 HTML 代码中，第一个<td>是<tr>的首个子元素（firstChild），而最后一个<td>是<tr>的最后一个子元素（lastChild）。

② 此外，<tr>是每个<td>的父节点（parentNode）。

例如，下面的代码会弹出"P"。

```
<html>
    <body>
        <p>节点内容</p>
        <script language="javascript">
            alert(document.body.firstChild.nodeName);
        </script>
    </body>
</html>
```

4．getElementById()方法

getElementById()方法可查找整个 HTML 文档中的任何 HTML 元素，会忽略文档的结构，会返回正确的元素，不论它被隐藏在文档结构中的什么位置。

getElementById()方法可通过指定的 ID 来返回元素。

getElementById()方法举例与效果见表 4-2-3。

表 4-2-3　getElementById()方法举例与效果

代　　码	效　　果

`<h1>下面的诗句描写的是什么</h1>`
`<p id="poem1">繁于桃李盛于梅</p>`
`<p id="answer"></p>`
`<input type="button" value="答案" onClick="ans()"/>`
`<script>`
　`function ans(){`
　　`document.getElementById("answer").innerHTML="海棠花";`
　`}`
`</script>`
	初始效果：
	下面的诗句描写的是什么
	繁于桃李盛于梅
	[答案]
	单击"答案"按钮后的效果：
	下面的诗句描写的是什么
	繁于桃李盛于梅
	海棠花
	[答案]

5．getElementsByTagName()方法

语法格式如下：

document.getElementsByTagName("标签名称");

或者：

document.getElementById("ID").getElementsByTagName("标签名称");

此方法的返回值是一个控件列表，要对数组中具体的控件进行访问时，还需要使用循环，一个一个地访问。

举例：下面这个例子会返回文档中所有<p>的一个节点列表：

document.getElementsByTagName("p");

举例：下面这个例子会返回所有<p>的一个节点列表，且这些<p>必须是 id 为 maindiv 的元素的后代：

document.getElementById("maindiv").getElementsByTagName("p");

getElementsByTagName()方法举例与效果见表 4-2-4，将获得第二个表单中所有文本框控件中的值。

表 4-2-4　getElementsByTagName()方法举例与效果

代　　码	效　　果

`<form id="form1">`
　　　`<input name="textfield" type="text" value="form1 的第一个文本框">`
　　　`<input name="textfield2" type="text" value="form1 的第二个文本框">`
`</form>`
`<form id="form2">`
　　　`<input name="textfield3" type="text" value="form2 的第一个文本框">`
　　　`<input name="textfield4" type="text" value="form2 的第二个文本框">`
`</form>`
`<script >`
　　　`var group=document.getElementById("form2").getElementsByTagName("input");`
　　　`var string="";`
　　　`for(var i=0;i<group.length;i++)`
　　　　　　`string+=group[i].value;`
　　　`alert(string);`
`</script>`
	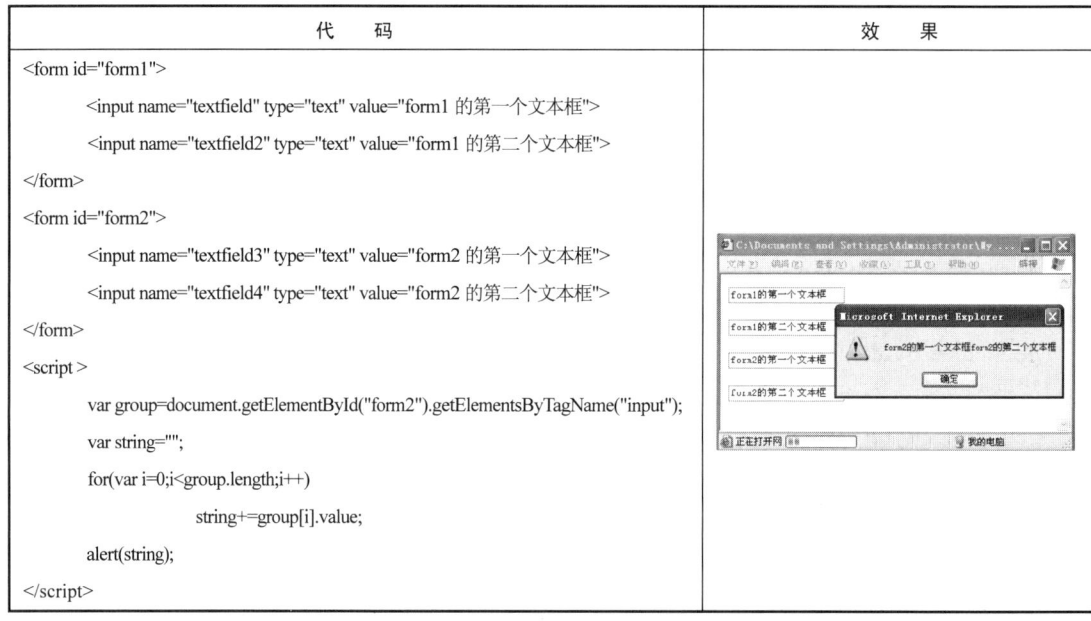

6．getElementsByName()方法

语法格式如下：

document.getElementsByName("控件名称")

此方法和 getElementsByTagName()方法类似，只是依靠名字 name 作为特征来获取同名的控件列表，所以这里不再赘述。

4.2.2　数组

1．数组的定义

数组对象使用单独的变量名来存储一系列值。

比如有一组数据（如车的品牌名）存在单独变量，如下所示：

var car1="Benz";

```
var car2="Volvo";
var car3="BMW";
```

如果要存储的车不是 3 辆，而是 300 辆呢？最好的方法就是用数组。

数组可以用一个变量名存储所有值，并且可以用变量名访问任何一个值。

数组中的每个元素都有自己的 ID，以便它可以很容易地被访问到。

2. 数组的创建

创建一个数组有 3 种方式。

下面的代码定义了一个名为 myCars 的数组对象。

（1）常规方式：

```
var myCars=new Array();
myCars[0]="Benz";
myCars[1]="Volvo";
myCars[2]="BMW";
```

（2）简洁方式：

```
var myCars=new Array("Benz","Volvo","BMW");
```

（3）字面方式：

```
var myCars=["Benz","Volvo","BMW"];
```

JavaScript 中数组的每个元素可以是不同的对象，如：

```
myArray[0]=Date.now();//对象为函数
myArray[2]=myCars;//对象为数组
```

3. 数组的访问

通过指定数组名及索引号可以访问某个特定的元素：

```
var name=myCars[0];//访问 myCars 数组的第一个值
myCars[0]="Opel";//修改数组 myCars 的第一个元素
```

4. 数组的属性和方法

使用数组对象可以预定义属性和方法：

```
var x=myCars.length //myCars 中元素的数量
var y=myCars.indexOf("Volvo") //Volvo 值的索引值
```

4.2.3　定时

通过使用 JavaScript，可以在一个设定的时间间隔之后来执行代码，而不是在函数被调用后立即执行。我们称之为定时。

在 JavaScript 中使用定时事件是很容易的，两个关键方法如下。

（1）setTimeout()方法：未来的某时执行代码。

（2）clearTimeout()方法：取消 setTimeout()方法。

1. setTimeout()方法

语法格式如下：

```
var t=setTimeout("javascript 语句",毫秒);
```

说明：

① setTimeout()方法会返回某个值。在上面的语句中，值被储存在名为 t 的变量中。

② setTimeout()方法的第一个参数是含有 JavaScript 语句的字符串或函数，如"alert('5 seconds!')"，或"alertMsg()"。

③ 第二个参数指示从当前起多少毫秒后执行第一个参数，1000 毫秒等于 1 秒。

setTimeout()方法举例见表 4-2-5。

表 4-2-5　setTimeout()方法举例

代　　码

``html
<script>
function timedMsg(){
    var t=setTimeout("alert('3 seconds!')",3000);
}
</script>
<form>
    <input type="button" value="延迟执行" onClick="timedMsg()">
</form>
``

分析：单击"延迟执行"按钮，过 3 秒后执行函数 timedMsg()。

2．clearTimeout()方法

语法格式如下：

```
clearTimeout(setTimeout_variable);
```

clearTimeout()方法举例见表 4-2-6。

表 4-2-6　clearTimeout()方法举例

代　　码

``html
<script>
var c=0;
var t;
function timedCount(){
    document.getElementById("txt").value=c;
    c=c+1;
    t=setTimeout("timedCount()",1000);
}
function stopCount(){
    clearTimeout(t);
}
</script>
<form>
    <input type="button" value="开始计数" onClick="timedCount()">
    <input type="text" id="txt">
    <input type="button" value="停止计数" onClick="stopCount()">
</form>
``

分析：单击"开始计数"按钮，文本框内容会自动加 1；单击"停止计数"按钮，则不再进行计数。

4.2.4   计时

JavaScript 不停地调用一段函数，实现特效，称为计时事件。比如不停地改变时间，实现计时；不停地改变图片的显示方式，实现图片轮换。使用的方法是 setInterval() 和 clearInterval()。

1．setInterval() 方法

语法和 setTimeout() 方法一样。

2．clearInterval() 方法

clearInterval() 方法可取消由 setInterval() 方法设置的 timeout。语法格式如下：

`clearInterval(id_of_setInterval)`

说明：id_of_setInterval 是由 setInterval() 返回的 ID 值。

计时方法举例与效果见表 4-2-7。

表 4-2-7   计时方法举例与效果

代　　码	效　　果
```<script>var int=setInterval("clock()",1000);function clock(){ var t=new Date(); document.getElementById("clock").value=t.getSeconds();}</script><form> <input type="text" id="clock"></form><button onclick="clearInterval(int)">停止</button>```	`55` `停止`

分析：文本框获得当前事件的秒，每隔一秒变一次，单击"停止"按钮，则不再更新时间。

【任务实现】

4.2.5   图片轮换特效

（1）分析效果。整体效果：当页面打开后，实现图片轮换，当用户单击图片上的数字时，能切换到数字所对应的图片。

图片轮换是定时的，每隔一段时间就换一张图片，所以需要用到定时方法去调用函数 imageChange()；单击数字切换图片，需要在链接中调用函数 showImage()。

函数 imageChange() 实现让图片循环显示；函数 showImage() 实现单击哪个数字，就让哪个图片显示。因此，函数 showImage() 应该是一个有参函数，参数就是图片的序号。

（2）函数 imageChange() 的实现。步骤如下：

① 声明一个全局变量 pic，初始值为 0，通过 pic 自加，控制哪张图片显示。

② 定位到图片数组。

③ 遍历图片，让所有图片不显示。

④ 让 pic 对应的图片显示。

⑤ pic 改变，pic 自加。

⑥ 当 pic=4 即到最后一张（第 5 张）图片时，让 pic=0，回到第 1 张图片。

⑦ 函数实现后，通过定时方法 setInterval()调用函数。

代码如下：

```
var pic=0;//设置开始显示第 1 张图片
function imageChange(){
    var p=document.getElementById("pic").getElementsByTagName("li");//定位到所有图片
    /*遍历图片，让所有图片隐藏*/
    for(var n=0;n<p.length;n++) {
        p[n].style.display="none";
    }
    p[pic].style.display="block";//让图片依次显示
    pic++;
    if(pic==4) pic=0;//当到第 5 张图片时，由于没有此图片，所以清零，图片回到第 1 张
}
var interval=setInterval(imageChange,1000);//每隔 1 秒调用 1 次函数 imageChange()
```

（3）函数 showImage(i)的实现。步骤如下：

① 清空计时器，让图片停止轮换。

② 定位到图片数组。

③ 遍历图片，让所有图片不显示。

④ 让序号 i 对应的图片显示。

代码如下：

```
function showImage(i){
    clearTimeout(interval);//清空计时器，让图片停止轮换
    var p=document.getElementById("pic").getElementsByTagName("li");//定位到所有图片
    /*遍历图片，让所有图片隐藏*/
    for(var n=0;n<p.length;n++) {
        p[n].style.display="none";
    }
    p[i].style.display="block";//让序号对应的图片显示
    interval=setInterval(imageChange,1000);//恢复计时器，图片继续轮换
}
```

（4）HTML 代码如下：

```
<div id="picChange">
    <ul id="pic" >
        <li><a href="#"><img src="image/img1.jpg" alt="初夏"/></a></li>
        <li style="display:none;"><a href="#"><img src="image/img2.jpg" alt="大赛"/></a></li>
        <li style="display:none;"><a href="#"><img src="image/img3.jpg" alt="文艺"/></a></li>
        <li style="display:none;"><a href="#"><img src="image/img4.jpg" alt="学习"/></a></li>
    </ul>
    <div id="num">
        <ul>
            <li><a href="javascript:showImage(0)"></a></li>
            <li><a href="javascript:showImage(1)"></a></li>
            <li><a href="javascript:showImage(2)"></a></li>
            <li><a href="javascript:showImage(3)"></a></li>
```

```
            </ul>
        </div>
    </div>
```

【任务说明】

该任务利用层的显示和隐藏功能控制图片的轮换，有的图片轮换是通过改变图片的位置实现的（如任务 5.1 使用的方法）。这两种轮换效果是有区别的，可根据需要选择合适的效果。

【知识拓展】

4.2.6　Date 对象

Date 对象用于处理日期和时间。

1．创建 Date 对象

语法格式如下：

```
var myDate=new Date();
```

说明：Date 对象会自动把当前日期和时间保存为其初始值。

2．Date 对象的方法

Date 对象的方法主要分为两种形式：本地时间和 UTC 时间。这里介绍用得比较多的本地时间的方法：get 方法和 set 方法。

（1）get 方法。

① getFullYear()：返回 Date 对象的年份值（4 位年份）。

② getMonth()：返回 Date 对象的月份值（从 0 开始，所以真实月份=返回值+1）。

③ getDate()：返回 Date 对象的月份中的日期值（值的范围为 1~31）。

④ getHours()：返回 Date 对象的小时值。

⑤ getMinutes()：返回 Date 对象的分钟值。

⑥ getSeconds()：返回 Date 对象的秒值。

⑦ getMilliseconds()：返回 Date 对象的毫秒值。

⑧ getDay()：返回 Date 对象的星期值（0 为星期日，1 为星期一，2 为星期二，以此类推）。

⑨ getTime()：返回 Date 对象与 1970/01/01 00:00:00 之间的毫秒值（北京时间的时区为东 8 区，起点时间实际为 1970/01/01 08:00:00）。

（2）set 方法。

① setFullYear(year, opt_month, opt_date)：设置 Date 对象的年份值（4 位年份）。

② setMonth(month, opt_date)：设置 Date 对象的月份值（0 表示 1 月，11 表示 12 月）。

③ setDate(date)：设置 Date 对象的月份中的日期值（值的范围为 1~31）。

④ setHours(hour, opt_min, opt_sec, opt_msec)：设置 Date 对象的小时值。

⑤ setMinutes(min, opt_sec, opt_msec)：设置 Date 对象的分钟值。

⑥ setSeconds(sec, opt_msec)：设置 Date 对象的秒值。

⑦ setMilliseconds(msec)：设置 Date 对象的毫秒值。

【任务实训】

实现目标:

(1) 掌握元素的获取方法。

(2) 了解数组的使用。

(3) 掌握定时、计时方法的使用。

实训内容:

(1) 初级任务:页面上有一个文本框和一个按钮,文本框中没有内容,当用户单击"显示"按钮后,文本框的内容显示为1。效果如图 4-2-3 所示。

(2) 中级任务:在页面上使用<span></span>实现计时功能,单击"停止"按钮,则停止计时。效果如图 4-2-4 所示。

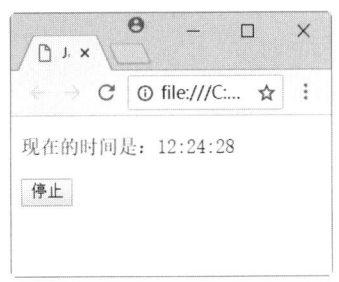

图 4-2-3 显示文本框内容效果图   图 4-2-4 计时/停止计时效果图

(3) 高级任务:完成购物车效果,选择店铺前的复选框,则购物车中该店铺商品前的复选框都被选中,否则都不被选中,单击"使用购物车结算"按钮能计算总价。效果如图 4-2-5 所示。

图 4-2-5 购物车效果图

⫸【任务 4.3】浪浪网表单验证特效制作

【任务描述】

Martin 了解到 JavaScript 有个很重要的作用：能在客户端页面对用户在表单里输入的内容的合法性进行验证，这样就不需要在服务器端进行验证，减轻了服务器的压力，所以 Martin 决定尝试表单验证特效的制作，效果如图 4-3-1 所示。在师傅的建议下，Martin 制订了以下计划。

第一步，学习如何获取表单元素的值。

第二步，学习 JavaScript 的内置函数。

第三步，学习 JavaScript 的正则表达式。

第四步，完成表单验证。

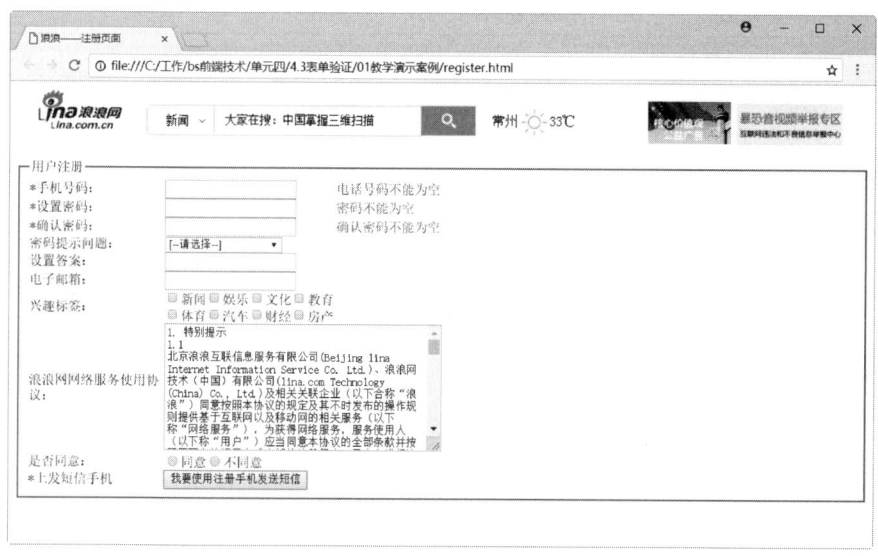

图 4-3-1　表单验证页面效果图

【知识预览】

4.3.1　获取表单元素值

1. 获取文本框的值

文本框的值、文本区域的值、密码框的值，都可以通过 value 属性获取。

value 属性举例与效果见表 4-3-1。

表 4-3-1　value 属性举例与效果

代　　码	效　　果
用户名：\<input type="text" id="user"/\> \<input type="button" value="试一试" onClick="getV()"/\> \<script\>	

（续表）

代　码	效　果

function getV(){
 	
　　　document.getElementById("user").value="汪国真";
 	
}
</script>
	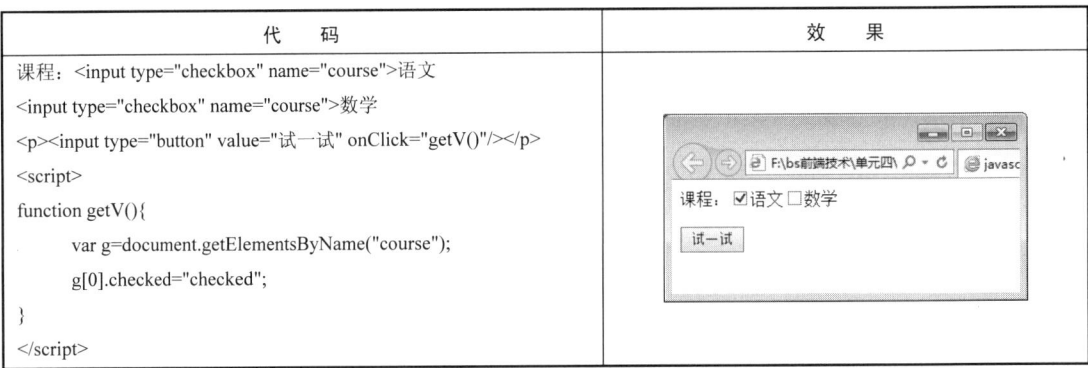

分析：单击"试一试"按钮，文本框中的值显示为"汪国真"。

2．获取复选框、单选按钮的值

复选框、单选按钮是通过 checked 属性来改变选中状态的。

checked 属性举例与效果见表 4-3-2。

<div align="center">表 4-3-2　checked 属性举例与效果</div>

代　码	效　果

课程：<input type="checkbox" name="course">语文
<input type="checkbox" name="course">数学
<p><input type="button" value="试一试" onClick="getV()"/></p>
<script>
function getV(){
　　　var g=document.getElementsByName("course");
　　　g[0].checked="checked";
}
</script>
	课程：☑语文 □数学
	
	试一试

分析：单击"试一试"按钮，"语文"复选框被选中了。

3．获取下拉列表框的值

假设下拉列表框的 id 为 test，则有如下代码。

（1）获取 select 对象：var myselect=document.getElementById("test")。

（2）获取选中项的索引：var index=myselect.selectedIndex; //selectedIndex 代表的是选中项的 index。

（3）获取选中项 options 的 value：myselect.options[index].value。

（4）获取选中项 options 的 text：myselect.options[index].text。

下拉列表框举例与效果见表 4-3-3。

<div align="center">表 4-3-3　下拉列表框举例与效果</div>

代　码	效　果
城市：<select id="test"> <option value="cz">常州</option> <option value="nj">南京</option> <option value="sz">苏州</option> </select>	

（续表）

代　码	效　果

`<p><input type="button" value="试一试" onClick="getV()"/></p>`
`<script>`
`function getV(){`
　　`var myselect=document.getElementById("test");`
　　`var index=myselect.selectedIndex;`
　　`var t=myselect.options[index].text;`
　　`alert("当前选项卡的内容是"+t+"索引号是"+index);`
`}`
`</script>`
	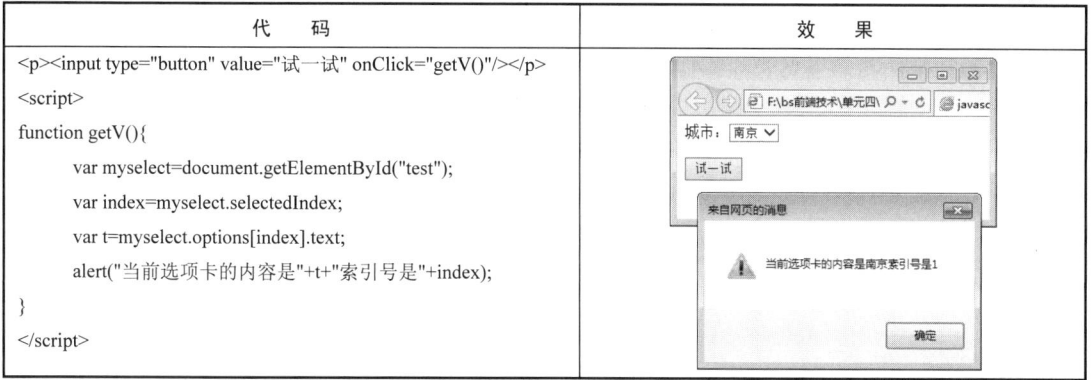

分析：选择下拉列表框中的不同内容，单击"试一试"按钮，会出现不同选项卡对应的文本内容和索引号。

4.3.2　JavaScript 内置函数

在使用 JavaScript 语言时，除了可以自定义函数，还可以使用 JavaScript 内置函数，这些内置函数是由 JavaScript 语言自身提供的函数。下面将对一些常用的内置函数进行详细介绍。

1．parseInt()函数

该函数主要将首位为数字的字符串转化成整型字符串，如果字符串不是以数字开头的，那么将返回 NaN。语法格式如下：

```
parseInt(StringNum,[n]);
```

说明：

① StringNum 为需要转换为整型字符串的字符串。

② n 为 2～36 范围内的数字，表示所保存数字的进制数。这个参数在函数中不是必需的。

2．parseFloat()函数

该函数主要将首位为数字的字符串转化成浮点型数字，如果字符串不是以数字开头的，那么将返回 NaN。语法格式如下：

```
parseFloat(StringNum);
```

说明：StringNum 为需要转换为浮点型数字的字符串。

3．isNaN()函数

该函数主要用于检验某个值是否不是数字。语法格式如下：

```
isNaN(Num);
```

说明：

① Num 为需要验证的数字。

② 如果参数 Num 不是数字，函数返回值为 true；如果参数 Num 是数字，函数返回值为 false。

4．isFinite()函数

该函数主要用于检验某个表达式是否为无穷大。语法格式如下：

```
isFinite(Num);
```

① Num 为需要验证的数字。

② 如果参数 Num 为无穷大，函数返回值为 true；如果参数 Num 不为无穷大，函数返回值为 false。

内置函数举例与效果见表 4-3-4。

表 4-3-4   内置函数举例与效果

代　　码	效　　果

<pre><script >
function show(price){
    document.form1.price3.value=price;
}
function tj(){
    var price1=document.getElementById("price1").value;
    var num1=document.getElementById("num1").value;
    var price2=document.getElementById("price2").value;
    var num2=document.getElementById("num2").value;
    var price3=document.getElementById("price3").value;
    if(isNaN(price1)||isNaN(num1)||isNaN(price2)||isNaN(num2)||isNaN(price3)) {
        alert("数字填写错误！ ");
        return;
    }
    price1=parseFloat(price1);
    num1=parseInt(num1);
    price2=parseFloat(price2);
    num2=parseInt(num2);
    price3=parseFloat(price3);
    var total=(price1*num1+price2*num2+price3);
    document.getElementById("total").value="您的订单总额为"+total+"元";
}
</script></pre>
	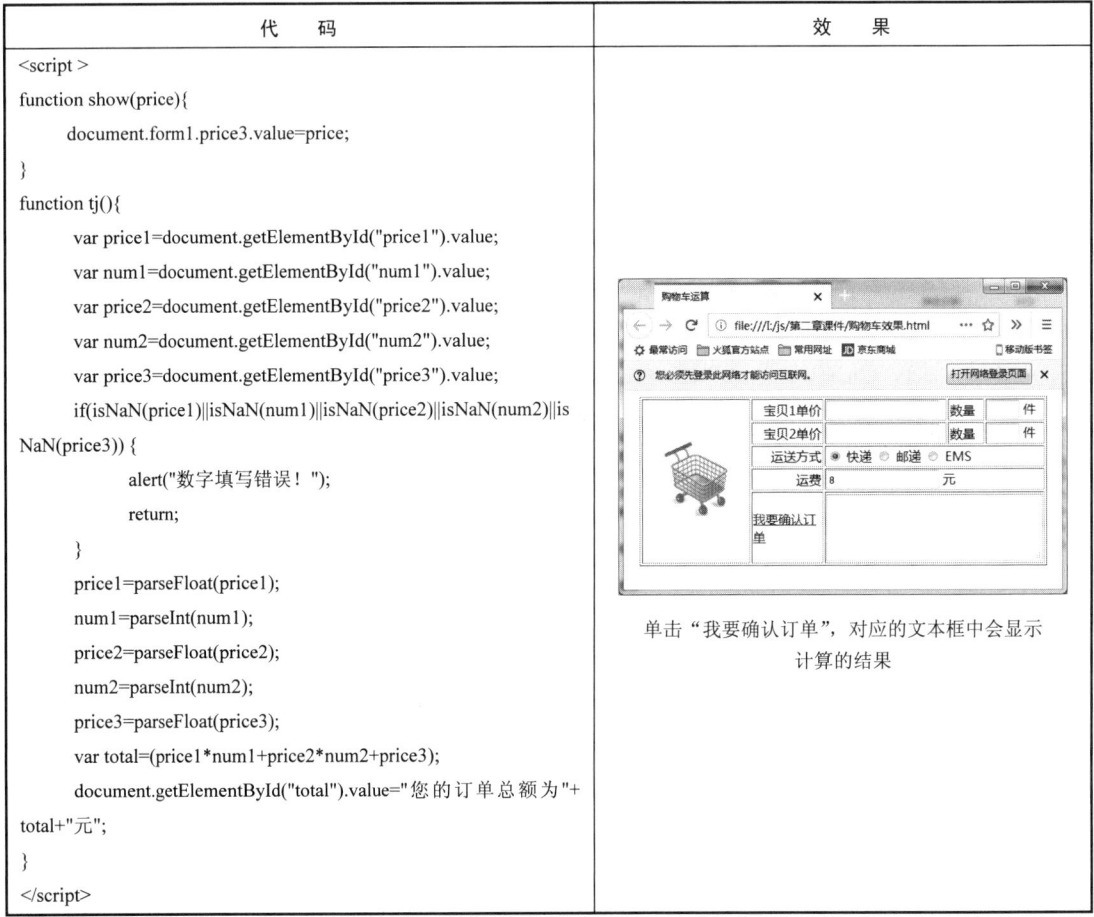
	
	单击"我要确认订单"，对应的文本框中会显示计算的结果

4.3.3   正则表达式

1．正则表达式的定义

正则表达式是指用某种模式去匹配一类字符串的公式，包括 JavaScript 正则表达和 Java 正则表达式。这里介绍 JavaScript 正则表达式。

在 JavaScript 中，正则表达式是由一个 RegExp 对象表示的，利用 RegExp 对象来完成有关正则表达式的操作和功能。

正则表达式的定义共有 2 种方式：显式定义和隐式定义。

（1）显式定义。"显式"是让大家一眼就能看出这是正则表达式的定义，足够明显。

显式定义必须使用 new 关键词来定义。语法格式如下：

var 变量名=new RegExp("正则表达式模式");

说明：显式定义的正则表达式必须用双引号引起来。

（2）隐式定义。"隐式"不能让人一眼就看出这是正则表达式的定义，不够明显。语法格式如下：

```
var 变量名=/正则表达式模式/
```

说明：隐式定义的正则表达式的开头和结尾必须都是斜杠"/"。使用隐式定义的正则表达式是不需要用双引号引起来的，这一点和显式定义的正则表达式不一样。

师傅经验：隐式定义是常用的方式，代码量少且方便。

举例：

```
var myregex = new RegExp("[a-z]");
```

上面的语句等价于下面的语句：

```
var myregex = /[a-z]/;
```

2．正则表达式的使用

在 JavaScript 中，可以使用 RegExp 对象的 test()方法来指出被查出的字符串中是否匹配正则表达式模式。语法格式如下：

```
regex.test(str);
```

说明：

① regex 表示正则表达式模式。

② str 表示字符串。

③ 该方法返回一个 boolean 值。也就是说，test()方法检查字符串 str 是否符合正则表达式模式 regex，如果符合，则返回 true；如果不符合，则返回 false。

3．常用的正则表达式字符

常用的正则表达式字符见表 4-3-5。

表 4-3-5　常用的正则表达式字符

字　　符	描　　述
{n}	匹配前一项 n 次
{n,}	匹配前一项 n 次或多次
{n,m}	匹配前一项至少 n 次，但是不能超过 m 次
*	匹配前一项 0 次或多次，等价于{0,}
+	匹配前一项 1 次或多次，等价于{1,}
?	匹配前一项 0 次或 1 次，也就是说，前一项是可选的，等价于{0,1}
/…/	代表一个模式的开始和结束
^	匹配字符串的开始
$	匹配字符串的结束
\s	任何空白字符
\S	任何非空白字符
\d	匹配一个数字字符，等价于[0-9]
\D	除数字外的任何字符，等价于[^0-9]
\w	匹配一个数字、下画线或英文字母字符，等价于[A-Za-z0-9_]
\W	任何非单字字符，等价于[^a-zA-Z0-9_]
.	除换行符外的任意字符

举例：

① 匹配 n 到 m 个数字：

var reg=/^\d{n,m}$/;

② 匹配英文字母、数字、下画线：

var reg=/^\W$/;

或者：

var reg=/^[a-zA-Z0-9_]$/;

③ 判断文本框中的内容是否是 3 位数字，见表 4-3-6。

表 4-3-6　判断文本框中的内容是否是 3 位数字

代　　码	效　　果

输入 3 位数字：<input type="text" id="test">
<input type="button" value="测试" onClick="testReg()"/>
<script>
function testReg(){
　　var t=document.getElementById("test").value;
　　var reg=/^\d{3}$/;
　　if(reg.test(t)) {
　　　　alert("输入合法");
　　}
　　else {
　　　　alert("输入错误");
　　}
}
</script>
	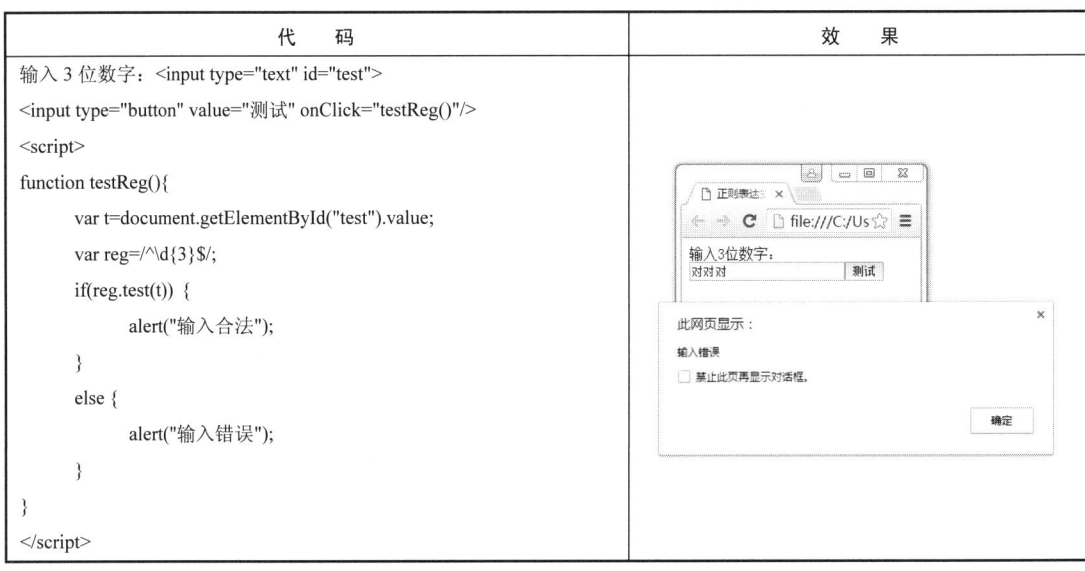

分析：必须在文本框中输入 3 位数字才是合法输入。

【任务实现】

4.3.4　表单验证特效

（1）修改任务 2.6 中的界面，为每个表单元素增加一个单元格，里面放 span 标签，具体代码类似<span id="telE"></span>，不需要验证的表单元素则可使用 colspan 属性。

（2）为需要验证的表单元素添加 id 属性，此处验证手机号码、密码、确认密码、电子邮箱，相应的代码如下：

```
<tr>
    <td><label>*手机号码: </label></td>
    <td><input name="tel" type="text" id="tel"></td>
    <td><span id="telE"></span></td>
</tr>
<tr>
    <td><label>*设置密码: </label></td>
    <td><input name="psw1" type="text" id="psw1"></td>
    <td><span id="psw1E"></span></td>
```

```
</tr>
<tr>
    <td><label>*确认密码：</label></td>
    <td><input name="psw2" type="text" id="psw2" ></td>
    <td><span id="psw2E"></span></td>
</tr>
<tr>
    <td><label>电子邮箱：</label></td>
    <td><input name="email" type="text" id="email" ></td>
    <td><span id="emailE"></span></td>
</tr>
```

（3）新建 register.js 文件，该页面需要验证手机号码、密码、确认密码、电子邮箱，需要定义 4 个函数，然后通过每个文本框的失去焦点（onBlur）事件调用。

（4）验证手机号码，代码如下：

```
/*验证手机号码*/
function checkTel(){
    document.getElementById("telE").innerHTML="";//清空错误标签中的内容
    var t=document.getElementById("tel").value;//获取手机号码文本框中的值
    var reg=/^1\d{10}$/;//定义正则表达式
    /*判断手机号码文本框中是否输入了内容*/
    if(t==""){
        document.getElementById("telE").innerHTML="电话号码不能为空";
        document.getElementById("telE").style.color="red";
        return false;//最后提交表单时需要使用该值
    }
    /*若已在手机号码文本框中输入内容，判断内容是否正确*/
    else if(!reg.test(t)){
        document.getElementById("telE").innerHTML="电话号码必须是 11 位数字";
        document.getElementById("telE").style.color="red";
        return false;
    }
    return true;//若输入正确，返回真值，提交表单时需要使用该值
}
```

（5）验证密码，代码如下：

```
/*验证密码*/
function checkPsw1(){
    document.getElementById("psw1E").innerHTML="";
    var t=document.getElementById("psw1").value;
    var reg=/^.{6,}$/;
    if(t==""){
        document.getElementById("psw1E").innerHTML="密码不能为空";
        document.getElementById("psw1E").style.color="red";
        return false;
    }
    else if(!reg.test(t)){
        document.getElementById("psw1E").innerHTML="密码不能少于 6 位";
        document.getElementById("psw1E").style.color="red";
```

```
            return false;
        }
        return true;
    }
```

（6）验证确认密码，代码如下：

```
/*验证确认密码*/
function checkPsw2(){
    document.getElementById("psw2E").innerHTML="";
    var t=document.getElementById("psw2").value;
    if(t==""){
        document.getElementById("psw2E").innerHTML="确认密码不能为空";
        document.getElementById("psw2E").style.color="red";
        return false;
    }
    else if(t!=document.getElementById("psw1").value){
        document.getElementById("psw2E").innerHTML="两次密码不一致";
        document.getElementById("psw2E").style.color="red";
        return false;
    }
    return true;
}
```

（7）验证电子邮箱，代码如下：

```
/*验证电子邮箱*/
function checkEmail(){
    document.getElementById("emailE").innerHTML="";
    var t=document.getElementById("email").value;
    var reg=/^\w+@\w+.[a-zA-Z]{2,3}(.[a-zA-Z]{2,3})?$/;
    if(t==""){
        document.getElementById("emailE").innerHTML="电子邮箱不能为空";
        document.getElementById("emailE").style.color="red";
        return false;
    }
    else if(!reg.test(t)){
        document.getElementById("emailE").innerHTML="电子邮箱格式不正确";
        document.getElementById("emailE").style.color="red";
        return false;
    }
    return true;
}
```

（8）提交表单，需判断所有的函数是否正确，若有一个错误则不能提交，代码如下：

```
function checkAll(){
    var flag;
    if(checkTel()&&checkPsw1()&&checkPsw2()&&checkEmail()) flag=true;
    else flag=false;
    return flag;
}
```

（9）在表单中添加表单提交（onSubmit）事件，代码如下：

```
onSubmit="return checkAll()";
```

【任务总结】

该任务使用的是任务 2.6 的界面，所以使用的是表格布局，实际工作中应把表格布局换成层布局。

HTML5 中新增了 pattern 属性进行表单验证（详见 4.3.5 节），但到 IE 10 才支持 pattern 属性，且 pattern 属性的样式是由浏览器定义的，若要自定义样式则需要编写 JavaScript 代码。因此，若要制作个性化或复杂的表单验证，则需要掌握该任务提供的方法。

【知识拓展】

4.3.5　HTML5 的表单验证

1．内置验证规则

HTML5 规范对一些新的 input 类型（如 email、url、tel）给出了一些更为简易的验证规则，并且将其打包成了预定义的验证规则。当给定的值不符合预期的格式时，这些输入类型就会抛出一条指示错误的消息从而阻止提交，见 2.6.5 节。

2．required 属性

required 属性规定必须在提交之前填写要输入的字段。required 属性适用于以下 input 类型：text、search、url、telephone、email、password、date pickers、number、checkbox、radio 及 file。

required 属性举例与效果见表 4-3-7。

表 4-3-7　required 属性举例与效果

代　　码	效　　果

`<form action="a1.html">`
　　`<input type="text" required>`
　　`<input type="submit">`
`</form>`
	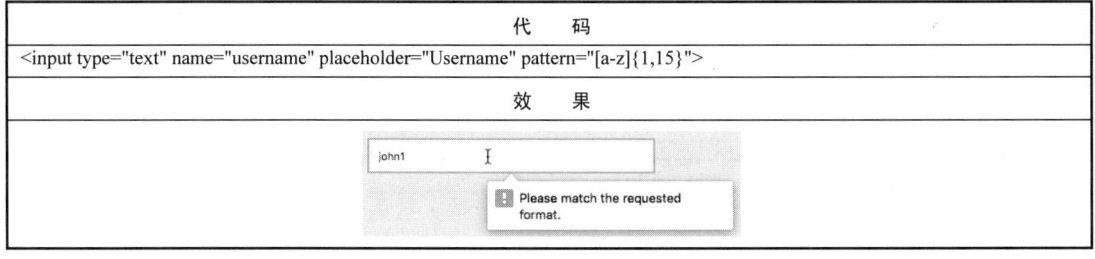

3．pattern 属性

内置的表单元素只能做特定的简单验证，若要对用户名、昵称或任何未被指定为标准输入类型的数据类型进行验证，则需要使用 pattern 属性。

pattern 属性仅适用于 input 元素。它允许利用正则表达式制定自己的验证规范来验证输入的值。同样，如果输入的值与指定的模式不匹配，将会抛出错误信息。语法格式如下：

`<input type="text" name="username" placeholder="Username" pattern="正则表达式">`

pattern 属性举例与效果见表 4-3-8。

表 4-3-8　pattern 属性举例与效果

代　　码
`<input type="text" name="username" placeholder="Username" pattern="[a-z]{1,15}">`
效　　果
john1　　Please match the requested format.

4.3.6 自定义验证信息

使用 pattern 属性虽然对验证工作起作用了，但此信息并不能帮助用户了解所要求的格式实际上是什么。用户体验不好。幸运的是，可以自定义提示信息，使其更加有助于用户了解错误类型，并且有几种方法可以做到这一点。

1．使用 title 属性实现

使用 title 属性实现自定义验证举例与效果见表 4-3-9。

表 4-3-9　使用 title 属性实现自定义验证举例与效果

代　码
```<form action="a1.html">   <input type="text" name="username" placeholder="Username" pattern="[a-z]{1,15}" title="Username should only contain lowercase letters. e.g. john">   <input type="submit"></form>```

效　果
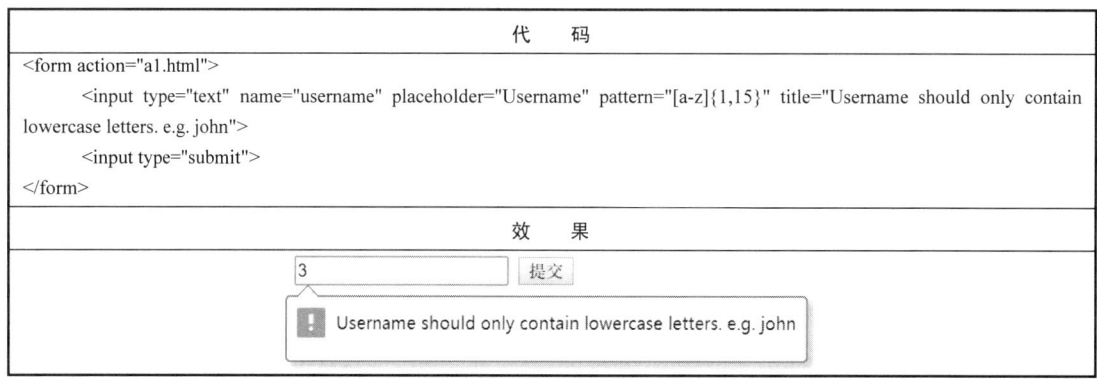

分析：表 4-3-9 中弹出的提示信息与表 4-3-8 中弹出的提示信息相比较，效果会稍好些。

2．使用 JavaScript 实现

使用 JavaScript 实现用一条完全自定义的信息替换默认的 Please match the requested format（请匹配所要求的格式）。举例与效果见表 4-3-10。

表 4-3-10　使用 JavaScript 实现自定义验证举例与效果

代　码
```<form action="a1.html">   <input type="text" name="username" placeholder="Username" pattern="[a-z]{1,15}" id="username">   <input type="submit"></form><script>   var input = document.getElementById("username");   input.oninvalid = function(event) {   event.target.setCustomValidity("Username should only contain lowercase letters. e.g. john");   }</script>```

效　果
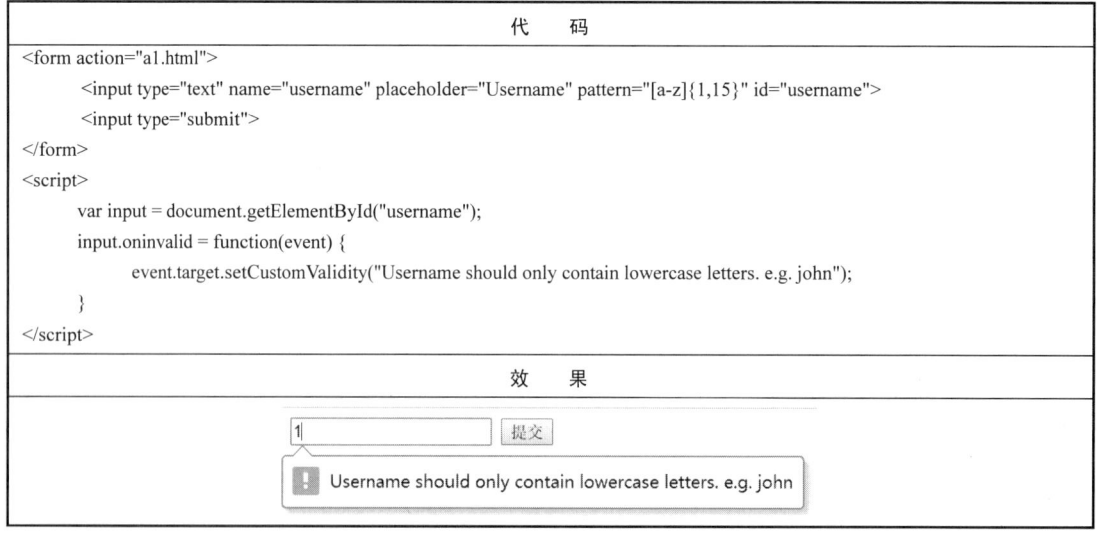

分析：输入后显示无效状态时，用自定义的信息替换了默认信息。

说明：oninvalid 事件继承了一个 event 对象，其中包括 target 属性（无效元素）和包含错误信息文本的 validationMessage，并使用 setCustomValidity()方法重写了文本信息。

操作步骤：

（1）在 input 的元素上添加一个 id。

（2）编写 JavaScript 代码。

```
var input = document.getElementById("username");
input.oninvalid = function(event) {
    event.target.setCustomValidity("Username should only contain lowercase letters. e.g. john");
}
```

【任务实训】

实训目的：

（1）掌握表单元素值的获取。

（2）掌握 JavaScript 正则表达式的使用。

（3）掌握表单验证方法。

实训内容：

（1）初级任务：完成移动号码话费充值额的计算，效果如图 4-3-2 所示。

要求：当用户单击充值金额时，能计算折后价，折后价的计算方法是充值金额×0.95。

（2）中级任务：制作简易计算器，效果如图 4-3-3 所示。

图 4-3-2　移动号码话费充值效果图

图 4-3-3　简易计算器效果图

要求：输入数字，单击运算符，"计算结果"文本框中出现对应的值。

（3）高级任务：完成昵称、密码、确认密码的验证，效果如图 4-3-4 所示。

要求：

① 昵称是字母、数字、下画线或汉字，至少为 3 位。

② 密码至少为 6 位。

③ 确认密码和密码一致。

④ 若文本框中没有输入内容，则能定位到应输入的地方，且用红色字显示不能为空；若输入错误内容，则能选择错误内容，并用红色文字显示错误原因。

图 4-3-4　验证效果图

⫸【任务 4.4】浪浪网其他特效制作

【任务描述】

Martin 决定查缺补漏，制作网页常用的特效。经过浏览网页及和师傅沟通，Martin 制订了以下计划。

第一步，学习制作选项卡特效。

第二步，学习制作弹出广告特效。

第三步：学习制作页面返回、前进、刷新特效。

选项卡页面如图 4-4-1 所示，单击选项卡，该选项卡样式改变，对应的内容显示。

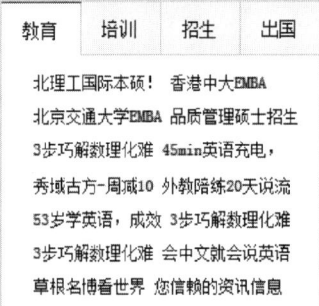

图 4-4-1　选项卡页面效果图

弹出广告页面如图 4-4-2 所示。打开网页时，弹出广告窗口，该窗口没有滚动条、地址栏、状态栏、菜单栏，不可以改变大小，宽为 700px，高为 250px。

图 4-4-2　弹出广告页面效果图

返回、前进、刷新页面如图 4-4-3 所示，单击"跳转到其他版块"能跳转到选项卡对应页面，单击"返回"能返回到前面浏览的页面，单击"前进"能跳转到下一个页面，单击"刷新"则刷新该页面。

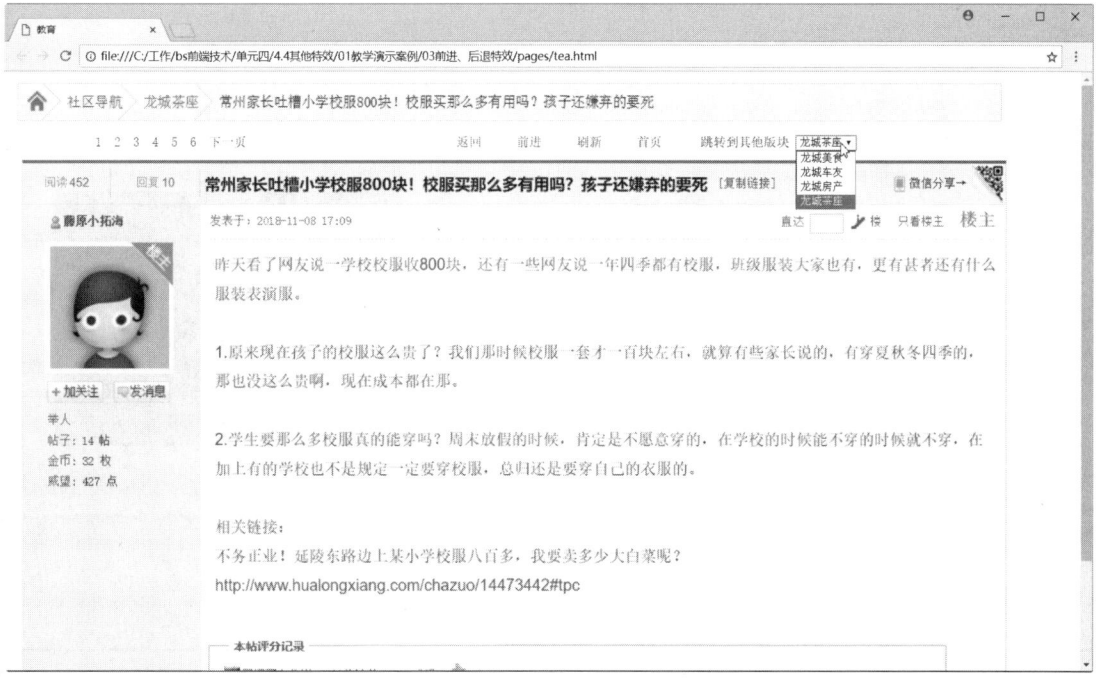

图 4-4-3　返回、前进、刷新页面效果图

【知识预览】

4.4.1 CSS 样式特效

为了达到某种特殊的效果,需要用 JavaScript 动态地去更改某一个标签的 CSS 属性。JavaScript 中提供了几种可动态地修改样式的方式,其中最常见的是使用 style 方法来改变 CSS 样式。语法格式如下:

```
document.getElementById("id").style.property="值"
```

说明:property 代表的是 CSS 样式,在 JavaScript 中的写法和 CSS 样式有区别,需要把 CSS 样式中的"-"去掉,并使用驼峰原则书写,见表 4-4-1。

表 4-4-1 JavaScript 中 CSS 样式的写法

CSS 样式	JavaScript 中的写法	说　明
border-width	borderWidth	边框宽度
background-color	backgroundColor	背景颜色
margin-top	marginTop	上边距
padding	padding	内边距
display	display	显示

CSS 样式特效举例与效果见表 4-4-2。

表 4-4-2 CSS 样式特效举例与效果

代　码	效　果
<pre><script>
    function test4(event) {
        if(event.value =="黑色") {
            //获取 div1
            var div1 = document.getElementById("div1");
            div1.style.backgroundColor="black";
        }
        if(event.value == "红色") {
            //获取 div1
            var div1 = document.getElementById("div1");
            div1.style.backgroundColor="red";
        }
    }
</script>
<div id="div1" style="width:400px; height:300px; background-color:red;">div1
</div>
<input type="button"value="黑色"onclick="test4(this)">
<input type="button" value="红色"onclick="test4(this)"></pre>	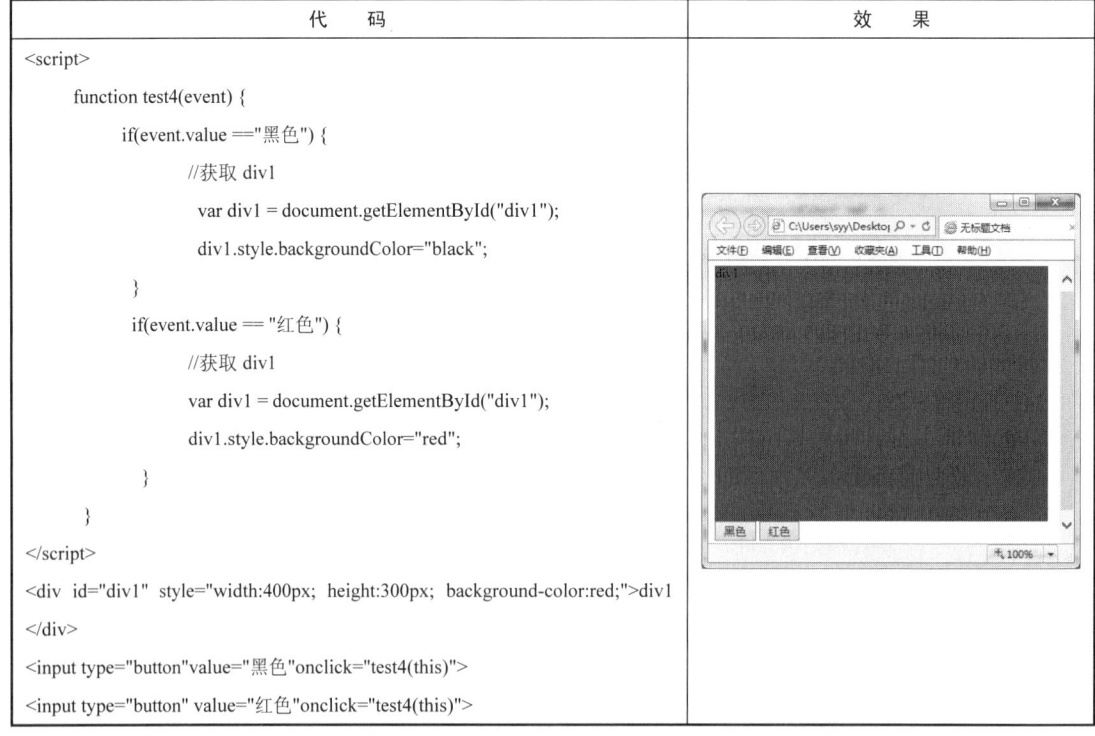

分析:单击"黑色"按钮,div1 变成黑色;单击"红色"按钮,div1 变成红色。

4.4.2　window 对象

1. window 对象简介

在 JavaScript 中，当用户在浏览器中打开一个页面时，浏览器就会自动创建文档对象模型中的一些对象，这些对象存放了 HTML 页面的属性和其他相关信息，因为这些对象在浏览器上运行，所以也称之为浏览器对象。一个浏览器窗口就是一个 window 对象，主要用来控制由窗口弹出的对话框、打开或关闭窗口、控制窗口的大小和位置等。window 对象是一个分层结构，如图 4-4-4 所示。

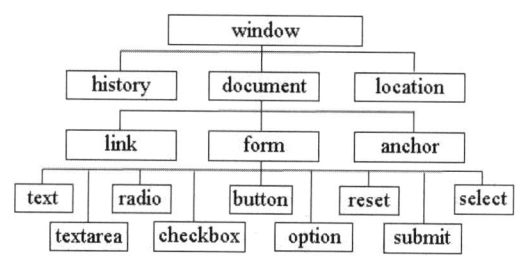

图 4-4-4　window 对象分层结构图

window 对象表示一个浏览器窗口或一个框架。在客户端 JavaScript 中，window 对象是全局对象，所有的表达式都在当前的环境中计算。也就是说，要引用当前窗口根本不需要特殊的语法，因为可以把窗口的属性作为全局变量来使用。例如，可以只写 document，而不必写 window.document；同样，可以把当前窗口对象的方法当成函数来使用，如只写 alert()，而不必写 window.alert()。

2. window 对象的使用

打开页面，先看到浏览器窗口，即 window 窗口，window 对象指的是浏览器本身；然后看到网页文档内容，即 document（文档）。假设 myform 表单中有一个文本框 text1，定位此文本框时，就应该从上往下定位：

window.document.myform.text1

因为 window 对象是所有页面内容的根节点，所以可以省略：

document.myform.text1

window 对象结构中除有 document（文档）对象外，还有 location 和 history。

（1）window 对象常用属性。window 对象常用属性见表 4-4-3。

表 4-4-3　window 对象常用属性

名　　称	说　　明
status	浏览器状态栏中显示的临时消息
screen	有关客户端的屏幕和显示性能的信息
history	有关客户访问过的 URL 的信息
location	有关当前 URL 的信息
document	浏览器窗口中的 HTML 文档
parent	当前窗口的父窗口
self	当前 window 对象的代名词

（2）window 对象常用方法。window 对象常用方法见表 4-4-4。

表 4-4-4　window 对象常用方法

名　称	说　明
alert("提示信息")	显示一个带有提示信息和"确定"按钮的对话框
confirm("提示信息")	显示一个带有提示信息、"确定"按钮和"取消"按钮的对话框
prompt("提示信息")	显示可提示用户输入的对话框
open("url","name")	打开具有指定名称的新窗口，并加载给定 URL 所指定的文档；如果没有提供 URL，则打开一个空白文档
close()	关闭当前窗口
resizeTo(height,width)	设定窗口的大小
moveTo(X,Y)	设置窗口的左上角位置
resizeBy(w,h)	窗口的宽增大 w，高增大 h
showModalDialog()	在一个模式窗口中显示指定的 HTML 文档
setTimeout("函数",毫秒数)	设置定时器：经过指定毫秒值后执行某个函数
scroll()	窗口滚动

（3）window 对象常用事件。window 对象常用事件见表 4-4-5。

表 4-4-5　window 对象常用事件

名　称	说　明
onload	当在窗口或框架中完成文档加载时触发
onresize	当对象的大小将要改变时触发
onscroll	当用户滚动对象的滚动条时触发

3．打开窗口

使用 window 对象中的 open()方法来打开一个新窗口。语法格式如下：

window.open(URL,窗口名称,参数);

说明：

① URL：打开窗口的地址。如果 URL 为空字符串，则浏览器打开一个空白窗口，并且可以使用 document.write()方法动态输出 HTML 文档。

② 窗口名称：window 对象的名称，可以是 a 标签或 form 标签中的 target 属性值。如果指定的名称是一个已经存在的窗口名称，则返回对该窗口的引用，而不会打开一个新窗口。

③ 参数：对打开的窗口进行属性设置，见表 4-4-6。

表 4-4-6　open()方法参数

参　数	说　明
top	窗口顶部与屏幕顶部的距离，默认单位为 px
left	窗口左边与屏幕左边的距离，默认单位为 px
width	窗口的宽度，默认单位为 px
height	窗口的高度，默认单位为 px
scrollbars	是否显示滚动条

（续表）

参　　数	说　　明
resizable	窗口大小是否固定
toolbar	浏览器工具条，包括"前进"或"后退"按钮
menubar	菜单条，一般包括文件、编辑及其他一些条目
location	地址栏，是可以输入 URL 的浏览器文本区

打开窗口举例与效果见表 4-4-7。

表 4-4-7　打开窗口举例与效果

代　　码	效　　果
`<input type="button" value="打开窗口" onclick="newWin=open('a1.html','newWin', 'width=200, height=100');"/>` `<input type="button" value="关闭窗口" onclick="newWin.close();"/>`	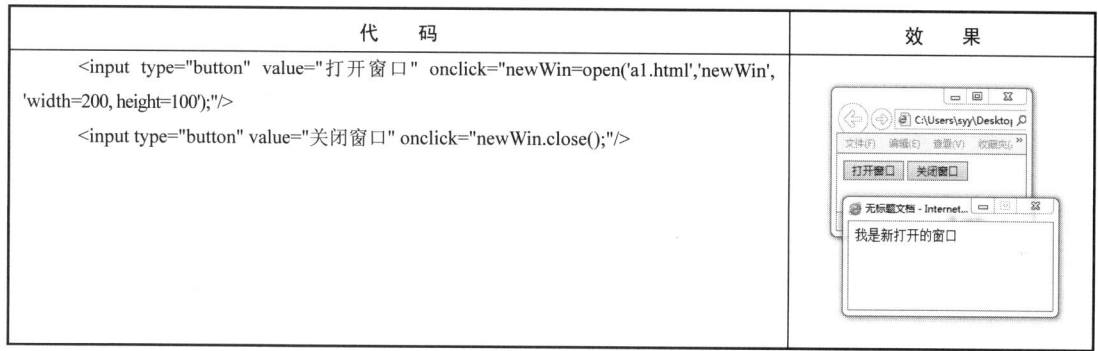

分析：单击"打开窗口"按钮打开一个新窗口，名字为 newWin；单击"关闭窗口"按钮，新打开的窗口被关闭。

打开百度窗口的代码与效果见表 4-4-8。

表 4-4-8　打开百度窗口的代码与效果

代　　码	效　　果

`<script >`
`function openWindow() {`
`　　window.open("http://www.baidu.com ", "", "width=200,height=200,resizable");`
`}`
`</script>`
`<input id="btn" type="button" value="打开窗口" onclick="openWindow()"/>`
	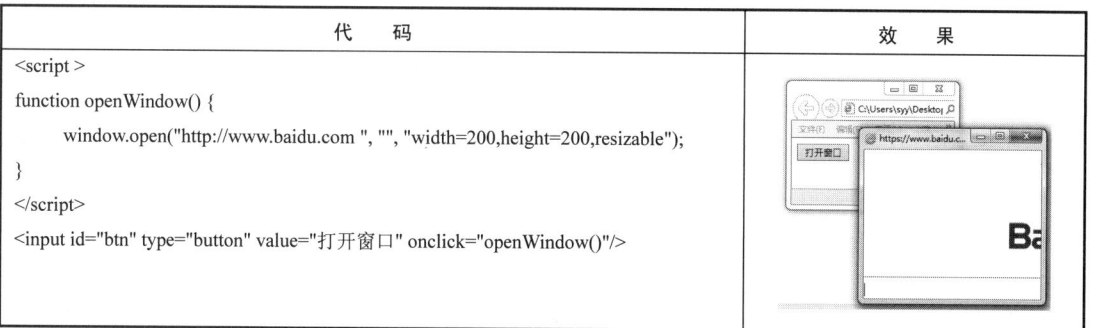

分析：单击"打开窗口"按钮，打开百度首页。

4．history 对象

使用 window 对象中的 history 对象访问历史窗口。history 对象包含用户（在浏览器窗口中）访问过的 URL。

说明：常有读者对"window 对象中的 history 对象"这一句不太理解，其实只要知道"对象里面也可以有子对象"就理解了，可以在一个对象里面再定义一个子对象。

history 对象常用方法见表 4-4-9。

表 4-4-9　history 对象常用方法

名　称	说　明
back()	加载 history 列表中的上一个 URL
forward()	加载 history 列表中的下一个 URL
go("url"or number)	加载 history 列表中的一个 URL，或要求浏览器移动指定的页面数

说明：

① back()方法相当于后退按钮。

② forward()方法相当于前进按钮。

③ go(1)代表前进一页，等价于 forward()方法。

④ go(-1)代表后退一页，等价于 back()方法。

history 对象举例：

```
<a href="javascript:window.history.forward();">下一页</a>
<a href="javascript:window.history.back();">上一页</a>
<a href="javascript:window.history.go(-1);">向后退一页</a>
<a href="javascript:window.history.back(2);">向后退两页</a>
<a href="javascript:window.history.length-1;">末页</a>
```

5．location 对象

location 对象用于获得当前页面的地址（URL），并把浏览器重定向到新的页面。

location 对象常用属性见表 4-4-10。

表 4-4-10　location 对象常用属性

名　称	说　明
host	设置或者检索位置或 URL 的主机名和端口号
hostname	设置或者检索位置或 URL 的主机名
href	设置或者检索完整的 URL 字符串

location 对象常用方法见表 4-4-11。

表 4-4-11　location 对象常用方法

名　称	说　明
assign("url")	加载 URL 指定的新的 HTML 文档
reload()	重新加载当前页面
replace("url")	通过加载 URL 指定的文档来替换当前文档

location 对象举例：

```
document.write(location.href);//返回（当前页面的）整个 URL
document.write(location.pathname);//返回当前 URL 的路径名
window.location.assign("http://www.czmec.cn")//加载一个新的文档
```

【任务实现】

4.4.3　选项卡特效

为浪浪网首页左边的选项卡制作特效。

（1）修改任务 3.3 的浪浪网首页界面，在左边的选项卡中去掉链接的 target 属性。

（2）为选项卡头部的 ul 添加 id 属性，为 tabL。

（3）为 class="left-tab1-cont"的 div 及其子元素 ul 添加 id 属性，代码如下：

```html
<!--选项卡内容开始-->
<div class="left-tab1-cont" id="left-cont">
    <ul class="edu" id="edu">
        <li><ahref="#" target="_blank">北理工国际本硕！</a>  <a href="#" target="_blank">香港中大 EMBA</a></li>
        <li><ahref="#" target="_blank">北京交通大学 EMBA</a>  <a href="#" target="_blank">品质管理硕士招生</a></li>
        <li><a href="#" target="_blank">3 步巧解数理化难题</a>  <a href="#" target="_blank">45min 英语充电，让你不再落后</a></li>
        <li><a href="#" target="_blank">秀域古方-周减 10 斤</a>  <a href="#" target="_blank">外教陪练 20 天说流利英语</a></li>
        <li><a href="#" target="_blank">53 岁学英语，成效惊人</a>  <a href="#" target="_blank">3 步巧解数理化难题</a></li>
        <li><a href="#" target="_blank">3 步巧解数理化难题</a>  <a href="#" target="_blank">会中文就会说英语</a></li>
        <li><a href="#" target="_blank">草根名博看世界</a>  <a href="#" target="_blank">您信赖的资讯信息</a></li>
    </ul>
    <ul class="train" style="display:none;" id="train">
        …
    </ul>
    <ul class="enroll" style="display:none;" id="enroll">
        …
    </ul>
    <ul class="abroad" style="display:none;">
        …
    </ul>
</div>
<!--选项卡内容结束-->
```

（4）编写 JavaScript 代码：

```javascript
window.onload=function(){
    var myTab=document.getElementById("tabL");//定位到选项卡头部 ul
    var myLi=myTab.getElementsByTagName("li");//定位到头部 li 数组
    var u=document.getElementById("left-cont");//定位到选项卡内容部分的 div
    var g=u.getElementsByTagName("ul");//定位到选项卡内容部分的 ul 数组
/*遍历选项卡头部数组，获取当前单击的索引号*/
for(var i = 0; i<myLi.length;i++){
    myLi[i].index = i;
    g[i].index=i;//保存索引号
    myLi[i].onclick = function(){
        for(var j = 0; j <myLi.length; j++){
            myLi[j].setAttribute("class","");//把所有选项卡头部的样式去掉
            g[j].style.display="none";//把所有选项卡内容隐藏
```

```
        }
        myLi[this.index].setAttribute("class","sel");//为当前单击的选项卡添加样式
        g[this.index].style.display="block";//显示与当前选项卡对应的选项卡内容
    }
}
```

4.4.4　弹出广告特效

（1）加载页面时，调用弹出窗口函数，代码如下：

```
onLoad="openwindow()"
```

（2）弹出窗口函数，代码如下：

```
function openwindow()
{
    open("adv.htm", "广告窗口", "toolbar=0, scrollbars=0, location=0, status=0, menubar=0, resizable=0,
width=700, height=250");
}
```

4.4.5　页面返回、前进、刷新特效

（1）制作跳转到其他版块特效。

思路：

① 在下拉菜单的 option 选项卡中添加 value 属性，属性值为该选项卡对应的页面。

② 选项卡选项改变，触发选项卡的 onChange 事件，在该事件中设置当前页面的地址为选项卡所对应的地址，代码如下：

```
<select name="selTopic"   id="selTopic" onChange="javascript: location=this.value">
    <option value="news.html">新闻贴图</option>
    <option value="gard.html">网上谈兵</option>
    <option value="IT.html">IT 茶馆</option>
    <option value="education.html" selected >教育大家谈</option>
</select>
```

（2）制作返回、前进、刷新特效，代码如下：

```
<a href="javascript: history.back()">返回</a>
<a href="javascript: history.forward()">前进</a>
<a href="javascript: location.reload()">刷新</a>
```

【任务实训】

实训目的：

（1）掌握 window 对象常用属性、方法、事件。

（2）掌握 open()方法的使用。

（3）掌握 history 对象和 location 对象的使用。

实训内容：

（1）初级任务：将鼠标移动到图片上，图片变大；鼠标离开图片，图片变小。效果如图 4-4-5 所示。

图 4-4-5　图片大小随鼠标变化效果图

（2）中级任务：打开网页，网页隔一秒就打开一个窗口，一共打开 5 个窗口，这 5 个窗口位置不同。效果如图 4-4-6 所示。

图 4-4-6　打开窗口效果图

（3）高级任务：制作如图 4-4-7 所示的选项卡特效。

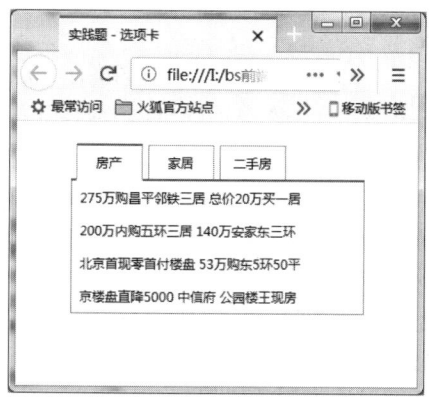

图 4-4-7　选项卡效果图

单元测试 4

选择题

1. 下列 HTML 元素中，可以放置 JavaScript 代码的是（   ）。

    A．<script>   B．<javascript>   C．<js>   D．<scripting>

2. （   ）是书写 Hello World 的正确 JavaScript 语法。

    A．("Hello World")   B．"Hello World"

    C．response.write("Hello World")   D．document.write("Hello World")

3. 插入 JavaScript 的正确位置是（   ）。

    A．<body>部分   B．<head>部分

    C．<body>部分和<head>部分均可   D．以上都不对

4. 引用名为 xxx.js 的外部脚本的正确语法是（   ）。

    A．<script src="xxx.js">   B．<script href="xxx.js">

    C．<script name="xxx.js">   D．<style src="xxx.js">

5. 在警告框中写入 Hello World 的正确语法是（   ）。

    A．alertBox="Hello World"   B．msgBox("Hello World")

    C．alert("Hello World")   D．alertBox("Hello World")

6. 创建函数的正确语法是（   ）。

    A．function:myFunction()   B．function myFunction()

    C．function=myFunction()   D．function(myFunction())

7. （   ）可以调用名为 myFunction 的函数。

    A．call function myFunction   B．call myFunction()

    C．myFunction()   D．Myfunction()

8. 当 i 等于 5 时执行一些语句的条件语句是（   ）。

    A．if (i==5)   B．if i=5 then   C．if i=5   D．if i==5 then

9. 当 i 不等于 5 时执行一些语句的条件语句是（   ）。

    A．if =! 5 then   B．if <>5   C．if (i <> 5)   D．if (i != 5)

10. for 循环的正确写法是（   ）。

    A．for (i <= 5; i++)   B．for (i = 0; i <= 5; i++)

    C．for (i = 0; i <= 5)   D．for i = 1 to 5

11. 在 JavaScript 中添加注释的方法是（   ）。

    A．'This is a comment   B．<!--This is a comment-->

    C．//This is a comment   D．"This is a comment"

12. 定义 JavaScript 数组的正确方法是（   ）。

    A．var txt = new Array="George","John","Thomas"

    B．var txt = new Array(1:"George",2:"John",3:"Thomas")

    C．var txt = new Array("George","John","Thomas")

    D．var txt = new Array:1=("George")2=("John")3=("Thomas")

単元 **5**

综合实战

Ⅲ→【任务 5.1】水源安检企业网站首页制作

微课视频

【任务描述】

通过前面的学习，师傅认为 Martin 已经掌握了 HTML、CSS3、JavaScript 的基本知识，已具有开发前端页面的能力，于是把水源安检企业网站首页制作的任务交给了 Martin，并希望 Martin 在一天之内完成。拿到首页设计图（如图 5-1-1 所示）的 Martin 摩拳擦掌，制订了以下计划。

第一步，分析首页设计图，确定页面布局。

第二步，完成首页设计。

第三步，制作网页交互效果。

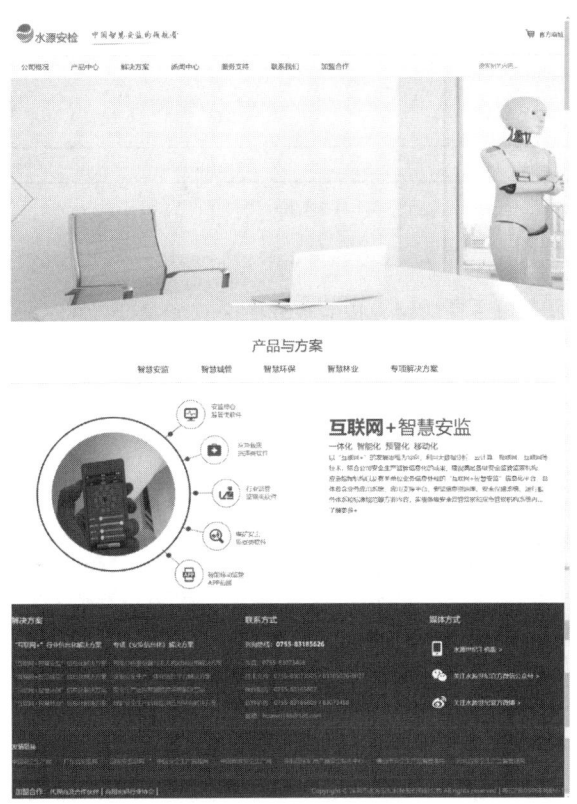

图 5-1-1　首页设计效果图

5.1.1 页面布局

1. 整体页面布局

该页面整齐、统一，所以页面布局比较简单，可分成 Logo 区域、导航区域、Banner 区域、主体内容区域、页脚区域。布局效果如图 5-1-2 所示。

Logo区域
导航区域
Banner区域
主体内容区域
页脚区域

图 5-1-2　整体页面布局

2. Logo 区域布局

Logo 区域效果如图 5-1-3 所示，可使用 h1 标签设置 Logo，使用 p 标签设置宣传语和购物车。具体布局如图 5-1-4 所示。

图 5-1-3　Logo 区域效果图

Logo	宣传语	购物车

图 5-1-4　Logo 区域布局

3. 导航区域布局

导航区域分为主导航区和子导航区，其中子导航区开始是隐藏的，当将鼠标移动到主导航区，如"公司概况"上时，子导航区显示。界面效果如图 5-1-5 所示，布局如图 5-1-6 所示。

图 5-1-5　导航区域效果图

主菜单
子菜单（可分为7个子层，每个子层对应一个选项卡）

图 5-1-6　导航区域布局

（1）主导航区。主导航区效果如图 5-1-7 所示，该区域可使用 ul 标签设置导航，使用 div 标签设置搜索文本框和搜索按钮。具体布局如图 5-1-8 所示。

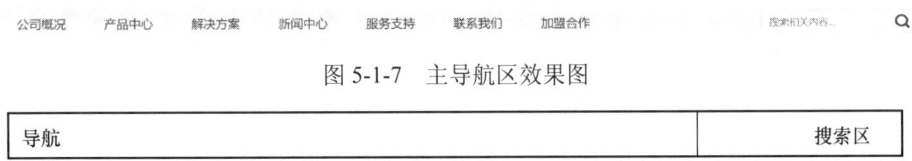

图 5-1-7 主导航区效果图

导航	搜索区

图 5-1-8 主导航区布局

（2）子导航区。子导航区效果如图 5-1-9 所示，该区域可使用 ul 标签设置左边的子条目，使用 div 标签设置右边的图片和文字。具体布局如图 5-1-10 所示。

图 5-1-9 子导航区效果图

子条目	图片和文字

图 5-1-10 子导航区布局

4．Banner 区域布局

Banner 区域效果如图 5-1-11 所示，该区域可使用 3 个 div 标签分别设置 Banner 图片、图片切换按钮、前进和后退图标，通过设置 position 属性，控制不同的 div 显示在合适的位置。具体布局如图 5-1-12 所示。

图 5-1-11 Banner 区域效果图

Banner图片
前进和后退图标
图片切换按钮

图 5-1-12 Banner 区域布局

5．主体内容区域布局

主体内容区域效果如图 5-1-13 所示，该区域可使用两个 div 标签，上面一个设置产品与方案文字与导航，下面一个设置软件图和"互联网+智慧安监"内容。第一个层中又有两个子层，分别设置"产品与方案"文字和下面的导航文字；第二个层中又有两个子层，分别设置左边的图片和右边的文字。具体布局如图 5-1-14 所示。

图 5-1-13　主体内容区域效果图

"产品与方案文字" 小导航区域	
图片	文字

图 5-1-14　主体内容区域布局

说明：主体内容区域有 5 个选项卡，要制作成选项卡效果，布局时应该有 5 个选项卡的内容。

6．页脚区域布局

页脚区域效果如图 5-1-15 所示，该区域可使用两个 div 标签，一个设置"解决方案"到"友情链接"部分，另一个设置"加盟合作"部分。第一个层中又有两个层，分别设置"解决方案""联系方式""媒体方式"和"友情链接"；第二个层中又有两个层，分别设置加盟合作和版权信息。具体布局如图 5-1-16 所示。

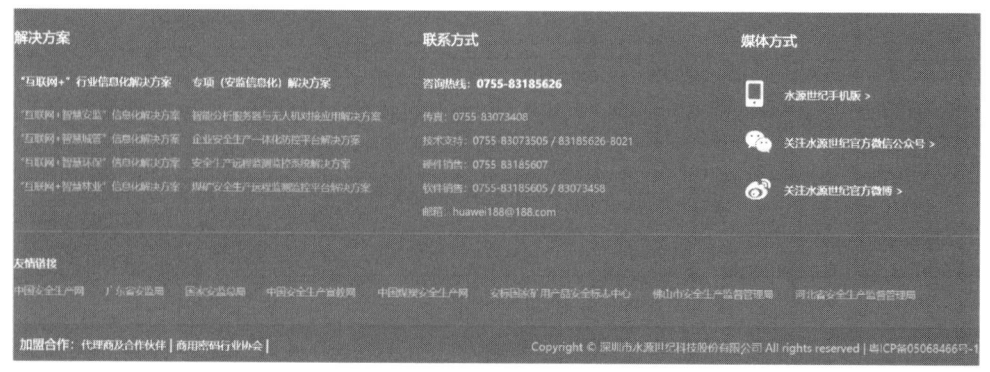

图 5-1-15　页脚区域效果图

解决方案	联系方式	媒体方式
友情链接		
加盟合作		版权信息

图 5-1-16　页脚区域布局

5.1.2　代码实现

（1）通用 CSS 设计。在制作页面时，通常会创建一个 CSS 文件，对网站的整体风格进行样式设置，相关代码如下：

```css
/*网站基本定义*/
* {
    margin: 0;
    padding: 0;
    border: 0;
    background-repeat: no-repeat;
    border-radius: none;
}
h1, h2, h3, h4, h5, h6, p {
    font-weight: normal;
}
body {
    background-color: #fff;
    font: 14px/24px "微软雅黑";
    margin: 0px;
    padding: 0px;
    color: #333;
    height: auto;
    clear: both;
}
img {
    border: none;
}
ul, li {
    list-style: none;
}
em, i {
    font-style: normal;
}
a {
    text-decoration: none;
    color: #1a1a1a;
    cursor: pointer;
```

```
        }
        a:hover {
                background-repeat: no-repeat;
        }
        input, textarea {
                outline: none;
                font-family: "微软雅黑";
        }

        .clearfix:after {
                visibility: hidden;
                display: block;
                font-size: 0;
                content: " ";
                clear: both;
                height: 0;
        }
        .clearfix {
                *zoom:1;
        }
        .fl {
                float: left;
        }
        .fr {
                float: right;
        }
```

代码说明：

① outline 是 CSS3 的一个属性，用得很少，是一个不能兼容的 CSS 属性，在 IE 6、IE 7、傲游浏览器中都不兼容，表示设置元素周围的轮廓。

② .clearfix:after 的作用是清除浮动后产生的一些格式。

（2）Logo 区域设计。

① HTML 代码如下：

```
<header class="clearfix" >
        <h1 class="logo fl"><a href="index.html"><img src="webimages/cimg01.png" alt="" /></a></h1>
        <p class="idea fl"><img src="webimages/cimg02.png" alt="" /></p>
        <p class="shop-mall fr"><a href="#">官方商城</a></p>
</header>
```

② CSS 代码如下：

```
header .logo {
        padding: 14px 0 16px;
        width: 161px;
        height: 61px;
}
header .logo img {
```

```
        display: block;
        width: 161px;
        height: 61px;
}
header .idea {
        padding-top: 14px;
        width: 197px;
        height: 61px;
        padding-left: 26px;
}
header .idea img {
        display: block;
        width: 197px;
        height: 61px;
}
header .shop-mall {
        padding-top: 35px;
        line-height: 22px;
}
header .shop-mall a {
        display: block;
        font-size: 14px;
        color: #333;
        padding-left: 30px;
        width: 58px;
        background: url(webimages/cimg03.png) 0 0 no-repeat;
}
header .shop-mall a:hover {
        color: #ffa200;
        background-image: url(webimages/cimg17.png);
}
```

（3）导航区域设计。

① HTML 代码如下：

```
<!--导航开始-->
<nav class="clearfix">
      <ul class="nav fl clearfix" id="nav">
            <li onMouseOver="showSub()" onMouseOut="hideSub()"><a href="company.html">公司概况
</a>
                          <!--子菜单开始-->
                          <div class="subnavclearfix" id="subnav">
                          <!-- <div id="about" _t_nav="about" class="subnav-public clearfix">-->
                                <ul class="subnav01">
                                      <li>
                                            <h3 class="profile">公司介绍</h3>
```

```
                              <div class="subnav-box">
                                 <a href="company.html">公司简介</a>
                                 <a href="organization.html">组织架构</a>
                                 <a href="development.html">发展历程</a>
                                 <a href="qualification.html">公司资质</a>
                                 <a href="environment.html">办公环境</a>
                              </div>
                           </li>
                           <li>
                              <h3 class="innovate">创新技术</h3>
                              <div class="subnav-box">
                                 <a href="tech.html">智能物联网技术</a>
                                 <a href="tech.html">可信计算技术</a>
                                 <a href="tech.html">互联网+大数据技术</a>
                                 <a href="tech.html">事故预警预报技术</a>
                                 <a href="tech.html">智能视频分析技术</a>
                              </div>
                           </li>
                           <li>
                              <h3 class="culture">企业文化</h3>
                              <div class="subnav-box">
                                 <a href="philosophy.html">企业理念</a>
                                 <a href="vision.html">愿景与使命</a>
                                 <a href="coreValues.html">核心价值观</a>
                                 <a href="talent.html">人才理念</a>
                              </div>
                           </li>
                        </ul>
                        <div class="ad"><img src="webimages/cimg08.jpg" alt="" /><span class="text">华威
世纪成立于 2003 年，是国内领先的安全监管领域软硬件系统研发和系统集成商。</span></div>
                     </div>
                     <!--子菜单结束-->
                  </li>
                  <li><a href="product.html">产品中心</a></li>
                  <li><a href="solution.html">解决方案</a></li>
                  <li><a href="news.html">新闻中心</a></li>
                  <li><a href="service.html">服务支持</a></li>
                  <li><a href="contact.html">联系我们</a></li>
                  <li><a href="joining.html">加盟合作</a></li>
               </ul>
               <div class="search fr clearfix">
                  <label>
                     <input class="text topsearchtext" name="topsearchtext" type="text" placeholder="搜索相关
内容..." />
                  </label>
```

```
                    <input class="submit topsearchbtn" name="topsearchbtn" type="submit" value="" />
            </div>
            <div class="clear"></div>
    </nav>
    <!--导航结束-->
```

② CSS 代码如下：

```css
/*主导航*/
nav {
        background-color: #f7f7f7;
        border-top: 1px solid #e6e6e6;
        border-bottom: 1px solid #e6e6e6;
}
.nav li {
        float: left;
}
.nav li a {
        display: block;
        font-size: 16px;
        color: #333;
        line-height: 50px;
        padding: 0 25px;
}
.nav li a:hover, .nav li a.on {
        color: #ed8e18;
}
.search {
        width: 203px;
        height: 29px;
        background: url(webimages/cimg18.png) 0 0 no-repeat;
        padding: 1px;
        margin-top: 9px;
}
.search .text {
        float: left;
        padding-left: 10px;
        width: 156px;
        height: 29px;
        line-height: 29px;
        font-size: 13px;
        color: #999;
        background-color: transparent;
}
.search .submit {
        float: right;
        width: 34px;
        height: 29px;
```

```
        background: url(webimages/cimg05.png) center no-repeat;
        background-color: transparent;
        cursor: pointer;
}
/*子菜单*/
.subnav {
        background-color: #f2f2f2;
        position: absolute;
        left: 0;
        top: 143px;
        width: 100%;
        height: 295px;
        display: none;
        z-index: 9999;
}
.subnav01 {
        padding: 16px 0;
        height: 263px;
        width: 750px;
        float: left;
        margin-left: 190px;
}
.subnav01 li {
        float: left;
        border-right: 1px solid #ccc;
        padding: 4px 10px 0 0;
}
.subnav01 li h3 {
        font-size: 16px;
        color: #294999;
        line-height: 47px;
        font-weight: 700;
        padding-left: 84px;
}
.subnav01 li .subnav-box {
        padding-left: 84px;
}
.subnav01 li a {
        display: block;
        font-size: 15px;
        color: #333;
        line-height: 36px;
}
.subnav01 li a:hover {
        color: #294999;
}
```

```
.subnav01 li.br-n {
    border-right: none;
}
.subnav01 .profile {
    background: url(webimages/cimg19.png) 30px 3px no-repeat;
}
.subnav01 .innovate {
    background: url(webimages/cimg20.png) 20px 0 no-repeat;
}
.subnav01 .culture {
    background: url(webimages/cimg21.png) 33px 7px no-repeat;
}
.subnav01 .sw-pro {
    background: url(webimages/nnav01.png) 33px 7px no-repeat;
}
.subnav01 .hd-pro {
    background: url(webimages/nnav02.png) 33px 7px no-repeat;
}
.subnav01 .hl-hy {
    background: url(webimages/nnav03.png) 33px 7px no-repeat;
}
.subnav01 .zx-aj {
    background: url(webimages/nnav04.png) 33px 7px no-repeat;
}
.subnav .ad {
    width: 318px;
    padding: 30px 23px 0 0;
    float: right;
}
.subnav .ad a {
}
.subnav .ad img {
    display: block;
    width: 318px;
    height: 155px;
}
.subnav .ad .text {
    display: block;
    width: 318px;
    height: 66px;
    line-height: 22px;
    color: #333;
    font-size: 13px;
    padding-top: 16px;
    overflow: hidden;
}
```

```
.subnav .ad a:hover .text {
    color: #294999;
}
```

③ JavaScript 代码如下：

```
function showSub(){
    document.getElementById("subnav").style.display="block";
}
function hideSub(){
    document.getElementById("subnav").style.display="none";
}
```

（4）Banner 区域设计。

① HTML 代码如下：

```
<!--Banner 开始-->
<!--按左右按钮或下方的图片切换按钮，图片自动滑动-->鼠标停在图片上显示小手，图片暂停滑动-->
<div id="banner" onmouseover="changeStop()" onmouseout="changeStart() class="clearfix"">
    <!--以下是 Banner 图片-->
    <div id="bannerImg">
        <img src="webimages/cimg01.jpg" alt="智能分析服务器与无人机航拍系统对接" />
        <img src="webimages/cimg02.jpg" alt="隐患排查可信终端" />
        <img src="webimages/cimg03.jpg" alt="互联网+智慧城管" />
        <img src="webimages/cimg04.jpg" alt="互联网+智慧安监" />
        <img src="webimages/cimg05.jpg" alt="中国智慧安监的领航者" />
        <img src="webimages/cimg01.jpg" alt="智能分析服务器与无人机航拍系统对接" /><!--与第
一张图片一样，取消间断-->
    </div>
    <!--下方的 Banner 图片切换按钮-->
    <div id="bannerButton">
        <button class="Button" onclick="buttonChange(0)"></button>
        <button class="Button" onclick="buttonChange(1)"></button>
        <button class="Button" onclick="buttonChange(2)"></button>
        <button class="Button" onclick="buttonChange(3)"></button>
        <button class="Button" onclick="buttonChange(4)"></button>
    </div>
    <!--左右两个方向按钮-->
    <div id="bannerButtonAside">
        <div class="div1" onclick="asideChange(1)">
            <img src="webimages/cimg25.png" alt="">
        </div>
        <div class="div2" onclick="asideChange(0)">
            <img src="webimages/cimg27.png" alt=""/>
        </div>
    </div>
</div>
<!-- Banner 结束-->
```

② CSS 代码如下：

```
*{
```

```
            margin:0;
            padding:0;
}
#banner{
        width: 100%;
        height: 550px;
        margin: 0 auto;
        position: relative;
        font-size: 0px;      /*清除图片间的回车符产生的间隔*/
        overflow: hidden;
}
#banner #bannerImg{
        width: 100%;
        position: absolute;
        top: 0px;
        left: 0px;
        white-space: nowrap;   /*使这个图片能在一行显示*/
        transition:all 1s linear;
}
#banner #bannerImg .img{
        width: 100%;
}
#banner #bannerButton{
        font-size: 16px;
        color: white;
        position: absolute;
        bottom: 30px;
        left: 40%;
}
#banner #bannerButton .Button{
        border: none;
        outline: none;
        cursor: pointer;
        background-color:white;
        width:50px;
        height:5px;
}
#banner #bannerButtonAside .div1{
        position: absolute;
        right: 0;
        top: 40%;
        /*margin-top: -32px;*/
        cursor: pointer;
}
#banner #bannerButtonAside .div2{
        position: absolute;
```

```
        left: 0;
        top: 40%;
        /* margin-top: -32px;*/
        cursor: pointer;
}
```

③ JavaScript 代码如下：

```
var bannerImg=document.getElementById("bannerImg");    // 取出 Img 容器的节点
var Button=document.getElementsByClassName("Button");    // 取出所有的按钮
var buttonNum=document.getElementById("bannerButton");
var b=buttonNum.getElementsByTagName("button");    // 取出所有带数字的按钮
var num=0;    // 定义全局变量 num，控制 Banner 图片的切换次序
var aaa=0;    // 定义一个全局变量，用来取定时器函数，并在没有鼠标事件的时候清除定时器
/*以下是通过定时器实现 Banner 图片每 3000 毫秒切换一次的效果的 changeStart()函数*/
function changeStart(){
    aaa=setInterval(function(){
        if (num<=5) {
            bannerImg.style.transition="all 1s linear";
            bannerImg.style.left=(-1920)*(num)+"px";
            for(var i=0;i<5;i++){
                b[i].style.backgroundColor="white";
            }
            b[num].style.backgroundColor="yellow";
            num++;
        }else{
            /*以下是消除 num=0 时 bannerImg 移动的过渡效果*/
            bannerImg.style.transition="all 0s linear";
                num=0;
                bannerImg.style.left=(-1920)*(num)+"px";
        }
        console.log("继续");
    },3000)
}
changeStart();
/*以下是当鼠标悬浮在 Banner 图片上时，图片停止自动切换的 changeStop()函数*/
function changeStop(){
    clearInterval(aaa);
    console.log("停止");
}
/*以下是单击按钮实现对应的 Banner 图片切换的 change()函数*/
function buttonChange(Num){
    num=Num+1;
    bannerImg.style.transition="all 0s linear";
    bannerImg.style.left=(-1920)*(Num)+"px";
}
/*以下是单击左右两个按钮实现 Banner 图切换的 buttonChange()函数*/
function asideChange(x){
```

```
/*通过传递形参 x，判断往左/往右切换 Banner 图片*/
    if (num!=5&&x==1) {
            num++;
    }else if(num==5&&x==1){
            num=0;
    }else if(num!=0&&x==0){
            num--;
    }
    else if(num==0&&x==0){
            num=5;
    }
    bannerImg.style.transition="all 0s linear";
    bannerImg.style.left=(-1920)*(num)+"px";
}
```

（5）主体内容区域设计。

① HTML 代码如下：

```
<section class="index-pro web clearfix">
    <h2 class="index-publictitle">产品与方案</h2>
    <div class="index-protab" id="tab">
        <a href="javascript:;" >智慧安监</a>
        <a href="javascript:;">智慧城管</a>
        <a href="javascript:;">智慧环保</a>
        <a href="javascript:;">智慧林业</a>
        <a href="javascript:;">专项解决方案</a>

    </div>
    <!--第 1 个选项卡-->
    <div class="index-procontclearfix" id="tab0">
        <div class="pic fl">
            <div class="work-safety"><img src="webimages/cimg132.jpg" alt="" class="bg" />
                <a href="product.html" class="link-list link-list01">安监综合<br/>监管类软件</a>
                <a href="product.html" class="link-list link-list02">应急救援<br/>指挥类软件</a>
                <a href="product.html" class="link-list link-list03">行业监管<br/>监察类软件</a>
                <a href="product.html" class="link-list link-list04">煤矿安全<br/>监察类软件</a>
                <a href="product.html" class="link-list link-list05">智能移动监管<br/>APP 前端</a>
            </div>
        </div>
        <div class="info fr">
            <h3 class="title"><a href="solution.html"><strong>互联网+</strong>智慧安监</a> </h3>
            <p><span style="font-size:18px;">一体化 智能化 预警化 移动化</span></p>
            <div class="text">
                <p>以"互联网+"的发展思维为导向，利用大数据分析、云计算、物联网、互联
网等技术，结合公司安全生产监管信息化的成果，建设满足各级安全监管监察机构、应急指挥机构以及有
关单位业务信息处理的"互联网+智慧安监"信息化平台，具体包含业务应用系统、应用支撑平台、安监信
息资源库、安全保障系统、运行服务体系和标准规范等方面内容，实现各级安全监管监察和应急管理机构
系统内...</p>
            </div>
```

```html
                    <div class="lookmore"><a href="solution.html">了解更多+</a></div>
                </div>
            </div>
        <!--第2个选项卡-->
        <div class="index-procontclearfix" id="tab1" style="display:none;">
            <div class="pic fl">
                <div class="work-safety"><img src="webimages/cimg133.jpg" alt="" class="bg"/>
                    <a href="product.html" class="link-list link-list01">智能识别</a>
                    <a href="product.html" class="link-list link-list02">实时预警<br/>视频结构化</a>
                    <a href="product.html" class="link-list link-list03">案件智能<br/>派发类软件</a>
                    <a href="product.html" class="link-list link-list04">城市安全<br/>监察类软件</a>
                    <a href="product.html" class="link-list link-list05">智能移动城管<br/>APP 前端</a>
                </div>
            </div>
            <div class="info fr">
                <h3 class="title"><a href="solution.html"><strong>互联网+</strong>智慧城管</a></h3>
                <p><span  style="font-size:18px;">一体化 智能化 预警化 移动化
</span></p>

                <div class="text">
                    <p>应用整合计算机技术、3S 技术、数据库等多项数字城市新技术；采用城管通
创新信息实时采集传输的手段；创建城市管理监督和指挥两个轴心的管理体制；再造城市管理流程，从而
实现精确、敏捷、高效、全时段、全方位覆盖的城市管理模式，通过精细化的管理方法，智能化的管理手
段和长效化的考核机制，在城市管理中迅速发挥成效并持续发挥作用。</p>

                </div>
                <div class="lookmore"><a href="solution.html">了解更多+</a></div>
            </div>
        </div>
        <!--第3个选项卡-->
        <div class="index-procontclearfix" id="tab2" style="display:none;">
            <div class="pic fl">
                <div class="work-safety"><img src="webimages/cimg134.jpg" alt="" class="bg"/>
                    <a href="product.html" class="link-list link-list01">环保综合<br/>类软件</a>
                    <a href="product.html" class="link-list link-list02">环保预测</a>
                    <a href="product.html" class="link-list link-list03">行业监管</a>
                    <a href="product.html" class="link-list link-list04">环保预测软件</a>
                    <a href="product.html" class="link-list link-list05">智能环保监管<br/>APP 前端</a>
                </div>
            </div>
            <div class="info fr">
                <h3 class="title"><a href="solution.html"><strong>互联网+</strong>智慧环保</a></h3>
                <p><span  style="font-size:18px;">一体化 智能化 预警化 移动化
</span></p>

                <div class="text">
                    <p>以网格化手段实现定区域、定任务、定责任，使环境监管人员、企业、群众"零
距离"对接、互动，做到及时发现问题，及时做好服务指导工作，把环境纠纷和矛盾消除在萌芽状态。</p>
                </div>
```

```
            <div class="lookmore"><a href="solution.html">了解更多+</a></div>
        </div>
    </div>
    <!--第 4 个选项卡-->
    <div class="index-procontclearfix" id="tab3" style="display:none;">
        <div class="pic fl">
            <div class="work-safety"><img src="webimages/cimg135.jpg" alt="" class="bg"/>
                <a href="product.html" class="link-list link-list01">林业综合<br/>类软件</a>
                <a href="product.html" class="link-list link-list02">应急救援</a>
                <a href="product.html" class="link-list link-list03">行业监管<br/>疫情监测类软件</a>
                <a href="product.html" class="link-list link-list04">四情监测</a>
                <a href="product.html" class="link-list link-list05">智能移动农业<br/>APP 前端</a>
            </div>
        </div>
        <div class="info fr">
            <h3 class="title"><a href="solution.html"><strong>互联网+</strong>智慧林业</a></h3>
            <p><span  style="font-size:18px;">一体化 智能化 预警化 移动化
</span></p>
                <div class="text">
                    <p>立足于自身物联网等方面的自主技术，结合先进的传感、云计算、云存
储等领域的先进技术，结合成熟的 GIS，能够实时、直观、清晰地将管理区域的森林状态、发展趋势以图形、
数据表格等形式表现出来，进行空间可视化分析，实现数据可视化、地理分析与实际应用的集成，从而促
使林业的经营管理走上现代化的可持续发展道路。</p>

                </div>
            <div class="lookmore"><a href="solution.html">了解更多+</a></div>
        </div>
    </div>
    <!--第 5 个选项卡-->
    <div class="index-procontclearfix" id="tab4" style="display:none;">
        <div class="pic fl">
            <div class="work-safety"><img src="webimages/cimg136.jpg" alt="" class="bg"/>
                <a href="product.html" class="link-list link-list01">专项综合<br/>类软件</a>
                <a href="product.html" class="link-list link-list02">应急指挥软件</a>
                <a href="product.html" class="link-list link-list03">监察类软件</a>
                <a href="product.html" class="link-list link-list04">专项安全软件</a>
                <a href="product.html" class="link-list link-list05">智能移动专项<br/>APP 前端</a>
            </div>
        </div>
        <div class="info fr">
            <h3  class="title"><a  href="solution.html"><strong>互 联 网 +</strong>专 项 解 决 方 案
</a></h3>
            <p><span  style="font-size:18px;">一 体 化  智 能 化  预 警 化  移 动 化
</span></p>
                <div class="text">
```

<p>XIS6000 系列 X 光安检机采用世界顶尖的 X 射线成像技术，利用双能物质分辨技术，根据被检物的有效原子序数，分辨出有机物、无机物和混合物，并在图像上赋予不同的颜色，便于操作人员进行图像识别和判断。针对不同行业，XIS6000 系列有不同通道尺寸的多种产品，可根据不同的需求灵活选择。</p>

```
            </div>
            <div class="lookmore"><a href="solution.html">了解更多+</a></div>
        </div>
    </div>
</section>
```

② CSS 代码如下：

```css
.web {
    width: 1200px;
    margin: 0 auto;
}
.index-publictitle {
    font-size: 32px;
    color: #333;
    line-height: 50px;
    padding: 30px 0 12px;
    text-align: center;
}
.index-pro .web {
    height: 675px;
    position: relative;
    overflow: hidden;
}
.index-protab {
    text-align: center;
    border-bottom: 1px solid #ddd;
}
.index-protab a {
    display: inline-block;
    color: #1a1a1a;
    font-size: 18px;
    line-height: 32px;
    padding: 0 34px 17px 34px;
    margin-bottom: -1px;
}
.index-protab a:hover, .index-protab a.cur {
    color: #ffa200;
    background: url(webimages/cimg22.png) bottom no-repeat;
}
.index-procont {
    padding: 38px 0 34px;
    display: block;
```

```
}
.index-procont .pic {
    width: 645px;
    height: 426px;
    overflow: hidden;
    position: relative;
}
.index-procont .pic img {
    display: block;
}
.index-procont .info {
    width: 502px;
    padding: 28px 36px 0 0;
}
.index-procont .info .title a {
    font-size: 42px;
    color: #294999;
    line-height: 64px;
}
.index-procont .info .title a:hover {
    color: #ffa200;
}
.index-procont .info .title strong {
    font-weight: 700;
}
.work-safety .bg {
    position: absolute;
    top: 25px;
    left: 46px;
    z-index: 777;
}
.work-safety .link-list {
    position: absolute;
    font-size: 14px;
    color: #294999;
    line-height: 18px;
    z-index: 888;
}
.work-safety .link-list:hover {
    color: #ffa200;
}
.work-safety .link-list01 {
    padding: 5px 0 0 106px;
    height: 80px;
    background: url(webimages/cimg115.png) -17px 0 no-repeat;
    top: 0;
    left: 351px;
```

```
}
.work-safety .link-list01:hover {
    background-image: url(webimages/cimg116.png);
}
.work-safety .link-list02 {
    padding: 12px 0 0 127px;
    height: 54px;
    background: url(webimages/cimg117.png) -29px 0 no-repeat;
    top: 80px;
    left: 391px;
}
.work-safety .link-list02:hover {
    background-image: url(webimages/cimg118.png);
}
.work-safety .link-list03 {
    padding: 13px 0 0 131px;
    height: 52px;
    background: url(webimages/cimg119.png) -33px 0 no-repeat;
    top: 178px;
    left: 406px;
}
.work-safety .link-list03:hover {
    background-image: url(webimages/cimg120.png);
}
.work-safety .link-list04 {
    padding: 18px 0 0 125px;
    height: 47px;
    background: url(webimages/cimg121.png) -41px 0 no-repeat;
    bottom: 86px;
    left: 388px;
}
.work-safety .link-list04:hover {
    background-image: url(webimages/cimg122.png);
}
.work-safety .link-list05 {
    padding: 47px 0 0 103px;
    height: 41px;
    background: url(webimages/cimg123.png) -46px bottom no-repeat;
    bottom: 0;
    left: 345px;
}
.work-safety .link-list05:hover {
    background-image: url(webimages/cimg124.png);
}
```

③ JavaScript 代码如下：

```
window.onload=function(){
    var myTab=document.getElementById("tab");
```

```
        var myLi=myTab.getElementsByTagName("a");
        for(var i = 0; i<myLi.length;i++){
            myLi[i].index = i;
            myLi[i].onclick = function(){
                for(var j = 0; j <myLi.length; j++){
                    myLi[j].setAttribute("class","");
                    document.getElementById("tab"+j).style.display="none";
                }
                myLi[this.index].setAttribute("class","cur");
                document.getElementById("tab"+this.index).style.display="block";
            }
        }
    }
```

（6）页脚区域设计。

① HTML 代码如下：

```html
<footer>
    <div class="web clearfix">
        <div class="footer-menu footer-solution clearfix">
            <h2 class="footer-title">解决方案</h2>
            <div class="footer-linkbox fl">
                <h3 class="footer-subtitle">"互联网+"行业信息化解决方案</h3>
                <a href="solution.html">"互联网+智慧安监"信息化解决方案</a>
                <a href="solution.html">"互联网+智慧城管"信息化解决方案</a>
                <a href="solution.html">"互联网+智慧环保"信息化解决方案</a>
                <a href="solution.html">"互联网+智慧林业"信息化解决方案</a>
            </div>
            <div class="footer-linkbox fr">
                <h3 class="footer-subtitle">专项（安监信息化）解决方案</h3>
                <a href="solution.html">智能分析服务器与无人机对接应用解决方案</a>
                <a href="solution.html">企业安全生产一体化防控平台解决方案</a>
                <a href="solution.html">安全生产远程监测监控系统解决方案</a>
                <a href="solution.html">煤矿安全生产远程监测监控平台解决方案</a>
            </div>
        </div>
        <div class="footer-menu footer-contact">
            <h2 class="footer-title">联系方式</h2>
            <div class="footer-linkbox fl">
                <h3 class="footer-subtitle">咨询热线：<strong>0755-83185626</strong></h3>
                <p>传真：0755-83073408</p>
                <p>技术支持：0755-83073505 / 83185626-8021</p>
                <p>硬件销售：0755-83185607</p>
                <p>软件销售：0755-83185605/83073458</p>
                <p>邮箱：<a href="mailto:huawei188@188.com">huawei188@188.com</a></p>
            </div>
        </div>
        <div class="footer-media">
            <h2 class="footer-title">媒体方式</h2>
```

```
        <ul>
            <li class="mobile"><a href="javascript:;">水源世纪手机版&gt;</a></li>
            <li class="wechat"><a href="javascript:;">关注水源世纪官方微信公众号
&gt;</a></li>
            <li class="micro-blog"><a href="javascript:;">关注水源世纪官方微博&gt;</a></li>
        </ul>
    </div>
    <dl class="friendlink">
        <dt>友情链接</dt>
        <dd><a href="#">中国安全生产网</a><a href="#">广东省安监局</a><a href="#">国家
安监总局</a><a href="#">中国安全生产宣教网</a><a href="#">中国煤炭安全生产网</a><a href="#">安标
国家矿用产品安全标志中心</a><a href="#">佛山市安全生产监督管理局</a><a href="#">河北省安全生产监
督管理局</a></dd>
    </dl>
</div>
<div class="copyright-box web clearfix">
    <p class="link fl">加盟合作：<a href="joining.html">代理商及合作伙伴</a> | <a
href="joining.html">商用密码行业协会</a> | </p>
    <p class="copyright fr"> Copyright ©深圳市水源世纪科技股份有限公司   All rights reserved
| <a href="javascript:;">粤 ICP 备 05068466 号-1</a></p>
</div>
</footer>
```

② CSS 代码如下：

```
footer {
    padding-top: 12px;
    background-color: #333;
}
.footer-title {
    width: 100%;
    line-height: 48px;
    font-size: 18px;
    color: #fff;
    padding-bottom: 2px;
    background: url(webimages/cimg17.jpg) 0 bottom repeat-x;
}
.footer-subtitle {
    padding: 15px 0 12px;
    line-height: 30px;
    color: #fff;
    font-size: 14px;
}
.footer-menu {
    float: left;
    padding: 0 42px 12px 0;
}
.footer-linkbox {
    font-size: 13px;
```

```
        color: #999;
        line-height: 30px;
}
.footer-linkbox a {
        color: #999;
}
.footer-linkbox a:hover {
        color: #fff;
}
.footer-solution {
        width: 492px;
}
.footer-solution .footer-linkbox {
        padding-right: 12px;
}
.footer-solution a {
        display: block;
}
.footer-contact {
        width: 284px;
}
.footer-media {
        width: 310px;
        float: right;
}
.footer-media ul {
        padding: 25px 0 0 6px;
}
.footer-media li {
        padding-bottom: 27px;
}
.footer-media li a {
        display: block;
        height: 30px;
        font-size: 14px;
        color: #fff;
        line-height: 30px;
        padding: 3px 0 0 50px;
}
.footer-media li a:hover {
        color: #ffa200;
}
.footer-media.mobile a {
        background: url(webimages/cimg11.png) 0 no-repeat;
}
.footer-media .mobile a:hover {
        background-image: url(webimages/cimg12.png);
}
```

```css
.footer-media .wechat a {
    background: url(webimages/cimg13.png) 0 no-repeat;
}
.footer-media .wechat a:hover {
    background-image: url(webimages/cimg14.png);
}
.footer-media .micro-blog a {
    background: url(webimages/cimg15.png) 0 no-repeat;
}
.footer-media .micro-blog a:hover {
    background-image: url(webimages/cimg16.png);
}
.friendlink {
    padding-top: 28px;
    border-top: 1px solid #464646;
    clear: both;
    overflow: hidden;
}
.friendlink dt {
    font-size: 14px;
    color: #fff;
    line-height: 24px;
}
.friendlink dd {
    padding: 10px 0 30px;
}
.friendlink dd a {
    display: inline-block;
    line-height: 20px;
    font-size: 13px;
    color: #999;
    margin-right: 24px;
}
.friendlink dd a:hover {
    color: #fff;
}
.copyright-box {
    background-color: #2a2a2a;
    padding: 10px 0 8px;
}
.copyright-box .link {
    padding-left: 8px;
    font-size: 16px;
    color: #ddd;
    width: 354px;
    line-height: 32px;
}
.copyright-box .link a {
```

```
        color: #ddd;
        font-size: 14px;
    }
.copyright-box .link a:hover {
        color: #999;
    }
.copyright-box .copyright {
        line-height: 32px;
        width: 720px;
        color: #999;
        text-align: right;
    }
.copyright-box .copyright a {
        font-size: 14px;
        color: #999;
    }
.copyright-box .copyright a:hover {
        color: #ddd;
    }
```

⮕ 【任务 5.2】万维电商网站首页制作

【任务描述】

今天，师傅把 Martin 训斥了一番，是什么原因呢？原来，师傅让 Martin 制作万维电商网站首页，Martin 告诉师傅只需把水源安检网站首页的文字和图片换成万维电商网站的内容就可以了。师傅听后很生气，他告诉 Martin：第一，要想学好 Web 前端开发，还需要坚持不懈地练习，切不可因为自己会做了几个页面就沾沾自喜，停下学习的脚步，互联网技术日新月异，一名优秀的前端开发工程师必须具有热爱学习、勇于探索、积极创新的素养；第二，网站的种类很多，水源安检是企业网站，万维是电商网站，不同类型的网站，首页布局风格是不一样的，要学会根据不同的网站类型，设计不同的界面。

听了师傅的话，Martin 低下了头，为自己卖弄小聪明而感到羞愧，但 Martin 也明白了什么是学无止境。于是，Martin 制订了以下计划。

第一步，了解常见的网站类型。

第二步，确定首页效果图，分析页面布局。

第三步，完成首页设计。

5.2.1　常见的网站类型

1. 网站的分类

（1）门户类网站。门户类网站以提供资讯为主，包括综合性门户（如搜狐、新浪等网站）和垂直性门户（如服务于特定行业的网站、医药门户等）。浪浪网就是门户网站。

（2）展示型网站。展示型网站主要展示公司的形象、品牌等，如各公司的官网。水源安检企业网站就是此类型。

（3）营销型网站。营销型网站主要是指用于引导顾客关注，发起反馈的说服性网站，如常见的美容整形类网站，适合于多数企业或个人，尤其是中小企业。

（4）交易型网站。交易型网站主要是指供在线交易的网站，如淘宝、京东、唯品会等的网站。大多数电商网站都是这种类型。万维电商网站就是此类型。

（5）服务型网站。服务型网站提供查询服务等，主要以政务类网站为主，如移动官网、各地政府网站。

2. 各类网站建设要素

（1）门户类网站。门户类网站的架构基本是首页+频道。在首页的最上端是频道导航，如图 5-2-1 所示，下面依次是展开的频道内容，如图 5-2-2 所示。

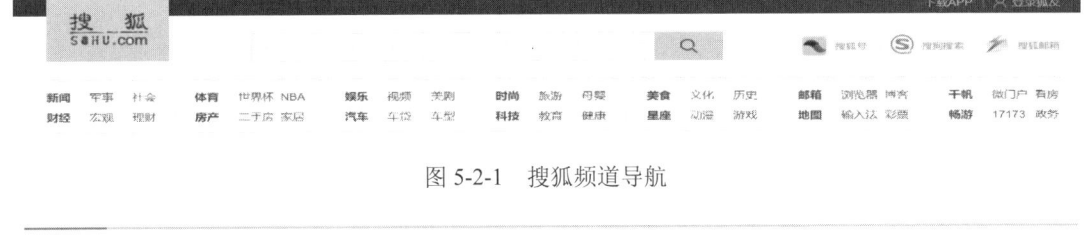

图 5-2-1　搜狐频道导航

图 5-2-2　搜狐频道内容

（2）展示型网站。展示型网站用于展示公司良好的形象：向投资者展示业绩和发展动态，向普通顾客展示实力，向求职者展示公司招聘信息，向加盟商、合作伙伴展示实力。如图 5-2-3 所示为万科集团官网，展示集团介绍、新闻中心、产品服务、投资信息等。

（3）营销型网站。营销型网站特别适合于希望通过互联网获得生意、获得客户的企业去建设。营销型网站的建站核心是十六个字：抓住眼球，快速理解，赢得信任，催促行动。通过靓丽、专业的设计，抓住访客的眼球，不至于让访客离开；通过简单的图文并茂的设计，让访客理解企业提供的产品与服务内容；通过权威展示，赢得访客的信任；通过各种行动按钮，催促访客立刻发起反馈。如图 5-2-4 所示为达内教育官网。

图 5-2-3　万科集团官网

图 5-2-4　达内教育官网

（4）交易型网站。交易型网站又分为平台型交易网站（如淘宝、天猫网站）和自建型交易网站（如华为商城、小米商城），适合于知名企业。如图 5-2-5 所示是 New Balance 官网的部分内容。

（5）服务型网站。服务型网站主要的宗旨是发布重要新闻，服务百姓，方便百姓办理业务。如图 5-2-6 所示为常州市人民政府网站首页。

图 5-2-5　New Balance 官网

图 5-2-6　常州市人民政府网站首页

5.2.2　页面布局

了解了网站的种类后，Martin 确定了万维电商网站首页设计图，如图 5-2-7 所示。

图 5-2-7　万维电商网站首页设计效果图

1. 整体页面布局

该页面自顶向下可分成顶部导航区域、Logo 和头部导航区域、第一层广告区域、第二层广告区域、热门分类区域、女鞋区域、页脚区域，布局效果如图 5-2-8 所示。

顶部导航区域
Logo和头部导航区域
第一层广告区域（图书图片）
第二层广告区域（衣服图片和最新动态）
热门分类区域
女鞋区域
页脚区域

图 5-2-8 整体页面布局

2. 顶部导航区域布局

顶部导航区域界面效果如图 5-2-9 所示，该区域可使用 p 标签设置"您好，欢迎光临万维！[登录 | 免费注册]"，使用 ul 标签设置 "购物车 0 件" 等信息，具体布局如图 5-2-10 所示。

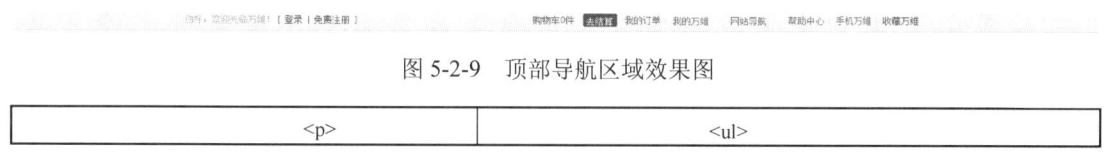

图 5-2-9 顶部导航区域效果图

<p>	<ul>

图 5-2-10 顶部导航区域布局

3. Logo 和头部导航区域布局

该区域布局方法很多，可以使用 3 个大层（Logo 层、头部导航层、关键词层）布局，也可以使用两个大层（Logo 层、头部导航和关键词层）布局，或者使用一个大层布局。本案例使用一个大层布局，界面效果如图 5-2-11 所示，整体布局如图 5-2-12 所示。

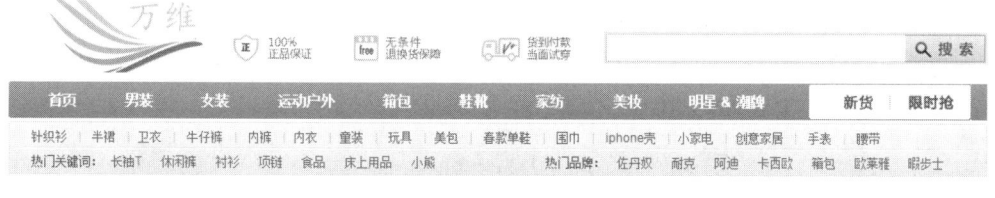

图 5-2-11 Logo 和头部导航区域效果图

Logo区域
头部导航区域
关键词区域

图 5-2-12 Logo 和导航区域布局

（1）Logo 区域布局。Logo 区域界面效果如图 5-2-13 所示，该区域可使用 div 标签设置 Logo、旁边的图片及搜索框，具体布局如图 5-2-14 所示。

图 5-2-13　Logo 区域效果图

<div class="logo">	<div class="serbar">	<div class="search">

图 5-2-14　Logo 区域布局

（2）头部导航区域布局。头部导航区域界面效果如图 5-2-15 所示，该区域可使用 ul 标签设置导航条目，具体布局如图 5-2-16 所示。

图 5-2-15　头部导航区域效果图

<ul>

图 5-2-16　头部导航区域布局

（3）关键词区域。关键词区域效果如图 5-2-17 所示，该区域可以使用 ul 布局两行内容，再在每个<li>中放置 a 标签，具体布局如图 5-2-18 所示。

图 5-2-17　关键词区域效果图

<ul>
<ul>

图 5-2-18　关键词区域布局

4．第一层广告区域（图书图片）布局

第一层广告区域（图书图片）界面效果如图 5-2-19 所示，该区域使用一个 div 标签设置图片，具体布局如图 5-2-20 所示。

图 5-2-19　第一层广告区域（图书图片）效果图

<div>

图 5-2-20　第一层广告区域（图书图片）布局

5．第二层广告区域（衣服图片和最新动态）布局

第二层广告区域（衣服图片和最新动态）界面效果如图 5-2-21 所示，该区域中先放一张图片，再放一个层，层中放一个 h2 标签，用 ul 标签控制最新动态，再放一张广告图片，具体布局如图 5-2-22 所示。

图 5-2-21　第二层广告区域（衣服图片和最新动态）效果图

<img>	<h2>
	<ul>
	<img>

图 5-2-22　第二层广告区域（衣服图片和最新动态）布局

6．热门分类区域布局

热门分类区域界面效果如图 5-2-23 所示，该区域可使用两个 div 标签，一个 div 设置"热门分类"部分，另一个设置广告图片部分。第一个层中使用<h3>设置"热门分类"图片，使用<dl>设置分类，具体布局如图 5-2-24 所示。

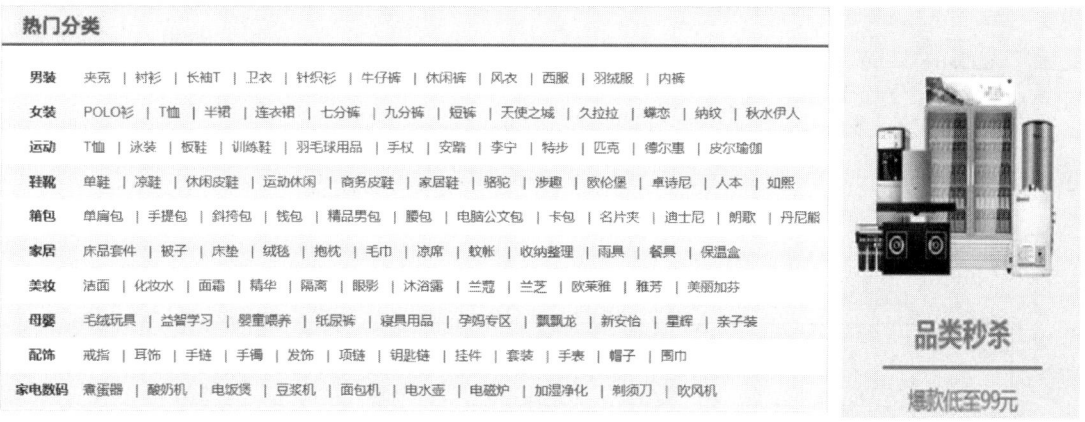

图 5-2-23　热门分类区域效果图

| <h3> | <img> |
| <dl> | |

图 5-2-24　热门分类区域布局

7．女鞋区域布局

女鞋区域界面效果如图 5-2-25 所示，该区域先使用<h3>设置"女鞋"背景图和文字，再使用两个层设置左边的广告图片、右边的文字部分和广告图片，具体布局如图 5-2-26 所示，class="r_txt_l"层中用<ul>设置文字内容，图片可放置在<a>中，也可以在 5 个<li>中放置文字和图片。

图 5-2-25 女鞋区域效果图

<h3>	
<div class="1_img">	<div class="r_txt_1">

图 5-2-26 女鞋区域布局

8．页脚区域布局

页脚区域界面效果如图 5-2-27 所示，该区域使用两个层，一个层中放"新手指南"到"帮助中心"内容，另一个层中放版权信息。第一个层中先用一个层放背景线，再使用 5 个 dl 标签布局"新手指南"等内容，第二个层使用<ul>控制内容，具体布局如图 5-2-28 所示。

图 5-2-27 页脚区域效果图

<div class="topline">
<dl>
<ul>

图 5-2-28 页脚区域布局

5.2.3 代码实现

（1）通用 CSS 设置。考虑到网站内页和首页有很多区域是一样的，比如页面顶部导航、页面 Logo 和导航、页脚区域，所以可以把这些公共部分的 CSS 都写在通用 CSS 中。

相关代码如下：

```
* {
    margin:0;
    padding:0;
```

```
        list-style:none;
}
body {
        font-family:Arial, Helvetica, sans-serif, "宋体";
        font-size:12px;
}
a {
        text-decoration:none;
        color:#6a6a78;
}
a:hover {
        text-decoration:underline;
}
a img {
        border:none;
}
input {
        border:1px solid #ccc;
        height:19px;
}
h3 {
        font-size:12px;
        color:#333;
        line-height:30px;
}
header,section,footer {
        width:982px;
        margin:0 auto;
}
.clear{
        clear:both;
}
/*顶部 CSS*/
.topbar {
        height:29px;
        width:100%;
        border-bottom:1px solid #dde3e4;
        overflow:hidden;
        background:#f0f5f6;
}
.txtbox {
        width:982px;
        overflow:hidden;
        margin:0 auto;
        line-height:29px;
```

```
        }
        .txtbox p {
            float:left;
            color:#a9b5b7;
        }
        .txtbox p span, .txtbox p a {
            color:#e20c3a;
            margin:0 3px;
        }
        .txtbox p a:hover {
            text-decoration:underline;
        }
        .txtbox ul {
            float:right;
        }
        .txtbox li {
            float:left;
            margin:0 4px;
            color:#dc0050;
        }
        .txtbox li a {
            color:#6a6a78;
        }
        .txtbox li span {
            color:#dde3e4;
            margin-left:4px;
            font-family:Arial;
        }
        .txtbox li.red a {
            color:#dc0050;
        }
        .txtbox li.cash {
            width:46px;
            height:18px;
            overflow:hidden;
            margin:5px 6px 0;
            text-align:center;
            line-height:22px;
        }
        .txtbox li.cash a {
            background:url(../images/pink_btn.gif) 0 0 no-repeat;
            color:#fff;
            display:block;
        }
        .txtbox li.cash a:hover {
            text-decoration:none;
```

```
}
.txtbox li.submenu {
    background:url(../images/top_menu_icon.gif) 49px 9px no-repeat;
    width:68px;
    line-height:30px;
}
/*头部导航区域 CSS*/
.top {
    width:100%;
    overflow:hidden;
    margin:9px 0;
}
.logo {
    background:url(../images/logo.gif) 0 0 no-repeat;
    float:left;
    width:203px;
    height:71px;
    text-indent:-9999px;
}
.logo a {
    display:block;
    width:203px;
    height:71px;
}
.serbar {
    background:url(../images/top_ser.gif) 20px 24px no-repeat;
    float:left;
    width:383px;
    height:71px;
}
.search {
    float:right;
    margin-top:30px;
}
.searchinput {
    background:url(../images/search_input.gif) 0 0 no-repeat;
    width:293px;
    height:31px;
    border:none;
    line-height:30px;
    padding-left:10px;
    float:left;
}
.searchbtn {
    background:url(../images/search_btn.gif) 0 0 no-repeat;
    width:83px;
```

```
        height:31px;
        float:left;
        border:none;
        cursor:pointer;
    }
    .banner {
        width:100%;
    }
    nav {
        width:100%;
        overflow:hidden;
        background:url(../images/nav_bg.gif) 0 0 repeat-x;
        font-size:14px;
    }
    nav ul {
        background:url(../images/nav_l.gif) 0 0 no-repeat;
        width:100%;
        height:36px;
    }
    nav li {
        float:left;
        height:36px;
        line-height:36px;
        overflow:hidden;
        margin:0 8px 0 40px;
        display:inline;
    }
    nav li a {
        color:#fff;
        font-weight:bold;
    }
    nav li.newproduct {
        background:url(../images/nav_newproduct.gif) 0 0 no-repeat;
        margin:0;
        width:82px;
        text-indent:-9999px;
        margin-left:38px;
        cursor:pointer;
    }
    nav li.presetime {
        background:url(../images/nav_presetimer.gif) 0 0 no-repeat;
        margin:0;
        width:82px;
        text-indent:-9999px;
        cursor:pointer;
    }
```

```css
.keywords {
    background:url(../images/keywords_bg.gif) 0 0 no-repeat;
    padding:3px 15px;
    margin:3px 0;
}
.keywords li {
    color:#d4d4d8;
    line-height:24px;
}
.keywords li span {
    color:#d31b39;
    margin-left:8px;
}
.keywords li em {
    margin-left:85px;
}
.keywords li a {
    color:#666;
    margin:0 8px;
}
.keywords li.hotkey a {
    color:#6a6a78;
}
/*底部 CSS*/
footer {
    overflow:hidden;
    margin-top:10px;
}
footer ul {
    text-align:center;
}
footer li {
    margin:10px 0;
    color:#6a6a6a;
}
footer li a {
    margin:0 10px;
}
footer li img {
    border:none;
    margin:0 5px;
}
.btmhelp{
    background-color: #bcbcbc;
}
.btmhelp dl {
```

```
            float:left;
            margin:10px 0;
            padding:6px 55px 0;
            display:inline;
            background:url(../images/btm_line.gif) right 5px no-repeat;
            height:94px;
            line-height:22px;
        }
        .btmhelp dl.last {
            background:none;
        }
        .btmhelp dt a {
            color:#d31738;
        }
        .btmhelp dd a {
            color:#666;
        }
        .topline {
            background:url(../images/btm_topline.gif) 0 0 repeat-x;
            height:2px;
            overflow:hidden;
        }
```

说明：在书写代码时注意图片的路径，本案例通用 CSS 是外部链接，所以图片路径是"../images/"，下面各区域的 CSS 使用的是内部 CSS，所以图片路径是"images/"，在实际书写时，各区域 CSS 也应该是外部链接，所以大家要根据实际情况修改图片路径。

（2）顶部导航区域。相关 HTML 代码如下：

```html
<!--顶部导航开始-->
<div class="topbar">
    <div class="txtbox" >
        <p>您好，欢迎光临万维！ <span>[ <a href="#">登录</a> | <a href="#">免费注册</a> ]</span></p>
        <ul>
            <li>购物车 0 件<a href="#"></a></li>
            <li class="cash"><a href="#">去结算</a></li>
            <li><a href="#">我的订单</a><span>|</span></li>
            <li class="submenu"><a href="#">我的万维</a></li>
            <li class="submenu"><a href="#">网站导航</a></li>
            <li><a href="#">帮助中心</a><span>|</span></li>
            <li><a href="#">手机万维</a><span>|</span></li>
            <li class="red"><a href="#">收藏万维</a></li>
            <li></li>
        </ul>
    </div>
</div>
<!--顶部导航结束-->
```

（3）Logo 和头部导航区域。相关 HTML 代码如下：

```html
<!--头部开始-->
<header>
        <!--Logo 区域开始-->
        <div class="top">
                <div class="logo"><a href="#">万维网站</a></div>
                <div class="serbar"></div>
                <div class="search">
                        <input name="" type="text" class="searchinput" value="">
                        <input type="button" class="searchbtn" value="" >
                </div>
        </div>
        <!--Logo 区域结束-->
        <!--头部导航区域开始-->
        <nav>
                <ul>
                        <li><a href="#">首页</a></li>
                        <li><a href="#">男装</a></li>
                        <li><a href="#">女装</a></li>
                        <li><a href="#">运动户外</a></li>
                        <li><a href="#">箱包</a></li>
                        <li><a href="#">鞋靴</a></li>
                        <li><a href="#">家纺</a></li>
                        <li><a href="#">美妆</a></li>
                        <li><a href="#">明星&潮牌</a></li>
                        <li class="newproduct"><a href="#">新货</a></li>
                        <li class="presetime"><a href="#">限时抢</a></li>
                </ul>
        </nav>
        <!--头部导航区域结束-->
        <!--关键词区域开始-->
        <div class="keywords">
                <ul>
                        <li><a href="#">针织衫</a> | <a href="#">半裙</a> |<a href="#">卫衣</a> | <a
href="#">牛仔裤</a> | <a href="#">内裤</a> |<a href="#">内衣</a> |<a href="#">童装</a> | <a href="#">玩具
</a> |<a href="#">美包</a> | <a href="#">春款单鞋</a> | <a href="#">围巾</a> | <a href="#">iphone 壳</a> |<a
href="#">小家电</a> |<a href="#">创意家居</a> | <a href="#">手表</a> | <a href="#">腰带</a></li>
                        <li class="hotkey"><span>热门关键词：</span><a href="#">长袖 T</a><a href="#">休闲
裤</a><a href="#">衬衫</a><a href="#">项链</a><a href="#">食品</a><a href="#">床上用品</a><a
href="#">小熊</a><em>|</em><span>热门品牌：</span><a href="#">佐丹奴</a><a href="#">耐克</a><a
href="#">阿迪</a><a href="#">卡西欧</a><a href="#">箱包</a><a href="#">欧莱雅</a><a href="#">暇步士
</a></li>
                </ul>
        </div>
        <!--关键词区域结束-->
</header>
```

```
<!--头部结束-->
```

（4）第一层广告区域。

① HTML 代码如下：

```
<div class="banner"><a href="#"><img src="images/banner.gif" alt="毕业季图书特卖"/></a></div>
```

② CSS 代码如下：

```
.banner{
    width:982px;
    margin:0 auto;
}
```

（5）第二层广告区域。

① HTML 代码如下：

```
<!--衣服图片和最新动态开始-->
<div class="contxt_box"><img src="images/ad_big.jpg"    alt=""/>
    <div class="r_txt">
        <h2>最新动态</h2>
        <ul>
            <li><a href="#">客服中心防诈骗重要提示</a></li>
            <li><a href="#">蓝橙 踏青装备全场 16 元起</a></li>
            <li><a href="#">予舍 早春新品丝巾 29 元起</a></li>
            <li><a href="#">御泥坊购物满 88+1 元赠大礼包</a></li>
        </ul>
        <img src="images/ad_r.jpg" alt=""/>
    </div>
</div>
<!--衣服图片和最新动态结束-->
```

② CSS 代码如下：

```
.contxt_box {
    margin-top:10px;
    width:982px;
    margin:0 auto;
    overflow:hidden;
}
.contxt_box img {
    float:left;
}
.r_txt {
    float:right;
}
.r_txt h2 {
    line-height:26px;
    background:#f0f6f6;
    padding-left:10px;
    color:#6e7679;
    border:1px solid #e2e2e2;
    border-bottom:none;
```

```
}
.r_txt ul {
        border:1px solid #e2e2e2;
        width:218px;
        overflow:hidden;
}
.r_txt li {
        background:url(images/index/listicon.gif) 0 11px no-repeat;
        padding-left:8px;
        line-height:26px;
        width:200px;
        margin:0 9px;
}
.r_txt img {
        margin-top:6px;
}
```

（6）热门分类区域。

① HTML 代码如下：

```
<!--热门分类大层开始-->
<div class="contxt_box">
        <!--分栏目广告开始-->
        <div class="hotsort">
                <h3></h3>
                <dl>
                <dt>男装</dt>
                        <dd><strong><a href="#">夹克</a></strong><span>|</span></dd>
                        <dd><a href="#">衬衫</a><span>|</span></dd>
                        <dd><a href="#">长袖 T</a><span>|</span></dd>
                        <dd><a href="#">卫衣</a><span>|</span></dd>
                        <dd><a href="#">针织衫</a><span>|</span></dd>
                        <dd><a href="#">牛仔裤</a><span>|</span></dd>
                        <dd><a href="#">休闲裤</a><span>|</span></dd>
                        <dd><a href="#">风衣</a><span>|</span></dd>
                        <dd><a href="#">西服</a><span>|</span></dd>
                        <dd><a href="#">羽绒服</a><span>|</span></dd>
                        <dd><a href="#">内裤</a></dd>
                </dl>
                <dl class="blue">
                <dt>女装</dt>
                        <dd><a href="#">POLO 衫</a><span>|</span></dd>
                        <dd><a href="#">T 恤</a><span>|</span></dd>
                        <dd><a href="#">半裙</a><span>|</span></dd>
                        <dd><a href="#">连衣裙</a><span>|</span></dd>
                        <dd><a href="#">七分裤</a><span>|</span></dd>
                        <dd><a href="#">九分裤</a><span>|</span></dd>
                        <dd><a href="#">短裤</a><span>|</span></dd>
```

```
        <dd><a href="#">天使之城</a><span>|</span></dd>
        <dd><a href="#">久拉拉</a><span>|</span></dd>
        <dd><a href="#">蝶恋</a><span>|</span></dd>
        <dd><a href="#">纳纹</a><span>|</span></dd>
        <dd><a href="#">秋水伊人</a></dd>
    </dl>
    <dl>
    <dt>运动</dt>
        <dd><a href="#">T恤</a><span>|</span></dd>
        <dd><a href="#">泳装</a><span>|</span></dd>
        <dd><a href="#">板鞋</a><span>|</span></dd>
        <dd><a href="#">训练鞋</a><span>|</span></dd>
        <dd><a href="#">羽毛球用品</a><span>|</span></dd>
        <dd><a href="#">手杖</a><span>|</span></dd>
        <dd><a href="#">安踏</a><span>|</span></dd>
        <dd><a href="#">李宁</a><span>|</span></dd>
        <dd><a href="#">特步</a><span>|</span></dd>
        <dd><a href="#">匹克</a><span>|</span></dd>
        <dd><a href="#">德尔惠</a><span>|</span></dd>
        <dd><a href="#">皮尔瑜伽</a></dd>
    </dl>
    <dl class="blue">
    <dt>鞋靴</dt>
        <dd><a href="#">单鞋</a><span>|</span></dd>
        <dd><a href="#">凉鞋</a><span>|</span></dd>
        <dd><a href="#">休闲皮鞋</a><span>|</span></dd>
        <dd><a href="#">运动休闲</a><span>|</span></dd>
        <dd><a href="#">商务皮鞋</a><span>|</span></dd>
        <dd><a href="#">家居鞋</a><span>|</span></dd>
        <dd><a href="#">骆驼</a><span>|</span></dd>
        <dd><a href="#">涉趣</a><span>|</span></dd>
        <dd><a href="#">欧伦堡</a><span>|</span></dd>
        <dd><a href="#">卓诗尼</a><span>|</span></dd>
        <dd><a href="#">人本</a><span>|</span></dd>
        <dd><a href="#">如熙</a></dd>
    </dl>
    <dl>
    <dt>箱包</dt>
        <dd><a href="#">单肩包</a><span>|</span></dd>
        <dd><a href="#">手提包</a><span>|</span></dd>
        <dd><a href="#">斜挎包</a><span>|</span></dd>
        <dd><a href="#">钱包</a><span>|</span></dd>
        <dd><a href="#">精品男包</a><span>|</span></dd>
        <dd><a href="#">腰包</a><span>|</span></dd>
        <dd><a href="#">电脑公文包</a><span>|</span></dd>
        <dd><a href="#">卡包</a><span>|</span></dd>
```

```html
            <dd><a href="#">名片夹</a><span>|</span></dd>
            <dd><a href="#">迪士尼</a><span>|</span></dd>
            <dd><a href="#">朗歌</a><span>|</span></dd>
            <dd><a href="#">丹尼熊</a></dd>
    </dl>
    <dl class="blue">
    <dt>家居</dt>
            <dd><a href="#">床品套件</a><span>|</span></dd>
            <dd><a href="#">被子</a><span>|</span></dd>
            <dd><a href="#">床垫</a><span>|</span></dd>
            <dd><a href="#">绒毯</a><span>|</span></dd>
            <dd><a href="#">抱枕</a><span>|</span></dd>
            <dd><a href="#">毛巾</a><span>|</span></dd>
            <dd><a href="#">凉席</a><span>|</span></dd>
            <dd><a href="#">蚊帐</a><span>|</span></dd>
            <dd><a href="#">收纳整理</a><span>|</span></dd>
            <dd><a href="#">雨具</a><span>|</span></dd>
            <dd><a href="#">餐具</a><span>|</span></dd>
            <dd><a href="#">保温盒</a></dd>
    </dl>
    <dl>
    <dt>美妆</dt>
            <dd><a href="#">洁面</a><span>|</span></dd>
            <dd><a href="#">化妆水</a><span>|</span></dd>
            <dd><a href="#">面霜</a><span>|</span></dd>
            <dd><a href="#">精华</a><span>|</span></dd>
            <dd><a href="#">隔离</a><span>|</span></dd>
            <dd><a href="#">眼影</a><span>|</span></dd>
            <dd><a href="#">沐浴露</a><span>|</span></dd>
            <dd><a href="#">兰蔻</a><span>|</span></dd>
            <dd><a href="#">兰芝</a><span>|</span></dd>
            <dd><a href="#">欧莱雅</a><span>|</span></dd>
            <dd><a href="#">雅芳</a><span>|</span></dd>
            <dd><a href="#">美丽加芬</a></dd>
    </dl>
    <dl class="blue">
    <dt>母婴</dt>
            <dd><a href="#">毛绒玩具</a><span>|</span></dd>
            <dd><a href="#">益智学习</a><span>|</span></dd>
            <dd><a href="#">婴童喂养</a><span>|</span></dd>
            <dd><a href="#">纸尿裤</a><span>|</span></dd>
            <dd><a href="#">寝具用品</a><span>|</span></dd>
            <dd><a href="#">孕妈专区</a><span>|</span></dd>
            <dd><a href="#">飘飘龙</a><span>|</span></dd>
            <dd><a href="#">新安怡</a><span>|</span></dd>
            <dd><a href="#">星辉</a><span>|</span></dd>
```

```
                    <dd><a href="#">亲子装</a></dd>
               </dl>
               <dl>
               <dt>配饰</dt>
                    <dd><a href="#">戒指</a><span>|</span></dd>
                    <dd><a href="#">耳饰</a><span>|</span></dd>
                    <dd><a href="#">手链</a><span>|</span></dd>
                    <dd><a href="#">手镯</a><span>|</span></dd>
                    <dd><a href="#">发饰</a><span>|</span></dd>
                    <dd><a href="#">项链</a><span>|</span></dd>
                    <dd><a href="#">钥匙链</a><span>|</span></dd>
                    <dd><a href="#">挂件</a><span>|</span></dd>
                    <dd><a href="#">套装</a><span>|</span></dd>
                    <dd><a href="#">手表</a><span>|</span></dd>
                    <dd><a href="#">帽子</a><span>|</span></dd>
                    <dd><a href="#">围巾</a></dd>
               </dl>
               <dl class="blue">
               <dt>家电数码</dt>
                    <dd><a href="#">煮蛋器</a><span>|</span></dd>
                    <dd><a href="#">酸奶机</a><span>|</span></dd>
                    <dd><a href="#">电饭煲</a><span>|</span></dd>
                    <dd><a href="#">豆浆机</a><span>|</span></dd>
                    <dd><a href="#">面包机</a><span>|</span></dd>
                    <dd><a href="#">电水壶</a><span>|</span></dd>
                    <dd><a href="#">电磁炉</a><span>|</span></dd>
                    <dd><a href="#">加湿净化</a><span>|</span></dd>
                    <dd><a href="#">剃须刀</a><span>|</span></dd>
                    <dd><a href="#">吹风机</a></dd>
               </dl>
          </div>
          <!--分栏目广告结束-->
          <div class="float_r"><img src="images/ad_r2.jpg" alt=""/></div>
     </div>
     <!--热门分类大层结束-->
```

② CSS 代码如下:

```css
.contxt_box {
     margin-top:10px;
     width:982px;
     margin:0 auto;
     overflow:hidden;
}
.hotsort {
     float:left;
     width:748px;
     overflow:hidden;
```

```
            border:1px solid #dfe5e5;
            padding-bottom:2px;
    }
    .hotsort h3 {
            background:url(images/hot_sort.gif) no-repeat;
            height:34px;
            margin-bottom:13px;
    }
    .hotsort dl {
            width:100%;
            color:#656565;
            overflow:hidden;
            line-height:31px;
    }
    .hotsort dl.blue {
            background:#f1f6f9;
    }
    .hotsort dt {
            width:74px;
            text-align:center;
            font-weight:bold;
            color:#373b3c;
            float:left;
    }
    .hotsort dd {
            float:left;
    }
    .hotsort dd span {
            margin:0 8px;
    }
    .hotsort dd strong a {
            font-weight:normal;
            color:#da0851;
    }
    .float_r {
            float:right;
    }
```

（7）女鞋区域。

① HTML 代码如下：

```
<!--女鞋大层开始-->
<div class="topic_women">
    <h3><span><a href="#">justyle 夏季新品 2 折起</a> | <a href="#">回力鞋击穿你的眼  99 元起
</a></span></h3>
    <div class="l_img"><img src="images/pro_07.jpg" alt="" /><img src="images/pro_08.jpg" alt=""/></div>
    <div class="r_txt_l">
        <ul>
```

```
            <li class="line"><a href="#">混合二次方男鞋 79 元<strong>满 200 减 20</strong></a></li>
            <li><a href="#">百丽全部 1~3 折清仓处理  <strong>满 300 减 100</strong></a></li>
        </ul>
        <a href="#"><img  src="images/r_ad_04.jpg"  alt=""  /></a><a href="#"><img  src="images/r_
ad_05.jpg" alt=""/></a><a href="#"><img src="images/r_ad_06.jpg" alt=""/></a>
    </div>
</div>
<!--女鞋大层结束-->
```

② CSS 代码如下：

```css
.topic_women{
    width:982px;
    margin:0 auto;
    overflow:hidden;
    margin-top:20px;
}
.topic_women h3 {
    overflow:hidden;
    width:100%;
    font-size:12px;
    font-weight:normal;
    height:43px;
}

.topic_women h3 {
    background:url(images/h1_women.gif) no-repeat;
}
.topic_women h3 span {
    float:right;
    margin-top:10px;
}
.l_img {
    float:left;
    margin-top:10px;
}
.l_imgimg {
    margin-right:10px;
}
.r_txt_l {
    float:right;
    margin-top:10px;
    width:270px;
}
.r_txt_l ul {
    width:268px;
    border:1px solid #dfdfdf;
    margin-bottom:10px;
```

```
}
.r_txt_l li {
        line-height:38px;
        background:none;
        padding:0;
        width:268px;
        margin:0;
        text-indent:1em;
}
.r_txt_l li strong {
        font-weight:normal;
        color:#f10158;
}
.r_txt_l li.line {
        border-bottom:1px solid #dfdfdf;
}
.r_txt_l img {
        margin:0;
        float:none;
}
```

（8）页脚区域。相关 HTML 代码如下：

```html
<!--页脚开始-->
<footer>
    <div class="btmhelp">
        <div class="topline"></div>
        <dl>
            <dt><a href="#">新手指南</a></dt>
            <dd><a href="#">注册新用户</a></dd>
            <dd><a href="#">网站订购流程</a></dd>
        </dl>
        <dl>
            <dt><a href="#">如何付款/退款</a></dt>
            <dd><a href="#">支付方式</a></dd>
            <dd><a href="#">如何办理退款</a></dd>
            <dd><a href="#">发票制度说明</a></dd>
        </dl>
        <dl>
            <dt><a href="#">配送方式</a></dt>
            <dd><a href="#">配送范围及配送时间</a></dd>
            <dd><a href="#">配送费收取标准</a></dd>
        </dl>
        <dl>
            <dt><a href="#">售后服务</a></dt>
            <dd><a href="#">退换货政策</a></dd>
            <dd><a href="#">如何办理退换货</a></dd>
        </dl>
```

```
                <dl class="last">
                    <dt><a href="#">帮助中心</a></dt>
                    <dd><a href="#">常见热点问题</a></dd>
                    <dd><a href="#">联系我们</a></dd>
                    <dd><a href="#">投诉与建议</a></dd>
                </dl>
                <div class="clear"></div>
            </div>
            <div class="copyright">
                <ul>
                    <li><a href="#">首页</a> | <a href="#">客户服务</a>|<a href="#">品牌合作</a> |<a href="#">网站联盟</a> |<a href="#">投诉与建议</a></li>
                    <li>Copyright © 2017 qjr.com All Rights Reserved 京 ICP 备 080008887 号 京公网安备 110108888826</li>
                    <li><a href="#"><img src="images/btm_logo_1.gif" width="92" height="45" alt="网上交易保障中心" /></a><a href="#"><img src="images/btm_logo_2.gif" width="96" height="45" alt="经营性网站备案信息" /></a></li>
                </ul>
            </div>
        </footer>
        <!--页脚结束-->
```

附录 A Dreamweaver CC 使用技巧

1. 自动注释和撤销注释

按 Ctrl+/键。

2. 自动补全 HTML 标签

（1）输入 h1，按 Tab 键，便会自动补全为<h1></h1>。

（2）输入 div#abc，按 Tab 键，便会自动补全为<div id="abc"></div>。

（3）输入 div.abc，按 Tab 键，便会自动补全为<div class="abc"></div>。

（4）一个 div 里有 6 个 p 标签，只需要输入 div>p*6，按 Tab 键，便会自动补全。

（5）输入 a[href=#]，按 Tab 键，便会自动补全为<a href="#"></a>

（6）输入 ul.menu>li*6>a[href=#]{HTML}，按 Tab 键后补全代码：

```
<ul class="menu">
    <li><a href="#">HTML</a></li>
    <li><a href="#">HTML</a></li>
    <li><a href="#">HTML</a></li>
    <li><a href="#">HTML</a></li>
    <li><a href="#">HTML</a></li>
    <li><a href="#">HTML</a></li>
</ul>
```

3. 生成 LoremIpsum

LoremIpsum 表示一段随机的、让人看不懂的文字，作为测试数据填充之用。只需输入 lorem，按 Tab 键之后，就会生成如下一段文字：

```
Loremipsum dolor sit amet, consecteturadipisicingelit. Qui, dolor, aperiam ab repellendusblanditiiseumexercitationem. Quae, reprehenderitrepellatimpeditasperioresconsequatur? Illum quos magnamoditomnisrecusandaenatussimilique.<br>
```

Emmet 的 lorem 命令不仅仅只有输出这么一段文字这样一个简单的功能，它作为测试数据，可以加上参数指定要输出的字符数量。例如，如果想输出一个 10 个单词的 h1 标题，就可以输入 h1>lorem10。

4. 把 doctype 补全

（1）输入 html:5 或 !，按 Tab 键，生成 HTML5 结构。

（2）输入 html:xt，按 Tab 键，生成 HTML4 过渡型结构。

（3）输入 html:4s，按 Tab 键，生成 HTML4 严格型结构。

5. 生成后代

输入>。>表示后面要生成的内容是当前标签的后代。例如，要生成一个无序列表，而且被 class 为 aaa 的 div 包裹，那么可以使用下面的指令：

```
div.aaa>ul>li
```

可以生成如下结构：

```
<div class="aaa">
    <ul>
        <li></li>
    </ul>
</div>
```

6. 生成兄弟

输入+。>用于生成下级元素，如果想生成平级元素，就需要使用+。例如下面的指令：

```
div+p+bq
```

可以生成如下 HTML 结构：

```
<div></div>
<p></p>
<blockquote></blockquote>
```

7. 生成父级元素

输入^。生成后代元素的符号是>，当使用 div>ul>li 的指令之后，再继续写下去，那么后续内容都在 li 的下级。如果想编写一个与 ul 平级的 span 标签，要先用^提升一下层次。例如：

```
div>ul>li^span
```

如果想相对于 div 生成一个平级元素，那么就再上升一个层次，多用一个^符号：

```
div>ul>li^^span
```

8. 生成分组

输入()。用()进行分组，这样可以明确要生成的结构，特别是层次关系。例如：

```
div>(header>ul>li*2>a)+footer>p
```

这样很明显就可以看出层次关系和并列关系，生成如下结构：

```
<div>
    <header>
        <ul>
            <li><a href=""></a></li>
            <li><a href=""></a></li>
        </ul>
    </header>
    <footer>
        <p></p>
    </footer>
</div>
```

9．简写属性和属性值

如果想生成 width:100px; 只需要输入 w100 就可以了，因为 Emmet 的默认设置 w 是 width 的缩写，后面紧跟的数字就是属性值。默认的属性值单位是 px，可以在值的后面紧跟字符生成单位，可以是任意字符。例如，w100foo 会生成 width:100foo; 这样一条语句。同样也可以简写属性单位，如果紧跟在属性值后面的字符是 p，那么将会生成 width:100%; 这样的语句，其中 p 表示百分比单位。与此类似的还有 e → em、x → ex。

例如 margin 这样的属性，可能并不是一个属性值，生成多个属性值需要用横杠（-）连接，因为 Emmet 的指令中是不允许有空格的。例如，使用 m10-20 这条命令可以生成 margin: 10px 20px; 这样一条语句。如果想生成负值，多加一个横杠即可。需要注意的是，如果对每个属性都指定了单位，那么不需要使用横杠。例如，使用 m10ff20ff 这条命令可以生成 margin: 10ff 20ff; 这条语句，如果在 20ff 前面加了横杠的话，20ff 就会变成负值。

如果想一次生成多条语句，可以使用 + 连接两条语句，例如使用 h10p+m5e 可以生成 height: 10%;和 margin: 5em; 这两条语句。

颜色值也是可以快速生成的，如 c#3 → color: #333;，更复杂一点的，使用 bd5#0s 可以生成 border: 5px #000 solid; 这样一句。下面是规则：

```
#1 → #111111
#e0 → #e0e0e0
#fc0 → #ffcc00
```

生成!important 这条语句只需要一个!就可以了。

使用@f 可生成 CSS3 中 font-face 的代码结构：

```
@font-face {
    font-family:;
    src:url();
}
```

但是这个结构太简单，不包含一些其他的 font-face 的属性，诸如 background-image、border-radius、font、font-face、text-outline、text-shadow 等属性，可以在生成的时候输入 + 以便生成增强的结构，例如可以输入@f+命令，即可输出选项增强版的 font-face 结构：

```
@font-face {
    font-family: 'FontName';
    src: url('FileName.eot');
    src: url('FileName.eot?#iefix') format('embedded-opentype'),
        url('FileName.woff') format('woff'),
        url('FileName.ttf') format('truetype'),
        url('FileName.svg#FontName') format('svg');
    font-style: normal;
    font-weight: normal;
}
```

附录 B　单元测试答案

单元测试 1

一、1. B　　　　2. C　　　　3. C　　　　4. ABC　　　5. A

二、1. 错　　　　2. 对

三、HTML、CSS、JavaScript、JSP（ASP、PHP）

单元测试 2

一、1. B　　　　2. B　　　　3. A　　　　4. C　　　　5. A

　　6. ABC　　　7. ABCD　　8. C　　　　9. BCD　　　10. B

　　11. A　　　12. B　　　13. D　　　14. A

二、1. 对　　　　2. 错

单元测试 3

　　1. A　　　　2. B　　　　3. C　　　　4. C　　　　5. A

　　6. B　　　　7. B　　　　8. A　　　　9. D　　　　10. A

　　11. A　　　12. D　　　13. A　　　14. B　　　15. D

　　16. B

单元测试 4

　　1. A　　　　2. D　　　　3. C　　　　4. A　　　　5. C

　　6. B　　　　7. C　　　　8. A　　　　9. D　　　　10. B

　　11. C　　　12. C